Habsburgs edle Rösser

Die Pferdezucht unter
Kaiserin Maria Theresia und Kaiser Joseph II

von

Heinrich Gawlik, Martin Haller und Georg Kugler

Herausgeber: Dokumentationszentrum für altösterreichische Pferderassen

Verlag: Buchschmiede von Dataform Media GmbH, Wien

ISBN: 978-3-99070-471-4 (Paperback)

978-3-99070-472-1 (Hardcover)

Printed in Austria

Inhalt

Vorwort S. 4

Teil 1: Habsburg und seine Rösser S. 6
Einleitung; Eine Dynastie im Sattel (Karl VI., Maria Theresia, Franz I. Stephan; Joseph II.)

Teil 2: Die Pferdezucht im Barock S. 22
Spaniens Einfluss und Erbe; Barock oder nur dick? Die Wegbereiter

Teil 3: Das Reiterheer im 18. Jahrhundert S. 32
Kyrisser und Türken; Die Kürassiere; Die Dragoner; Die Chevaulegers; Die Husaren; Die Ulanen; Die Panduren; Die Artillerie; Die Maria-Theresianische Militärakademie; Das Problem Remontierung

Teil 4: Die Hofgestüte und ihre Pferde S. 54
Prestige und Pferdezucht; Halbthurn und Mönchhof; Kladrub und seine Pferde; Koptschan – ein Intermezzo; Lipizza und die Karster Pferde; Die Oberststallmeister der Krone

Teil 5: Paläste für die Pferde S. 74
Von Reithäusern, Ställen und Remisen; Die Spanische Reitschule; Die Stallburg; Kurschmiede und Rossärzte; Die Hofstallgebäude; Die Wagenburg; Schloss Hof; Salzburg, Stadt der Pferde; Würde und Wahn – in Erz gegossen

Teil 6: Die Entwicklung des Gestütswesens S. 102
Die Aufgaben staatlicher Pferdezucht; Die Zuchtbetriebe; Gestüt Bábolna; Gestüt Mezőhegyes; Gestüt Radautz; Gestüt Piber

Teil 7: Aus der Literatur S. 124
„Allerhöchste Resolution zur Anhebung der Pferdezucht"; Auszüge aus „Die Pferdezucht etc." von Hermann Gassebner

Literaturnachweis S. 158

Bildnachweis & Danksagung S. 159

Zeittafel S. 160

Vorwort

Das Reich der Habsburger umspannte weite Teile Europas und zeitweilig der gesamten Erdkugel. Bis zum Ende der Monarchie besiedelten rund 53 Millionen Menschen aus elf Sprachgruppen eine Fläche von rund 680.000 km^2. Dieses gewaltige Konglomerat war auch die Heimat zahlreicher Pferderassen und ein Ort hochstehender hippologischer Kultur. Maria Theresia war die wohl bekannteste Vertreterin der Habsburger Dynastie. Sie übernahm von ihrem Vater, Kaiser Karl VI., ein äußerst schwieriges Erbe und trug dennoch die Geschicke des Reiches durch viele Höhen und Tiefen. Als sie es ihrem Sohn Joseph überlassen musste, war dieser gut dafür gerüstet... Die in diesem Buch behandelte Ära erstreckt sich etwa über die Lebensperioden der genannten Herrscher und umfasst jene kulturgeschichtliche Epoche, die man mit dem Begriff „Barock“ überschreibt. Dieses war auch die große Zeit des Pferdes.

Es gab Prunk- und Luxuspferde für den höfischen Gebrauch, für Karusselle und Paraden oder die höfischen Gala-Anspannungen. Ursprünglich aus spanischen, orientalischen und italienischen Wurzeln stammend, wurden sie in den Hofgestüten zum Karster bzw. Lippizaner (später: Lipizzaner) und Altkladruber geformt, deren antiquierten Adel wir heute noch bewundern. Die Produkte der Hofgestüte waren jedoch äußerst brauchbare Pferde – und keineswegs verweichlichte Luxustiere.

Die Gebrauchspferde für den militärischen Bedarf stammten zumeist aus den – privaten und staatlichen – Gestüten im Osten und Südosten. Sie stellten vor allem genügsame, ausdauernde Armeepferde, die aus dem Hunger eine Kunst machen konnten und vielseitig einsetzbar waren. Trotz ihrer unterschiedlichen Merkmale waren diese Rassen auch typisch für das Völkergemisch innerhalb der Monarchie; jede Region, jedes Kronland brachte eben das hervor, wofür es Bedarf hatte und was es am besten produzieren konnte – insofern war das Pferd ein typisches Produkt seiner jeweiligen Scholle.

Die zeremonielle Verwendung, die militärische Zielsetzung oder der wirtschaftliche Gebrauch waren die Parameter der Pferdezucht. Die uns heute so überaus wichtige sportliche Komponente war bis in die Mitte des 20. Jahrhunderts sekundär. Eine Ausnahme bildete das Englische Vollblut, das immer primär als Rennpferd gesehen wurde, aber durch seine enorme Leistungskraft im 19. Jahrhundert zum gesuchten Veredler der Landschläge wurde. Es läutete damit eine neue Periode in der militärischen Remontenzucht ein, die ein Hauptthema dieses Buches sein wird. Der edle Orientale – vielfach als „Araber“ oder „Türke“ bezeichnet – war eine weitere Komponente in der Entstehung der späteren Halbblut-Rassen, welche in jüngster Vergangenheit zu Sportpferden geformt wurden.

Es sei hervorgehoben, dass die Zucht und Ausbildung edler Pferde und die Perfektion aller zu ihnen gehörender Aspekte (z. B. Wagenbau, Sattlerei, Veterinärkunde, Straßenbau oder Reitkunst...) über Jahrhunderte ein zentrales Thema der europäischen Kultur war. Die hohe Zeit dieser langen Epoche war wohl jene Ära, die wir heute das Barock nennen und der Gegenstand dieses Buches sein soll.

Heinz Gawlik, Martin Haller, Georg Kugler

Hier eine Darstellung des alten Gestüts Kladrub des begnadeten Pferdemalers Johann Georg Hamilton. Die bunte Herde besteht aus iberischen Pferden und bewegt sich frei auf den ausgedehnten Weiden. Unten das heutige Gegenstück – dem barocken Gemälde nahezu gleich. Das Foto wurde in Portugal aufgenommen und zeigt eine Zuchtherde mit Fohlen der Finca do Escaroupim im Tejo-Tal.

Teil 1: Habsburg und seine Rösser

Unsere Geschichte beginnt um das Jahr 711 mit dem großen Einfall maurischer Eroberer über die Meerenge von Gibraltar nach Spanien. Schon etwa hundert Jahre danach schrieben die Chronisten über die sich bestens entwickelnde spanische Pferdezucht. Einige Reisende berichten, dass sie in gewissen Regionen auf große Herden von Zuchtpferden getroffen seien. Von solchen Gestüten aus wurden gute Pferde über den christlichen Norden Spaniens und über die Gestüte und Adelssitze entlang des Pilgerweges nach Santiago de Compostella verbreitet. So gelangten sie allmählich in das gesamte mittelalterliche Europa, wo sie hoch geschätzt waren. Noch im 13. Jahrhundert kamen spanische Pferde bis an den englischen Hof, und 1242 befahl der englische König sogar, ein Schiff mit einer Ladung spanischer Pferde zu kapern, um an die kostbare Fracht zu gelangen. In der mittelalterlichen Dichtkunst wurde dem spanischen Pferd unter verschiedenen Bezeichnungen ein besonderer Platz eingeräumt; es wurde zum Symbol von hohem Status, Reichtum und Schnelligkeit.

Mittelalterliche Pferde konnten in verschiedenen Typen oder Kategorien auftreten. Es gab kleine Lastpferde und etwas größere Ackergäule; es gab kräftige Karrenpferde und passgehende Reitponys, es gab Jagdpferde und luxuriöse Rennpferde. Die oberste Klasse nahmen jedoch kräftige Kriegspferde ein, die nahezu unerschwinglich teuer und überall sehr begehrt waren. Die Schlachtrösser besaßen bestimmte Merkmale, die man in Spanien offenbar besonders leicht erzeugen konnte; sie werden heute mit dem Begriff des Barockpferdes gleichgesetzt, was etwas zu einfach ist – davon aber später mehr.

Das iberische Kampfross stand im quadratischen Format und war knapp mittelgroß. Seine Bewegungen waren kraftvoll, es war ausdauernd und mutig. Ein kompaktes, balanciertes Tier – das ideale Reitpferd. Hier ein Lusitano-Hengst.

Einige Merkmale der frühen iberischen Kriegspferde waren besonders wertvoll: viele von ihnen besaßen neben großer Kraft und Schnelligkeit auch laterale Gangverschiebungen. Das machte sie zu bequemen Reisepferden; einige wiesen auffällige und attraktive Fellmuster auf, wie etwa Scheckung oder Tigerung. Ganz allgemein waren diese Pferde damals selten größer als 150 cm Stockmaß und im gesamten Mittelmehrraum durch orientalischen Einfluss eher von leichtem Kaliber. Die schwereren nordeuropäischen Ritterpferde waren dagegen sehr kostspielig im Unterhalt, weil aufgrund der primitiven Landwirtschaft nur etwa das Doppelte des eingesetzten Saatgutes geerntet werden konnte. Somit war das kostbare Getreide nur in geringer Menge als Pferdefutter verfügbar.

Neben allen anderen Kriterien waren deshalb Genügsamkeit und Ausdauer für ein gutes Kampfross besonders wichtig. Eine weitere Eigenschaft war jedoch nicht von äußerer Natur: Man verlangte von einem guten Streithengst – und nur solche verwendeten Europas Ritter – eine gewisse Rittigkeit und vor allem viel Mut! Schon

damals muss der energische und aggressive Hengst aus maurisch-iberischer Zucht diesem Ideal nahegekommen sein. Im Hochmittelalter bildeten sich zwar hochgeschätzte Zuchtgebiete heraus, doch von eigentlichen Pferderassen im heutigen Sinne wird noch nichts berichtet. Ein Gestüt, ein Landstrich oder eventuell eine Provinz mögen durch enge Linienzucht einen erkennbaren Typ hervorgebracht haben, doch eine Dokumentation im Sinne eines Zuchtbuches fand nicht statt. Aus den vorhandenen Junghengsten wurden die besten ausgewählt und speziell ausgebildet; jene Exemplare, die sich als ungeeignet erwiesen, wurden einfach anderen Zwecken zugeführt und kastriert.

Interessant erscheint, dass bereits im Hochmittelalter auch andere europäische Gebiete mit guten Pferden aufwarten konnten. So werden Importe von russischen und böhmischen Pferden der teuersten Kategorie in das Gebiet des späteren Österreichs dokumentiert; auch Italien und die nördlichen Tiefebenen an Rhein und Elbe brachten gute Kriegspferde hervor. Als die Normannen Sizilien eroberten, verbesserten sie die dortigen Zuchten mit orientalischen Pferden. Im 12. Jahrhundert wird über ein Turnier in der Champagne berichtet: „Man konnte dort Pferde aus Spanien, aus der Lombardei und gar aus Sizilien sehen, wie sie in allen Gangarten getummelt wurden".

Ein Ritter und seine Dame paradieren auf passgehenden Zeltern vor aristokratischem Publikum. Die Pferde: ideale „Barockpferde" – wenn auch 300 Jahre zu früh.

Die Zuchtbetriebe wurden bis um 1800 oft als „Wildgestüte" geführt. Für den Winter gab es etwas Futter und hölzerne Schuppen.

Während des gesamten Mittelalters blieben das Interesse an und die rege Nachfrage nach iberischen Pferden aufrecht. Im 14. Jahrhundert beschränkten die Könige des ostspanischen Reiches Aragon per Gesetz den Export von Pferden, um einen Ausverkauf zu verhindern. Mit der um 1500 einsetzenden Renaissance änderten sich viele Faktoren und auch die Reitkunst; immer mehr rückten iberische Pferde in den Focus des reiterlichen Interesses. Ihre enorme Bedeutung für die gesamte Zucht und Verwendung von Kriegspferden auf beiden Seiten des Atlantiks kann nicht genug betont werden. Wenn man heute von Barockpferden spricht, so meint man die Nachkommen entweder reiner oder verkreuzter iberischer Zuchtpopulationen, wie sie in der gesamten zivilisierten Welt anzutreffen waren. Über Jahrhunderte hinweg erhielten sie immer wieder genetische Impulse aus dem Herkunftsland bzw. von den Filialpopulationen in vielen europäischen Regionen, besonders aber Italien. Mit der Entwicklung einer differenzierteren Reitweise etwa ab 1500 wurde erneut das mittelgroße, agile und elegante Kampfross Iberiens zu einem Prototyp. Leicht und wendig genug, um im Kampf die rettenden Manöver rasch auszuführen, sollte es zugleich in der Reitbahn oder bei höfischen Festen in eleganten Lektionen glänzen. Um 1550 schuf Federigo Griso die vermutlich früheste eigenständige Reitlehre und lobte bzw. forderte genau solche Pferde. Als Beispiel solcher Wertschätzung sei das berühmte Treffen von König Heinrich VIII. von England und König Franz I. von Frankreich erwähnt, das uns die damaligen Pferde zeigt: Heinrich trat in der opulenten Zusammenkunft mit einem braunen Friesenhengst, einem kostbaren Italiener und nicht weniger als 25 spanischen Edelpferden auf. Die zeitgenössische Kunst versuchte ab etwa dieser Periode, den Typus des edlen Streitrosses iberischer Prägung bei jeder sich bietenden Gelegenheit wiederzugeben; er ist der Archetypus des Kulturpferdes schlechthin geworden, ehe ihm das Englische Vollblut im 19. Jahrhundert den Rang „ablief“.

Der Prototyp des Reitpferdes, das sich leicht versammeln lässt, war ein iberisches oder iberisch geprägtes Tier. Es konnte sich leicht auf die Hanken setzen und damit die Vorhand erheben. Man spricht von der Levade (tief) oder Pesade (hoch).

Seit dem Beginn der Neuzeit – also traditionell ab 1492, dem Jahr von Kolumbus‘ Landung in Amerika bzw. dem Ende der spanischen Reconquista – erfuhr die Zucht von edlen Pferden einen neuen Aufschwung. Österreich konnte durch seine vielfältigen Verbindungen mit den spanischen Königreichen profitieren. Die Schriften eines Marcus Fugger (Von der Gestüterey, 1578), Giovanni Galiberti (zuerst Ital. Il Cavallo da Maneggio, 1650, dann Neugebahnter Tummelplatz, 1660), eines Georg Winter (Von der Stuterey, 1670) oder Jacques de Solleysel (Der vollkommene Stallmeister, 1677) und einiger anderer erweckten das Interesse des Adels und der Militärs – damals in der Regel derselbe Personenkreis. Allerdings blieben die Zuchtmethoden und Kriterien für heutige Begriffe noch lange unwissenschaftlich und naiv; das mag aber den Pferden im Detail weniger geschadet haben als wir zu glauben geneigt sind. Hier sei eingeschoben, dass die Einteilung der Stutenherden nach Farben (Rapp-Herde, Braun-Herde usw.) weit weniger naiv war als wir das heute darstellen. Pferde sind tatsächlich recht „chauvinistisch" veranlagt und kommen mit farb- und typgleichen Tieren besser aus als mit deutlich unterschiedlichen. Das wird heute aus kommerziellen oder rationalen Gründen vernachlässigt, dürfte aber in jenen Tagen wohl bekannt gewesen sein. In Trakehnen wurde diese Methode übrigens bis zum Ende des Gestüts so praktiziert... und viele Gestüte in Südamerika halten große Herden sehr homogener Farbe und Größe, meist von hoher und konstanter Qualität.

Die Gestüte oder „Stutereien" der Renaissance waren anfangs überwiegend so genannte Wildgestüte. Das bedeutet im heutigen Sinne eine Robusthaltung in Gruppen unter naturnahen Bedingungen. Die Stuten wurden in großen „Gehegen" (Weiden oder Koppeln) oder auf Freiflächen im ganzjährigen Weidegang gehalten; für die kalte Jahreszeit wurden große Holzschuppen errichtet und es wurde Heu zugefüttert. Die Beschäler wurden zur Decksaison dazu gelassen oder es wurden einfach so viele Hengste belassen, wie man Zuchtgruppen (Familien) beherbergen konnte. Die Junghengste wurden mit etwa zwei Jahren gefangen und kastriert und danach zur Zähmung in die Stallanlagen überstellt. Ungeeignete Hengste (Erbfehler, Bösartigkeit, Unfruchtbarkeit...) fing man aus den Herden und ersetzte sie durch bessere. Die halbwilden Gestüte arbeiteten ähnlich, doch war der Domestikationsgrad höher und das Management intensiver. Die Pferde waren weitgehend handzahm und unterlagen einem Zuchtregime, einer gewissen Selektion. Die ausgewählten Hengste wurden zu den Deckperioden den Stuten(-gruppen) zugeteilt und danach wieder aufgestallt und „saniert" – was sie oft wegen der zu großen Stutenzahl bitter nötig hatten. Diese Form der Zucht wird von Joseph von Csekonics (von ihm wird später noch ausführlich zu lesen sein) als die am wenigsten günstige bezeichnet, da sie sowohl die Nachteile der Wildbahn-Zucht als auch der Gestütszucht in sich vereinte. Letztere wurde als Handzucht oder Hauszucht bezeichnet, aber es waren auch andere Namen dafür in Gebrauch; Stuterey, Gestüt oder Race waren die häufigen Bezeichnungen für eine Zuchtpopulation. Das Handgestüt wurde schon damals nach ähnlichen Grundsätzen geführt wie heute, wobei aber die genetischen Kenntnisse damals deutlich geringer waren und man sich überwiegend auf Erfahrungswerte, praktische Erwägungen, Modeerscheinungen und Absatzmöglichkeiten (z. B. das Militär) beschränken musste.

Ein luxuriöser, barocker Stall für Reitpferde, die in Ständen angebunden sind. Die Haltung war wenig artgerecht, blieb so aber bis in die Gegenwart üblich. Die Pferde hatten trotz intensiver Pflege nur ein unnatürliches Leben.

Wenn wir das damals schon rund 250 Jahre andauernde Regnum der Habsburger betrachten, so finden wir mit dem Ende des Mittelalters eine neue Begeisterung, die sich in technischen, architektonischen und züchterischen Fortschritten auszudrücken scheint. Es mag sein, dass die Einführung stehender Söldnerheere mit stark gepanzerter Reiterei als Reaktion auf die verbesserten Schusswaffen dazu beitrug. Auch die Vereinigung der iberischen Halbinsel und des Heiligen Römischen Reiches unter einer Dynastie und der resultierende Kulturaustausch mögen damit zu tun haben. Maximilian II. requirierte Mönchhof für das „Neapolitanische Gestüt" seiner Tante, Maria von Ungarn; Erzherzog Karl von Innerösterreich gründete Lipizza, um Parade- und Kriegsrosse für den Grazer Hof zu erhalten; das Kladrub Kaiser Rudolfs II. besaß über 1.000 Pferde. Karl VI. liebte sein Gestüt und Jagdrevier in Halbthurn, wo er vorzügliche Paradepferde für die höfische Prunkentfaltung züchtete. Maria Theresia erließ sehr modern klingende Verordnungen zur Hebung der Landeszucht und hat ihren reformfreudigen Sohn, Joseph II., dazu angeregt, ähnliches zu tun und sie sogar zu übertreffen. Mutter und Sohn können als die Wegbereiter jener Entwicklung gelten, welche die österreich-ungarische Doppelmonarchie zu einem bedeutenden europäischen Zuchtgebiet für hervorragende Militär- und Paradepferde machte. Zu ihrer Zeit entstanden die für uns maßgeblichen Zuchtanstalten, die mehrheitlich bis heute existieren; ist dies nicht mehr der Fall, so wird in ihren Nachfolgebetrieben ähnlich agiert bzw. werden dort die alten Rassen bewahrt.

Prachtvolle, barocke Pferde zieren die Paläste und Prunkbauten der Ära von circa 1600 bis 1800. Sie sind allegorische Symbole für Reichtum, Macht und Kraft.

Der Beginn einer Ära

Mit Maximilian II. beginnt ein wesentliches Kapitel unserer Betrachtungen. Doch ehe wir uns seiner Ära zuwenden, sollen noch einige bemerkenswerte Kleinigkeiten zur Sprache kommen, die schon lange zuvor geschahen.

Maximilian I., Urgroßvater des für unsere Betrachtung bedeutenderen Maximilian II., heiratete in jungen Jahren die bezaubernd schöne Maria, Herzogin von Burgund, wodurch die Niederlande und Burgund an das Haus Habsburg fielen. Obwohl sich die beiden Jugendlichen zuvor nie gesehen hatten, wurde aus der Vernunftehe ein glückseliger Liebesrausch. Man kann sich die Bestürzung des damaligen Erzherzogs ausmalen, als seine hochschwangere Frau 1482 bei einem Jagdausflug zur Reiherbeize von ihrem stürzenden Pferd überrollt und tödlich verletzt wurde. Wer weiß, wie die Geschichte des Reiches verlaufen wäre, hätte sie einem gesunden, langlebigen Knaben das Leben geschenkt...?

Maximilian war selbst ein hervorragender Reiter, sein Beiname „der letzte Ritter" kommt also nicht von Ungefähr. Er liebte die Jagd zu Pferde und muss aufgrund der hohen reiterlichen Anforderungen beim Querfeldeinritt sehr sicher im Sattel gesessen sein. Er kämpfte selbst in einigen Schlachten in erster Reihe und bewies sich als schlagkräftiger „Reutter". Berühmt wurde die Episode beim Turnier anlässlich des Wormser Reichstages 1495, als der französische Ritter Claude de Barré die gesamte

deutsche Ritterschaft forderte, sich dem gefürchteten Recken aber niemand stellen wollte. Niemand, außer einem unbekannten Ritter in schlichter Rüstung, der den Franzosen beim ersten Gang aushob. Als er das Visier anhob, sah man, dass es niemand geringerer als Maximilian selbst war! Dass sich unter seiner Herrschaft die Infanterie und die Artillerie zu den wirksamsten Waffengattungen entwickelten, tat der ritterlichen Auffassung des vielseitig talentierten Maximilian kaum Abbruch. Nun überspringen wir den berühmten Kaiser Karl V. (1500-1558), in dessen Reich „die Sonne nie unterging“, weil es ja teilweise auch die Neue Welt umfasste. Dieser spanische König und deutsche Kaiser war in jeder Hinsicht iberisch geprägt – und ließ durch seine spanischen Eroberer die Reiterei und Pferdezucht der Halbinsel in alle Welt tragen.

Die Habichtsburg oder „Habsburg“ liegt im Schweizer Kanton Aargau recht malerisch auf einer Anhöhe.

Sein Neffe Maximilian II. verbrachte sein Leben zwischen den Jahren 1548, als er gerade 21-jährig war, und 1552 in Spanien. Dort vermählte er sich mit der Infantin Maria und hatte das Amt des Vizekönigs inne. Im Zuge seiner Rückkehr nach Österreich brachte der spätere deutsche Kaiser auch zahlreiche kostbare Reitpferde (Ginetten) aus Spanien mit, die damals in bestem Ruf standen. Die berühmten Andalusier waren in ganz Europa als Kampf- und Paradepferde begehrt. Diese ließ er in Kladrub vermehren, mit späteren italienischen (neapolitanischen) Einflüssen, was zu einer eigenwilligen Form führte. Auf Maximilian II. folgte sein ältester Sohn Rudolf II. Dieser ungewöhnliche Fürst, der sich auf dem Prager Hradschin ein wissenschaftlich-okkultes Privatreich schuf, war auch ein großer Pferdefreund, der seinen Marstall in Prag reich bestückte. Es folgte eine ungeheuer bewegte Zeit, denn Rudolf hinterließ keinen regierungsfähigen Erben. Sein ungeliebter Bruder Matthias regierte nur wenige Jahre bis zu seinem Tode 1619 und blieb ebenfalls erbenlos. Die Thronfolge sprang – wieder einmal – zu einer anderen Linie über, nämlich jener des Erzherzogs und Regenten von Innerösterreich, Karl II., dem jüngeren Bruder Maximilians II. Er ist von größtem Interesse – es wird von ihm im Kapitel über Lipica/Lipizza und die dortige Zucht noch ausführlicher zu lesen sein.

Sein Sohn Ferdinand (1578-1637) folgte nun 1617 auf den böhmischen, 1618 auf den ungarischen und 1619 auf den römisch-deutschen

Erzherzog Karl II. von Innerösterreich gründete das Gestüt Lipica im Karst. Heute wird es auf Deutsch Lipizza genannt.

Thron. Er wurde zum vielfach angefeindeten Herrscher während der längsten Periode des 30-jährigen Krieges und verlegte um 1619 die Hofhaltungen von Prag und Graz (seiner Heimatstadt) nach Wien. Sein Sohn mit Maria Anna von Bayern, Kaiser Ferdinand III. (1608-1657), wurde zum Vater des berühmten „Türken-Poldi“ – Kaiser Leopold I. (1640-1705) – der aus zwei Gründen den Einstieg in unser eigentliches Thema ermöglicht: Er akzeptierte den kleingewachsenen Prinzen Eugen von Savoyen als Offizier seines Heeres gegen die Türken; und er wurde zum Vater jenes Kaisers, der die große Zeit der Pferdezucht einleitet, Karls VI.

Erzherzog Ferdinand wurde deutscher König und auch Kaiser. Er verlegte die gesamte Hofhaltung nach Wien und brachte so die Karster Pferde dorthin. Es sind die heutigen Lipizzaner der Spanischen Reitschule.

Eine Dynastie im Sattel

Es würde den Rahmen sprengen, hier auch nur annähernd vollständige Biografien der Herrscher Karl, Maria Theresia und Joseph zu liefern – zu ihnen gibt es viele gute Bücher. Man muss jedoch zum besseren Verständnis einen historischen Rahmen abstecken, innerhalb dessen sich das gegenständliche Thema aufspannen kann. Daher sei der Versuch unternommen, in Kurzbiografien eine historische Basis für dieses Buch zu legen, unter Berücksichtigung der hippologischen Ambitionen dieser Herrscher. Anschließend wird auf das eigentliche Thema „Pferde und Pferdezucht“ näher eingegangen.

Kaiser Karl VI.

Geboren am 1. Oktober 1685 in Wien; gestorben am 20. Oktober 1740 ebenda, war er der jüngere Sohn von Kaiser Leopold I. und Eleonora von der Pfalz und vom Vater dazu ausersehen, das Spanische Erbe (Spanien und seine Kolonien) nach dem Tod des letzten spanischen Habsburgers, Karl II., zu übernehmen. Als Karl III. fühlte er sich in Spanien sehr wohl, und seine dortigen Jahre prägten ihn besonders in kultureller Hinsicht. Nach dem frühen Tod seines Bruders, Joseph I., musste Karl in das Deutsche Reich zurückkehren und wurde 1711 in Frankfurt zum Kaiser (Karl VI.) gekrönt. Er war bis 1740 römisch-deutscher Kaiser und Erzherzog von Österreich; er war auch König von Ungarn und Kroatien, König von Böhmen, ab 1713 König von Neapel sowie durch den Frieden von Utrecht von 1713 bis 1720 auch König von Sardinien und ab 1720 König von Sizilien. Im Spanischen Erbfolgekrieg kam ein Großteil der spanischen Besitzungen in den Niederlanden und in Italien an Österreich.

1708 heiratete er Elisabeth Christina von Braunschweig-Wolfenbüttel. Die Ehe war glücklich, doch kein männlicher Erbe blieb am Leben; aber zwei Töchter erreichten das Erwachsenenalter: Maria Theresia und Maria Anna. Er setzte die so genannte „Pragmatischen Sanktion“ durch, welche die Thronfolge weiblicher Nachkommen des Hauses Habsburg ermöglichte und mitverantwortlich für die Entstehung einer Großmacht Österreich (Gebietsgewinne infolge der Türkenkriege) war. Karl bemühte sich um die Förderung der Wirtschaft, schuf jedoch keine großen Reformen von Verwaltung und Militär, sehr wohl aber von Kunst und Kultur. Am Höhepunkt des Barocks in Österreich, dessen Bauten bis heute die habsburgischen Staaten prägen, führte er in Wien das spanische Hofzeremoniell ein, beauftragte u. a. den Bau der Winterreitschule (der Spanischen Reitschule) und der Karlskirche. Er ließ auch Fernstraßen wie die Triester Straße anlegen.

Mit Karls Tod erlosch das Haus Habsburg im Mannesstamm. Seine Tochter Maria Theresia war mit Franz Stefan von Lothringen verheiratet, der als Franz I. Stephan deutscher Kaiser wurde; die Regierungsgeschäfte wurden weitgehend von der Habsburgerin wahrgenommen.

Kaiser Karl VI. war ein großer Nimrod vor dem Herrn, aber auch ein begeisterter Pferdemann. Nicht nur die herrliche Reitbahn im Herzen Wiens, auch der Ausbau des Gestütes Halbthurn ist Karl VI. zu verdanken. Eben an dieses Gestüt lieferten einige der bedeutendsten adeligen Privatgestüte Zuchtmaterial, besonders jenes des Fürsten Adam Franz von Schwarzenberg in Murau, Steiermark, ein bevorzugter Höfling und Oberststallmeister.

Für den Bau der herrlichen Winterreitschule in Wien ist ihm nicht genug zu danken. Als Geste des Dankes ziehen seit jenen Tagen alle Bereiter beim Einritt ihren Hut vor dem Gemälde des Kaisers in der Hofloge.

Jagdritte waren ein beliebtes Freizeitvergnügen sämtlicher Hofhaltungen. Man ritt hinter Hundemeuten, man zog auf die Beizjagd mit Greifvögeln oder zog zu Pferd auf die Treibjagd. Pferde und Hunde waren beliebte Motive.

Karl weilte zweimal in Kladrub, einmal 1723 auf dem Weg nach Prag zur Krönung zum böhmischen König in Begleitung seiner Frau Elisabeth Christine und seiner Töchter Maria Theresia und Anna, und nochmals 1732. Beide Male erweckte das Hofgestüt das Interesse des Herrschers, der anordnete, dass weiteres erstklassiges Zuchtmaterial zugekauft werden solle. Karls Tochter Maria Theresia wird solche Reisen und Besuche auch in ihrem späteren Leben als Regentin zum Anlass genommen haben, sich der Verbesserung der Pferdezucht in ihrem Reich anzunehmen.

Die Familie Schwarzenberg und Murau

Ein berühmtes Gestüt der Zeit war jenes der Fürsten Schwarzenberg in Murau, das inzwischen kaum mehr bekannt ist. Dort widmete man sich der Zucht besonders von getigerten Pferden für den höfischen Bedarf; eigentlich ist der Terminus Tiger oder Tigerschecke irreführend, denn solche Pferde haben auf hellem Grund dunkle Tupfen, keine Streifen. Eine Erklärung für den im Deutschen missverständlichen Namen könnte sein, dass im Spanischen der südamerikanische Jaguar ‚el tigre' heißt und ein getupftes Tier bezeichnet. Auch die getupfte Tigerschnecke ist ein Beispiel dafür...

Der berühmte Minnesänger Ulrich von Liechtenstein war der Erbauer der ersten Burg von Obermurau, und dessen Nachfahren besaßen diese bis in das 17. Jahrhundert. Christoph von Liechtenstein, der letzte Besitzer, war mit Anna Neumann von Wasserleonburg verheiratet. Diese außergewöhnlich intelligente und gebildete Frau erlebte nicht weniger als sechs Ehen, um ihr reiches Erbe ordnungsgemäß in die gewünschten Hände legen zu können. Der frühe Tod ihrer beiden Töchter und von insgesamt fünf Ehemännern samt aller Verwandten trug ihr Anfechtungen und Verdächtigungen seitens der Kirche und der Bevölkerung ein. Man glaubte, sie sei von bösen Mächten besessen und verwickelte sie sogar in Hexenprozesse. Anna erwies sich jedoch als zähe, geschickte Geschäftsfrau und konnte ihre verschuldeten Güter wieder sanieren. Sie ehelichte im Jahre 1617 rund 81jährig den 30jährigen Georg Ludwig Reichsgraf zu Schwarzenberg, dem sie ihren Besitz überschrieb. Ursprünglich wollte sie den Reichsgrafen adoptieren, doch dieser seinen Familiennamen nicht ändern, also wurde die Ehe notwendig. Nach fast 60 Jahren außergewöhnlichen Wirkens in Murau starb Anna Neumann im Beisein ihres letzten Gemahls im Dezember 1623. Bis heute ist ihr Schloss im Eigentum der Familie Schwarzenberg und kann nach Voranmeldung besichtigt werden.

Das edle, perfekt ausgebildete Schulpferd war ein Statussymbol. Der Reitkunst wurden seit dem Beginn der Neuzeit zahlreiche Publikationen gewidmet, die auch herrliche Illustrationen enthielten.

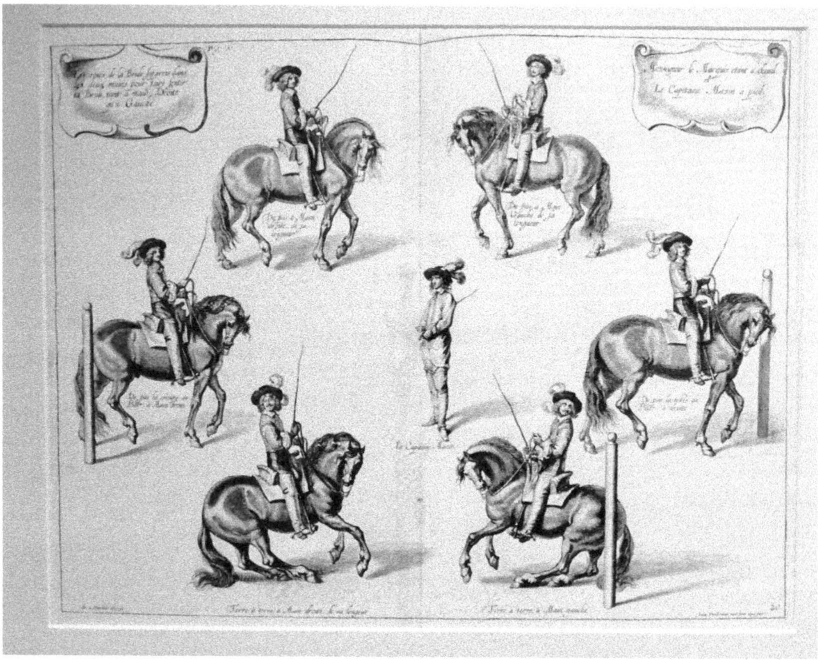

Wie daraus ein Gestüt wurde, kann man der Ausgabe von 1836 der „Steiermärkischen Zeitschrift" entnehmen: „Im Jahre 1637 gründete Fürst Johann Adolph Schwarzenberg das jetzt noch bestehende Gestüt zu Murau im Judenburger Kreis. Die bedeutende Ausdehnung an Wiesengrund und Alpenweide sichert demselben den hinlänglichen Bedarf an gutem Futter, das zum Gedeihen eines Gestütes unumgänglich nothwendig ist, indem bei Mangel oder schlechter Beschaffenheit der Nahrung selbst die beste Zucht verkümmern und endlich zugrunde gehen muss. Die Grundrasse dieses Gestütes ist italienisch-spanisch, eine Race, welche dem Geschmacke der damaligen Zeit am meisten entsprach und daher auch bei Anlegung vieler Privatgestüte gewählt wurde. Wir finden ihre Nachkommen in fast allen Privatgestüten unseres großen Reiches, bald rein, bald vermischt mit anderen... ihre Anwendung hat auch da, wo sie durch Grundsätze geleitet wurde, viel Nutzen gestiftet. Gegenwärtig befinden sich in dem fürstlich Schwarzenbergischen Gestüte zu Murau zwanzig Mutterstuten und zwei Beschäler, acht einjährige, sechzehn zweijährige, achtzehn dreijährige und neunzehn vierjährige Fohlen, im Ganzen 83 zur Zucht verwendete Pferde. Die Paarung wird ohne Rücksicht auf Verwandtschaft geleitet und bloß durch solche Vorzüge bestimmt, deren Forterbung man zu wünschen Ursache hat. Im Sommer beziehen sämtliche Pferde mit Ausnahme der Beschäler die hohen Alpen, woselbst sie (bis) im Spätherbste bleiben, im Winter aber in dem Gestütshofe von Murau eingestallt werden. Die gelungenen Nachkommen werden theils in die fürstlichen Staatszüge, theils auch vierjährig zur Oekonomie-Arbeit und zum Verkauf aufgestellt."

Die Murauer Pferde waren begehrte Geschenke und genossen einen beachtlichen Ruf in der damaligen Zucht. Heute beherbergt die Anlage die Fürstlich Schwarzenbergsche Gutsverwaltung; Pferde zu Zuchtzwecken finden sich keine mehr; es existiert jedoch ein Sportstall.

Kaiser Franz I. Stephan

Kaiser Franz I. Stephan hatte großes ökonomisches Geschick, war aber auch an den Naturwissenschaften sehr interessiert und gründete 1752 den Tiergarten Schönbrunn.

Name und Gebiet des Herzogtums Lothringen gehen auf die Karolinger zurück, deren Imperium 855 geteilt wurde. Das Gebiet zwischen den ost- und westfränkischen Königreichen, Francia Media, ging an Lothar II., nach dem es benannt wurde. Nach verschiedenen Umwälzungen wurden die Herzöge von Lothringen und Bar zu mächtigen Reichsfürsten innerhalb des Heiligen Römischen Reiches, gerieten jedoch aufgrund der andauernden Zwiste zwischen diesem und Frankreich zwischen die Fronten, was letztlich zum Verlust führte. Im Dreißigjährigen Krieg wurde es besetzt und der Herzog ging ins Exil an den Wiener Hof. Hier wurde 1643 der spätere Herzog Karl geboren, der sein Land nie regierte, aber ein Leben lang für seinen Kaiser Leopold I. (der auch sein Schwager war) kämpfte. Er befreite 1683 Wien und 1686 Ofen von den Türken; Prinz Eugen war sein Schüler und Nachfolger. Karls Sohn, Leopold Joseph von Lothringen, wurde 1679 in Innsbruck geboren und verbrachte seine Jugend am kaiserlichen Hof, war Spielgefährte der Erzherzöge Joseph und Karl und hatte Deutsch als Muttersprache (obwohl man bei Hofe auch Italienisch und Französisch sprach). Ihm widerfuhr das Glück, 1697 sein besetztes Herzogtum von Ludwig XIV. zurückzubekommen.

Im Oktober 1698 zog Leopold Joseph feierlich mit orientalischen Pferden, Kamelen und als Türken verkleideten Dienern in Nancy ein – ein Spektakel, das er seinem Vater als Bezwinger der Türken und dem Kaiserhof schuldete. Sein Reich wurde nun für viele Jahre ein Zentrum der europäischen Kunst und Wissenschaft. Um seine fürstliche Position zu stärken, bemühte er sich intensiv, seinen Sohn und Erbprinzen Clemens mit einer Erzherzogin zu vermählen, was der nunmehrige Kaiser Karl VI. wohlwollend bemerkte. Er wollte seine geliebte Tochter Maria Theresia nämlich keinem der mächtigen europäischen Herrscher zur Frau geben, um die Casa d'Austria nicht zu gefährden. Da Clemens 1723 an den Blattern starb, trat nun sein Bruder Franz Stephan als Brautwerber an und begab sich 15-jährig nach Böhmen, um das 1722 verliehene Herzogtum Teschen in Besitz zu nehmen; dabei stellte er sich dem Kaiser vor und blieb vorerst in Wien. Als sein Vater 1729 starb, trat er 1730 in die Regentschaft ein und zeigte sehr bald hervorragende ökonomische Begabung und ausgeprägten Sinn für Organisation und Sparsamkeit in den Staatsgeschäften. 1732 ernannte Kaiser Karl VI. seinen zukünftigen Schwiegersohn zum Statthalter in Ungarn, wo er bestens funktionierende Kanzleien für die ungarischen und lothringischen Angelegenheiten einrichtete und die Verwaltung ordnete. Er interessierte sich auch für den Erwerb landwirtschaftlicher Güter und industrieller Betriebe in Ungarn; die beiden Güter Holitsch und Sassin kamen ins Gespräch...

Doch vorerst bereitete ihm die drohende Abtretung seines Herzogtums an Frankreich Probleme; es galt, die entsprechenden Gegenleistungen zu fordern, finanzielle und territoriale Entschädigungen und die Festlegung eines Hochzeitstermins. Im Dezember 1735 wurde seine Verlobung mit Maria Theresia bekannt gegeben, am Faschingssonntag 1736 fand die Hochzeit statt. Er erhielt die Toskana und machte das Großherzogtum zu einer blühenden und lukrativen Landschaft; doch mit Karls Tod 1740 kehrte er nach Wien zurück. Seine Gemahlin trat ihr kompliziertes Erbe an, und Franz Stephan war ihr unschätzbarer Berater und liebevoller Prinzgemahl. 1745 krönte man ihn als Franz I. Stephan zum (machtlosen) Römischen Kaiser, der einfach lebte, aber sein Vermögen stetig mehrte. Der Kaiser starb 1763 mit 56 Jahren an einem Schlaganfall; er hinterließ eine wahrhaft trauernde Witwe, die seinen Sarg täglich besuchte.

Maria Theresia im Kreise ihrer zahlreichen Familie in einer barocken Staffage. Ihr Gemahl Franz Stephan von Lothringen war ein kluger Geschäftsmann, sie regierte für ihn das Reich. Der Kaiser hatte großes Interesse an der Pferdezucht.

Kaiserin Maria Theresia

Maria Theresia von Österreich wurde am 13. Mai 1717 in Wien geboren; sie starb am 29. November 1780 ebenda und war die Tochter von Kaiser Karl VI. und Elisabeth Christina von Braunschweig-Wolfenbüttel. Als regierende Erzherzogin von Österreich und Königin von Ungarn (mit Kroatien) und Böhmen (1740–1780) zählte sie zu den prägenden Monarchen der Ära des aufgeklärten Absolutismus. Nach dem Tod des Wittelsbachers Karl VII. 1745 konnte sie die Wahl und Krönung ihres Gatten Franz Stephan von Lothringen zum römisch-deutschen Kaiser als Franz I. durchsetzen. Franz Stephan widmete sich vor allem und erfolgreich den Finanzen der Familie, da er keine eigene Hausmacht und nur geringe militärische oder politische Ambitionen besaß. Wie jede Gattin eines Kaisers wurde sie, obwohl nicht selbst gekrönt, als Kaiserin tituliert; in diesem Falle völlig gerechtfertigt, da sie die Regierungsgeschäfte quasi allein besorgte.

Kaiserl. Königl. Patent, wegen Erzieglung brauchbarer Pferden im Königreich Böheim, dd. Prager-Schloß den 8. Martii Anno 1756.

Wir Maria Theresia von GOttes Gnaden Römische Kaiserin, in Germanien, zu Hungarn, Böheim, Dalmatien, Croatien, Slavonien Königin; Erz-Herzogin zu Oesterreich; Herzogin zu Burgund, zu Braband, zu Mayland, zu Steyer, zu Kärnten, zu Crain, zu Mantua, zu Parma und Piacenza, zu Limburg, zu Luzenburg, zu Geldern, zu Würtemberg, Ober- und Nieder-Schlesien; Fürstin zu Schwaben, und Siebenbürgen; Markgräfin des Heil. Römischen Reichs, zu Burgau, zu Mähren, Ober- und Nieder-Laußnitz; Gefürstete Gräfin zu Habsburg, zu Flandern, zu Tyrol, zu Pfirt, zu Kyburg, zu Görz, zu Gradisca, und zu Artois; Land-Gräfin in Elsaß; Gräfin zu Namur; Frau auf der Windischen Marck, zu Portenau, zu Salins und zu Mecheln; Herzogin zu Lothringen und Baar; Groß-Herzogin zu Toscana.

A Ge-

Geben allen und jeden Landes-Innwohneren und Unterthanen dieses unseres Erb-Königreichs Böheim zu vernehmen: Und zwar, daß unter anderen Vorzüglichkeiten GOtt der Allmächtige dieses Unser Königreich Böheim auch mit einer zahlreichen Pferd-Zucht gesegnet, und begabet hat, bezeugen nicht allein die ehedeme in diesem Königreich aufgefundene, und in denen Kriegs-Zeiten aufgekaufte Rimonta-Proviant- und Artillerie-Pferde, sondern die zur Zeit alljährlich tausendweis aus dem Lande ausgehende ein- und zwey-jährige Füllen, welche denen benachbarten Landen die stärkeste und dauerhafteste Pferde verschaffen, denen Landes-Innwohneren aber den Nutzen, welchen sie durch die längere Aufbehaltung deren Pferden erlangen könten, entziehen, das Land auch außer Stande setzen, bey hervorbrechenden Aufkauf derer Rimonta-Pferden mit der erforderlichen Anzahl gewachsener Küraßier-Pferde aufzukommen, und Unsere Cavallerie-Regimenter mit der benöthigten Anzahl deren Rimonta-Pferden, wie es sonsten wohl beschehen könte, zu versehen; Aus welchem dann folget, daß in Ansehung des so geringen Verdienstes, die Landes-Innwohnere sich auf die Erzieglung derer Pferden nicht so, wie ehedeme, verlegen, ihre Mutter-Stutten unbelegter lassen, und diejenigen, welche nothwendig zu dem Acker-Bau Pferde halten müssen, solche lediglich zur Arbeit, und wenige zur Zucht anwenden, solchemnach auf ein- und andere Weise, die sonsten hier Landes so ergebige Pferd-Zucht in Abnahm bringen.

Wie nun dem Staat so wohl, all diesem Unseren Königreich Böheim daran gelegen, daß forderist dasjenige, was zu Aufrechthaltung Unseres Kriegs-Staats erforderlich, im Lande aufgebracht, die namhaften Summen baaren Geldes, die Wir auf die Rimonta-Pferde außer dem Bezirk Unserer Staaten zu verschicken Uns bemüßiget finden, in denen Ländern erhalten, und dadurch auch denen Privatis der Verdienst, wie sie solchen aus einer guten Pferd-Zucht erlangen können, verschaffet werde;

Als haben Wir aus Landes-Mütterlicher Vorsorge, in Ansehung der Pferd-Zucht in diesem Königreich Böheim, die folgende Maaß-Regeln und Satzungen zu statuiren, und denen gesamten Landes-Innwohneren kund machen zu lassen Unsers Dienstes, und zum Besten Unserer treugehorsamsten Landes-Innwohneren zu seyn befunden, und zwar:

Will es hauptsächlich darauf ankommen, daß forderist im Lande darauf gesehen werde, sich mit guten Mutter-Stutten zu versehen, und sich auch solche Beschellere anzuschaffen, die mit keinem Erb-Mangel behaftet, oder sonsten einer üblen Gestalt, sondern

wohl

wohl gewachsen seynd, massen ohne diesen, und besonders, wann zu Belegung derer Mutter-Stutten übel gewachsen, dickköpfige und dickhalsige, mit fetten Augen, und anderen Defecten begabte Hengste gebrauchet werden, die dermalige an vielen Orten noch defectuose Pferd-Zucht noch mehr zuruck gesetzet, und endlichen ganz und gar dahin gebracht werden dürfte, daß die im Lande erziehende Pferde zu keinem anderen Gebrauch seyn wurden, als den hierländigen Acker-Bau zu versehen, und für die Fuhrleute ein- und andere übel gestaltete Pferde zu erzieglen, niemalen aber die Pferd-Zucht in diesen Grad der Vollkommenheit zu bringen, aus welchen dem Publico so wohl, als dem Privato der [illegible]ssende Nutzen erreichet werden könte:

Es gereichet Uns zu Allergnädigsten Wohlgefallen, daß, wie sicher verlauten will, die Landes-Art derer Pferden seit einem Zeit-Lauf von 20. bis 30. Jahren schon in vielen verbesseret, die ungestalte Mutter-Stutten in einigen Kraisen schon grösten Theils abgebracht, und denen in Sachen ergangenen Publicationen die allerunterthänigste Folge in deme geleistet worden, daß die Landes-Innwohnere sich derer schweren sogenannten Bayerischen, und anderen ungestalten, und defectuosen Hengsten nicht mehrers bedienen, sondern auf taugliche Beschellere bedacht, und verlegen seynd.

Wollen auch noch ferners, daß diesem auf das genaueste nachgelebet, und so, wie Wir in keinem Zweifel seyen, daß in Folge des sub Dato 1ma Septembris 1755. erst jüngsthin erlassenen Patents, die Obrigkeiten dahin bedacht seyn werden, gute Beschellere sich anzuschaffen, und dadurch der Pferd-Zucht aufzuhelfen; Also wollen und befehlen Wir gnädigst weiter, daß diejenige Obrigkeiten, welche darzu die Bequemlichkeiten nicht haben, auf ihren Gütern selbst Beschellere zu halten, wenigsten dahin bedacht seyn, nicht zuzugeben, daß in ihrem Gebiete in der Beschell-Zeit einige andere Hengste gebrauchet werden, als jene, welche entweder durch die Obrigkeiten selbst, wann sie sich auf ihren Gütern befinden, oder durch die in ihrer Abwesenheit in Platz ihrer bestellte erstere Beamte angesehen, mit Zuziehung Pferd-verständigen Richtern, und Bauersleuten examiniret, und approbiret werden.

Verbieten demnach allen, sowohl inn- als ausländischen Innhabern solcher Beschelleren, sich nicht gelüsten zu lassen, ohne vorhergehender Bewilligung der Orts-Obrigkeit, die Mutter-Stutten deren Landes-Innwohneren zu belegen, noch viel weniger aber mit gebrechlichen, und einigen Erb-Mangeln behaften Pferden sich im Herumziehen in denen Dörfern, unter der Confiscations-Straf derer bey ihnen vorfindenden untauglichen Hengsten, betretten zu lassen.

Wir

Die Kaiserin verfasste eine detaillierte Resolution zur Hebung der Pferdezucht in ihrem Herrschaftsgebiet, um die veraltete Kavallerie besser beritten zu machen. Ihre Anordnungen sind z. T. bis heute gültig.

Unmittelbar nach Antritt der Herrschaft musste Maria Theresia den Österreichischen Erbfolgekrieg gegen Friedrich II. von Preußen führen und büßte den größten Teil Schlesiens und die Grafschaft Glatz ein. Sie konnte aber die übrigen Habsburger Besitzungen sichern und betrieb eine umfassende Reformpolitik in verschiedenen Bereichen.

Im Jahre 1743 ging das berühmt gewordene Damenkarussell in der Winterreitschule in Szene, das Maria Theresia anlässlich der Wiedereinnahme der Stadt Prag veranstalten ließ. Insgesamt waren es vier Quadrillen, welche das Karussell bestritten, zwei davon bestanden aus Reiterinnen, die anderen aus reich verzierten, kleinen Wagen. Alle teilnehmenden Damen gehörten dem Hochadel an und waren in barocke Amazonenkostüme gekleidet. Maria Theresia selbst führte die erste reitende Quadrille an und gewann mit der Lanze einen kostbaren Preis, der in einem goldgefassten, mit Brillanten besetzten Bergkristall-Besteck bestand, welches sie jedoch an die Gräfin Pálffy weitergab. Durch die langen Kriege, die man ihr aufzwang, traten einerseits die Schwächen ihrer Armeen und zugleich die Chancen einer verbesserten Pferdezucht zutage; sie erließ deshalb richtungsweisende Vorschriften zur Hebung derselben.

Der Verlauf des Krieges hatte verdeutlicht, dass besonders die Armee reformbedürftig war. Maria Theresia verdoppelte ihre Stärke auf rund 180.000 Mann und führte eine Heeresreform durch. Diese wurde vor allem von Graf Leopold Joseph von Daun, Prinz Karl Alexander von Lothringen und Fürst Joseph Wenzel von Liechtenstein geplant. Dabei wurde aus der zuvor kaiserlichen Armee ein österreichisches Heer, dessen Vorbild die preußische Armee, im Erbfolgekrieg erbitterter Gegner, wurde. Weiter reorganisierte sie die Verwaltung sowie das Justiz- und das Bildungswesen. Außenpolitisch suchte Maria Theresia den Ausgleich mit Frankreich, musste aber nach dem Siebenjährigen Krieg endgültig auf Schlesien verzichten. Im Zuge der Ersten Polnischen Teilung kam aber Galizien an Österreich, das ein wichtiges Zuchtland guter Pferde werden sollte.

Maria Theresia setzte auf verwandtschaftliche Bindungen und schmiedete deshalb sehr früh Heiratspläne für ihre 14 überlebenden Kinder. Nach dem Tod ihres Mannes 1765 machte sie ihren Sohn Joseph II., der nun zum römisch-deutschen Kaiser ge-

Joseph II. bereiste sein Reich ausgiebig. Dabei kam es zur berühmten Episode von Slawikowitz, als er mit einem Pflug ackerte. Er war ein Förderer der Pferdezucht und ließ einige bedeutende Gestüte gründen.

krönt wurde, zum Mitregenten in den habsburgischen Erblanden. Allerdings erwies sich aufgrund unterschiedlicher politischer Vorstellungen die Zusammenarbeit zwischen Mutter und Sohn als schwierig. Schon nach den Schlesischen Kriegen erließ Maria Theresia Anordnungen und Gesetze zur Stärkung der inländischen Zucht. Am 24.März 1774 wurde ihr Hofkriegsrat angewiesen, die Versorgung mit guten Remonten drastisch zu verbessern. Die Ankaufskommissionen wurden personell und qualitativ aufgerüstet und 1792 die Remonten-Sammelstellen von Czernowitz und Radautz eingerichtet. Von diesen wurden zwischen 1774 und 1825 insgesamt 104.681 Pferde an die Armee abgeführt. Die von seiner Mutter begonnene Verbesserung der Pferdezucht führte der Sohn fort…

Kaiser Joseph II.

Geboren am 13. März 1741 in Wien als erstgeborener Sohn und viertes Kind Maria Theresias und Franz Stephans; gestorben am 20. Februar 1790 ebenda. 1764 wurde er in Frankfurt am Main zum römisch-deutschen König gewählt und gekrönt. Nach dem Tod seines Vaters war er somit Kaiser des Heiligen Römischen Reiches und offizieller Mitregent in den erzherzoglichen Ländern, ohne vorerst viel regieren zu können. Das finanzielle Erbe des Vaters verwendete er Großteils zur Sanierung des Staatshaushaltes.

Die Position eines römisch-deutschen Kaisers war bereits zu dieser Zeit überwiegend dekorativ, und seine Mutter Maria Theresia überwachte in Sorge seine Handlungen und Entscheidungen. In vielen Fragen hatte Joseph konträre Meinungen zu seiner Mutter, die bei ihren eigenen Reformen noch im Ideal der Gegenreformation lebte, während Joseph bereits ein „Aufklärer“ war. Nach Maria Theresias Tod 1780 versuchte er, diese Ideen politisch umzusetzen – allerdings auf überhastete, undiplomatische Art, so dass sich Verzögerungen und Widerstände einstellten. Josephs Einheitsstaat sollte für Wohlstand und Fortkommen der Bürger sorgen, aber auch bis ins kleinste Detail das Volk regulieren, was als schikanös empfunden wurde. Das Reformwerk scheiterte letztlich an den konservativen Eliten bzw. an der Tatsache, dass er nur zehn Jahre regierte. Die Kaiserwürde ging mit seinem Tod 1790 auf den jüngeren Bruder Leopold II. über, der 25 Jahre lang reformfreudig und weise das Großherzogtum Toskana regiert hatte. Als Kaiser blieben auch ihm große Chancen versagt, da er schon 1792 verstarb – umweht nicht eine gewisse Tragik die beiden talentierten Brüder?

Joseph heiratete 1760 in Wien die Prinzessin Isabella von Bourbon-Parma (1741–1763); der Ehe entsprangen zwei Töchter, die bereits früh verstarben. In zweiter Ehe heiratete er 1765 seine Cousine zweiten Grades, Prinzessin Maria Josepha von Bayern (1739–1767), doch die Ehe blieb kinderlos. Die historische Beurteilung seiner Person ist schwierig. Unter der Regentschaft seines reaktionären Neffen Franz II./I. wurde er posthum zur Lichtgestalt gemacht. Die Revolution von 1848 verklärte ihn, und sein Reiterdenkmal am Josephsplatz in Wien war mehrmals Mittelpunkt politischer Kundgebungen.

Um diese Zeit beginnt auch die Wahrnehmung als „Volkskaiser" und seit Ende des 19. Jahrhunderts als „Reformkaiser". Als Mitregent und Kaiser unternahm Joseph etliche Reisen, z. B. durch Böhmen, nach Italien und Frankreich. Von seinen insgesamt nur 7.102 Regierungstagen verbrachte er 2.260 Tage nicht in der Residenz. 1769 reiste Joseph nach Rom und Neapel und im gleichen Jahr noch nach Böhmen, wobei er im mährischen Slawikowitz dem Knecht Jan Kartoš den Pflug abnahm und mit ihm einige Furchen am Acker zog. Die berühmte Szene des pflügenden Kaisers wurde noch im gleichen Jahr als Denkmal festgehalten. 1773 bereiste er den Banat, Siebenbürgen und das gerade erworbene Galizien.

Von seinem Volk, den Beratern und anderen Herrschern weitgehend missverstanden, stand der Reformer lange Zeit im Gegensatz zu seiner Mutter. In einem jedoch waren sie einer Meinung: Die Pferdezucht Österreich-Ungarns musste blühen, sonst war wirtschaftlich und vor allem militärisch keine große Zukunft zu erwarten. Beide initiierten – wohl auch gezwungener Maßen – ganz wesentliche Reformen im Zuchtwesen. Das Pferd darf in diesem Zusammenhang natürlich nicht mit dem modernen Sportpferd oder Freizeitpartner gleichgesetzt werden; sein Nimbus, seine Bedeutung gingen weit darüber hinaus. Die Qualität und Verfügbarkeit der Pferde entschied über Sieg und Niederlage im Kriegsfall, über die Erträge der Landwirtschaft und die Funktionalität des gesamten Transportwesens für Menschen und Waren. Joseph setzte also das große Werk der Mutter fort, gründete mit Hilfe des famosen Joseph von Csekonics die bedeutenden Gestüte Mezöhegyes und Bábolna und ließ Kladrub erweitern; einer der beiden Außenhöfe des Gestüts trägt noch immer seinen Namen: Josephov (Josephshof). Seine „allerhöchste Resolution" zur Verbesserung der Pferdezucht von 1785 (Datum der Drucklegung) ist im Anhang wiedergegeben.

Hier soll eine weltbekannte österreichische Attraktion erwähnt werden, die heute als Tourismusmagnet gilt, aber zugleich aus Gründen des Tierschutzes heftig umstritten ist: der Wiener Fiaker.

Im Fiaker durch die Stadt

Fiacrius war ein irischer Mönch, der die Verbreitung des Christentums zu seinem Lebenszweck gemacht hatte. Deshalb verließ er um das Jahr 650 die Wälder der Grünen Insel – die heute fast baumlos dasteht, aber immer noch grün ist - und begab sich nach dem Festland. In Frankreich gründete er das Kloster Breuil Meaux, wofür ihm Jahrhunderte später eine Kirche in Paris gewidmet wurde; heiliggesprochen wurde er inzwischen auch. Die Eglise de Saint Fiacre lag natürlich in der Rue de Saint Fiacre, und genau dort betrieb um 1650 der erste Mietwagen-Unternehmer der Seinemetropole, Nicolas Sauvage, sein Gewerbe.

Wien lag damals in einer Art kulturellem Zweikampf mit Paris, das in puncto Eleganz und Fortschritt europaweit den Ton angab. Der Habsburger Leopold I. und sein französischer Gegenspieler, Ludwig XIV., buhlten um den spanischen Thron und die Vormacht in Europa. Allerdings hatte Österreich einige Rückschläge einzustecken, denn die Türken und Ungarn machten dem 1658 zum Deutschen Kaiser gekrönten Leopold das Leben schwer. Erst nachdem die Muselmanen 1683 bei Wien besiegt worden waren und die Stadt sich von den Verwüstungen und Kriegswirren erholt hatte, konnte man wieder mit Paris gleichziehen. Dort rollten inzwischen zahlreiche Lohnkutschen durch die Straßen, die nach ihrem ersten Standplatz Fiacres genannt wurden.

Aufgrund der wachsenden Entfernungen – Wien nahm an Ausdehnung rapide zu – reichten die Tragsessel, welche nur im Bereich der Innenstadt verfügbar waren, nicht mehr aus. Den Adel kümmerte das nicht, denn er verfügte seit jeher über noble Reitpferde und mehrspännige Karossen. Der Bürger hingegen stiefelte murrend durch den Schlamm und Staub der Straßen, deren Zustand viel zu wünschen übrig ließ. In diese Marktlücke stießen nun Lohnfuhrwerke nach Pariser Vorbild, die zwar wesentlich teurer waren als Sänften, dafür aber auch schneller und mehrsitzig. 1693 erteilte der Hof die erste Lizenz für den gewerblichen Betrieb, und bereits 1697 verfügte man, dass für jede Kutsche ein Lohnwagenaufschlag abzuführen sei, der dem Großarmenhaus zugutekam. Diese von Leopold I. 1693 gegründete Institution wurde derart ganz wesentlich von den Lohnkutschern unterstützt, verkam aber nach dem Wegfall des Lohnwagenaufschlages im Jahr 1747 und wurde schließlich von Joseph II. durch das Allgemeine Krankenhaus ersetzt.

Die frühen Lohnkutschen, die man anfänglich in Wien noch nicht als Fiaker bezeichnete, waren weder besonders komfortabel noch schnell. Auf harten Bänken saß man im ungefederten Wagen, der sich plump und behäbig durch die engen Gassen mühte. Doch der technische Fortschritt des beginnenden 18. Jahrhunderts führte bald zu weitreichenden Verbesserungen. Lenkung, Federung und Form der Kutschen wurden modernisiert und langsam nahm die typische Wiener Mietkutsche Gestalt und Namen ihres französischen Vorbildes an.

Etwa ab 1720 kann man von eigentlichen Fiakern in Wien sprechen, denn nun wurde das Fiakerwesen durch eine Verordnung geregelt – alles beginnt in Österreich erst dann offiziell zu existieren, wenn sich die Behörde der Sache annimmt. Die Lohnkutscher-Verordnung besagte, dass die Fiaker zu Hause auf Kunden zu warten hätten und sich nicht wie bisher auf der Freiung aufhalten dürften. Mit dieser Restriktion wurde das sogenannte Stapeln geradezu zwingend, das langsame Umherfahren auf der Suche nach Kunden. Auch war es untersagt, weiter als vier Meilen außerhalb der sogenannten Linie zu fahren. Damit war der von Prinz Eugen angelegte Linienwall gemeint, eine Verteidigungsanlage, welche die Vorstädte verband; heute verläuft dort der Gürtel. Dieses Verbot wurde derart umgangen, dass man knapp vor der Linie die mit Kreide an den Wagen geschriebene Lizenznummer auslöschte und damit quasi ein Privatfuhrwerk wurde. Auch feste Preise wurden verordnet, aber natürlich nicht eingehalten.

Schon damals entwickelten die Kutscher Wiens jene scharfzüngige Geschäftstüchtigkeit, die bis heute typisch geblieben ist. Auch ein weiteres Merkmal der Fiakerzunft entstand schon sehr früh, nämlich das Schnellfahren. Kaum vorstellbar, dass sich die sonst so gemütlichen Wiener auf dem Kutschbock in wahre Furien verwandelten, wie das ein Zeitgenosse schildert: „Die Kutschen kommen in vollem Lauf angefahren. Die Fußgänger wissen kaum, wie sie sich retten sollen; daher laufen einige mit den Köpfen zusammen oder werfen sich über den Haufen, viele retten sich mit Not an die Seitenhäuser. Der Fußgänger läuft alle Augenblicke Gefahr, überfahren oder mit der Peitsche getroffen zu werden."

Fiaker haben fest zugewiesene Standplätze im Wiener Stadtzentrum; ihre Fahrstrecken führen durch die Altstadt und zeigen dem Fahrgast einige der schönsten Sehenswürdigkeiten.

Nun, ganz so schlimm mag es nicht gewesen sein, denn die Obrigkeit war rasch mit dem gefürchteten Haslinger, dem Stecken, bei der Hand, wenn ein Fiaker die Ordnung verletzte. Und ihre meisterhafte Fahrkunst wurde von Besuchern der Hauptstadt löblich kommentiert: „Die Kutscher fahren überaus geschickt und vorsichtig, dass man mitten unter dem ärgsten Gewühl von Wagen und Menschen mit der größten, mir noch auffallenden Gelassenheit gehen kann."

Um 1785 wurden den Fiakern erstmals feste Standplätze am Michaelerplatz und am Graben zugewiesen, während die nicht nummerierten Lohnkutschen keine offizielle Haltestelle erhielten. Zu dieser Zeit zählte man in Wien rund 650 Fiaker, 300 nummerierte Lohnkutschen und etliche Dutzend Luxusmietwagen. Diese gehörten vornehmlich zur Firma Janschky, die um 1800 gegründet wurde und sich ganz auf noble Equipagen spezialisierte. Renommierte Betriebe und angesehene Persönlichkeiten bildeten sich heraus, und auch hohe Herrschaften vergaben sich nichts, wenn sie einen Fiaker benutzten, was besonders dann geschah, wenn man inkognito bleiben wollte. Kaiser Joseph II., Zar Nikolaus I. und später Kronprinz Rudolf beispielsweise ließen sich derart kutschieren. Je teurer und unbequemer es wurde, sich in der überfüllten Stadt private Equipagen zu halten, desto häufiger verwendete man den Fiaker oder besser noch, eine nicht nummerierte Lohnkutsche, die man für ein Privatfuhrwerk halten konnte...

Teil 2: Die Pferdezucht im Barock

Es würde den Rahmen sprengen, die gesamte historische Entwicklung der iberischen Reitkultur und vor allem der ihr zugrunde liegenden Pferdezucht zu beschreiben. Wir schicken daher lediglich voraus, dass die iberischen Völker von alters her geschickte Reiter und Züchter waren, denen mit den ramsköpfigen, athletischen Wildpferden im Süden und den kräftigen Kleinpferden der nördlichen Gebirge gutes Pferdematerial zur Verfügung stand. Im drahtigen Ramskopftyp – egal, ob er auf autochthone Wildformen oder importierte oder zu bestimmten Zwecken gezüchtete Tiere zurückgeht – ist der Vorläufer des Gineta/Genette genannten Reitpferdes zu sehen. Mit den seit dem maurischen Einfall unter Tarik von 711 ins Land kommenden Pferden aus dem Maghreb und eventuell dem Orient konnte eine qualitative Zucht erfolgen, deren Merkmale bis heute in den so genannten Barockrassen zu finden sind. Solche Pferde erlaubten eine versammelte Reitweise, die auf Wendigkeit ausgerichtet war und den Nahkampf ermöglichte. Diesen zu perfektionieren gelang vermutlich auch durch die Jagd auf wehrhaftes Wild, besonders Wildrinder und -schweine, woraus sich wiederum der berittene Stierkampf (Corrida) entwickelt haben dürfte.

Iberische Kriegspferde wurden Gineten (ginetas), Genetten oder Jenetts genannt. Sie waren als besonders mutig bekannt und begründeten manche andere Pferderasse. In reiner Form sind sie extrem selten geworden.

Das alte iberische Reitpferd wird in der Literatur oft Ginete (Spanisch) oder Jenett (Englisch) bzw. Genette (Französisch) genannt. Das Wort stammt von el ginete, ein Reiter, der mit kurzen Steigbügeln auf dem Schlachtfeld und bei der Hütearbeit mit den Rinderherden ritt. Überall wurde das Wort zum Synonym für dessen Pferd, in Spanien bezeichnet es noch immer den Reiter. Historiker meinen, dass dieser Reitstil mit den Mauren im achten Jahrhundert nach Iberien kam; dies ist vermutlich nicht korrekt, denn schon frühere Darstellungen zeigen Reiter mit gebogenen Beinen in Steigbügeln. Die Wortwurzel geht weit zurück; von ca. 4000 v. Chr. an waren Portugal und Nordspanien das Land der Cyneten, lange bevor der römische Name Lusitania aufkam. Im Osten Spaniens, bei Valencia, gab es auch den Stamm der Cymneten; allesamt gute Reiter. Die Griechen nahmen das Wort um 2000 v. Chr. auf, und es floss in das Berberische ein, wo Zenete dann Reitersoldat bedeutete.

Jaques de Solleysel: „Die Genetten haben einen aktiven Schritt, einen hohen Trab, einen bewundernswerten Handgalopp und einen schnellen Renngalopp. Gewöhnlich sind sie nicht sehr groß, doch nirgendwo findet man bessere Pferde. Ich habe ungewöhnliche Berichte über ihren Mut gehört. Da gab es Pferde, welche so schwer verwundet waren, dass ihre Gedärme aus dem Bauche hingen und sie alles Blut verloren hatten. Dennoch trugen sie ihre Reiter mit derselben Courage, mit der sie sie in die Schlacht getragen hatten, auch wieder aus dem Scharmützel. Dann legten sie sich hin zum Sterben, denn ihr Lebensfunke hatte sie eher verlassen als ihr Mut."

Das maurische Berberpferd und die iberischen Pferde sind stammesverwandt. Auch der Berber genoss einen guten Ruf als Schul- und Kriegspferd; heute ist er selten geworden.

Zahlreiche lokale Kriege der Mohammedaner untereinander dauerten an, daneben rückten die christlichen Heere im Zuge der Reconquista langsam aber stetig nach Süden vor. Um die Mitte des 13. Jahrhunderts fielen etliche muslimische Festungen und Kleinreiche, sodass sich einzig das Königreich Granada noch rund 200 Jahre lang völlig eingeschlossen halten konnte.

Während der Reconquista traten die Christen des Nordens mit den südlichen Muslimen in Wechselwirkung. Sie brachten schwere Rösser mit und kreuzten sie mit Gineten zu den sogenannten Villanos, kräftigen Kriegspferden, und verfeinerten ihre eigene Reitweise, indem sie Elemente der Gineta-Reiterei annahmen. Im Süden, von den Mauren „Al Andalus - das Paradies" genannt, erhielt sich das iberische Pferd noch eine Weile in schönster Form. Als Granada 1492 letztlich fiel und das christliche Spanien zur Weltmacht wurde, blieben Buntheit und Besonderheit der islamischen Kultur in manchem erhalten. Die Pferde halfen mit, ein unermessliches Weltreich zu schaffen, in dem die Sonne nicht unterging. Die Geschichte zeigt, dass ein iberisches Pferd stets eine begehrte Kostbarkeit war, deren Verkauf oder Export zeitweise den härtesten Strafen unterstellt war. Nur wenige Züchter konnten sich rühmen, solch edles Blut zu besitzen, und entsprechend teuer und berühmt waren ihre Produkte. Der Ginete wurde unter den katholischen Königen in den Hintergrund gedrängt, doch auch das aus ihm geformte spanische Paradepferd erfreute sich größter Wertschätzung und wirkte am Aufbau zahlreicher Rassen mit.

„Hispanien liefert eine Menge schöner,
sehr gelehriger, äußerst schneller Pferde;
daher entstund auch die Fabel,
dass vorzüglich die lusitanischen Stuten
durch den Westwind trächtig würden."

Konrad Mannert
Geographie der Griechen und Römer, Nürnberg 1788

Mit Karl V., dem Enkel des Ferdinand von Aragon und der Isabella von Kastilien (des Katholischen) wurde ein Habsburger 1516 zum Herrscher über ein riesiges Gebiet, das sich aus Aragon, Kastilien, Valencia, Katalonien, Sardinien, den Balearen, Neapel und Sizilien zusammensetzte. Drei Jahre später fielen ihm die habsburgischen Ländereien in Mitteleuropa zu, darunter Österreich und Teile Burgunds, die Niederlande und Luxemburg. Die überseeischen Besitzungen in der Neuen Welt sollen hier unerwähnt bleiben.

Iberische Pferde des Barocks zeigten mitunter seltene, attraktive Farben, wie ein getupftes (getigertes) Fell; später verschwanden diese Fellfarben und Schimmel wurden häufiger.

Süditalien und Spanien hatten uralte Verbindungen aufzuweisen, die auf 1282 zurückgingen und ab 1435 auch Neapel umfassten. Dazu schreibt Xavier Sellés-Ferrando in seinem bemerkenswerten Buch „Spanisches Österreich“: „So ist also eine ständige Zufuhr an Pferden von der iberischen Halbinsel nach Neapel und Sizilien zu erkennen, die zur Zucht eines neuen Pferdes führte, das sich als Neapolitaner bald größter Wertschätzung in Europa erfreute. Es vereinte vorzügliche Eigenschaften nordafrikanischer und iberischer Stämme und entsprach offensichtlich genau den Wunschvorstellungen, welche die Elite Mittel- und Nordeuropas von einem Reit- und Turnierpferd hatte. Der Neapolitaner galt allerdings als ungebärdig und ungelehrig, es war schwieriger, mit ihm zu arbeiten als mit dem Andalusier. Darin mag ein Grund für die groben Erziehungsmethoden Grisos liegen. Jedenfalls waren die Neapolitaner… berühmt für ihre hervorragende Haltung, den erhabenen spanischen Tritt (Passage), und wegen ihrer Größe auch als Paradepferde… begehrt.“

Barock oder nur dick?

Hier soll der populäre Begriff des Barockpferdes diskutiert werden, denn wir befinden uns thematisch in dieser Periode. „Barock“ bezeichnet eine kulturelle Epoche, die im späten 16. Jahrhundert in Italien begann, bis circa 1750 andauerte und danach im Rokoko noch runde 30 Jahre ausklang. Die barocke Reiterei übersteigerte die Selbstdarstellung zu Pferde zur Perfektion. Dabei kam es sicher nicht nur auf hohe reiterliche Ziele an, sondern auch und vor allem auf den Effekt. Beispielsweise verwendete man gerne Pferde von seltener Farbe, wie Isabellen, Schecken, Tigerschecken oder Falben und verlieh ihnen durch allerlei schmückendes Beiwerk noch mehr Attraktivität. Allerdings entstanden zu jener Zeit auch bedeutende Reitakademien, und die grundlegenden Thesen der Reitkunst wurden im Wesentlichen während des Barock verfasst.

Was macht nun ein gutes Pferd für derartige Zwecke aus? Die Eignung für die barocke Kampf- und Paradereiterei einerseits und die Ausprägung eines bestimmten körperlichen Typs andererseits müssen zusammentreffen. Beide sind in einigen Rassen häufiger und klarer ausgeprägt als in den übrigen; Lipizzaner, Andalusier, Lusitano und Kladruber sind die bekanntesten.

Die mentale Eignung des Pferdes für die Lektionen der Schulreiterei ist die Grundlage, ohne die keine erfolgreiche Ausbildung möglich ist. Also muss es über einen willigen, leistungsbereiten Charakter verfügen, der mehrmalige Wiederholungen auch schwerster Lektionen zulässt. Ausdruck und Brillanz sind wünschenswert, ohne sie verkommt diese Art der Reiterei leicht zur Pudeldressur. Die Spanische Reitschule zu Wien hat sich seit rund 400 Jahren ununterbrochen der Hengstleistungsprüfung gewidmet und damit die hohe Qualität des (österreichischen) Lipizzaners bewahrt; dieser strahlt jedoch über den internationalen Austausch von Zuchttieren auch in andere Zuchtländer aus.

Guérinière stellte bereits fest, dass ein Reitpferd (Schulpferd) relativ klein, kräftig und kurz in den Lenden zu sein habe, während ein Renn-, Kürassier- oder Wagenpferd groß und lang sein müsse. An diesem Diktum hat sich nichts geändert, dennoch wurde es seit den Tagen der Massenkavallerie vergessen oder ignoriert! Daher steht die Mehrzahl der modernen Dressurpferde genau genommen im Typ eines Kavallerie- oder Wagenpferdes. Gerade ihre Kompaktheit befähigt Pferde im barocken Typ zu jener Wendigkeit und Versammlung, die als Grundlage des klassischen Reitens im Sinne der Hohen Schule und ihrer Vorstufen anzusehen ist. Mit der Hinwendung zu den Schusswaffen sollte sich das grundlegend ändern.

Da keine Darstellung dieser Periode ohne eine kurze Biografie des Prinzen Eugen vollständig ist, wollen wir „den kleinen Abbé" hier kurz vorstellen; er begegnet uns später noch einmal im Zusammenhang mit Schloss Hof im Marchfeld, seinem wunderbaren Sommersitz, der heute ein Glanzlicht unter den niederösterreichischen Schlössern ist, und ein Magnet für Besucher aus aller Welt. Nun sei er ein Vorbote genau jener Periode, die aus verschiedenen Gründen dem eigentlichen Hauptthema des Buches vorangestellt werden muss. Zum einen war mit Karl VI. das spanische Hofzeremoniell nach Wien gelangt und dort verankert worden. Damit konnte und wollte man dem iberischen Edelpferd eine noch bedeutendere Rolle im barocken Lebensgefühl zusprechen. Doch will es der Zufall, dass damals eben auch die Expansionsbestrebungen der Osmanen einen neuen Höhepunkt erreichten. 1664 konnte man ihren Einfall noch im heutigen Südburgenland, bei Mogersdorf, zurückschlagen, doch nur 19 Jahre später stand ein starkes türkisches Heer vor Wien. Kamele, Kaffee, edle Pferde und weitere Kostbarkeiten des Orients befanden sich in Reichweite des Abendlandes – vorerst allerdings als Begleiterscheinung einer feindlichen Bedrohung. Und Prinz Eugen half tapfer mit, diese abzuwenden…

Prinz Eugen von Savoyen (1663-1736)

Als fünfter Sohn von Graf Eugen Moritz von Savoyen-Carignan geboren, war er ein intelligenter Knabe, der zum Priester erzogen wurde. Seiner inneren Berufung zum Offizier folgend, bewarb er sich jedoch bei Ludwig XIV., der ihn ablehnte. Er ging nach Österreich, wo er nach dem Tode seines Bruders Ludwig Julius 1683 vor Wien dem Entsatzheer beitrat und die Stadt von den Türken unter Großwesir Kara Mustafa zu befreien half. Eugen erhielt das Kommando über die Kuefstein-Dragoner und begann eine lange, glänzende Karriere als Stratege, aufklärerischer Politiker und kunstsinniger Mäzen. Er kämpfte an vielen Kriegsschauplätzen, war ab 1697 ungarischer Oberbefehlshaber, siegte u. a. bei Zenta, Höchstädt, Turin, Peterwardein und Temesvár und eroberte Belgrad. Sein strategisches Genie reiht ihn unter die größten Feldherrn der Geschichte und brachte ihm ein enormes Vermögen ein. Er sagte, Kaiser Leopold I. sei sein Vater, Kaiser Joseph I. sein Bruder und Kaiser Karl VI. sein Herr gewesen; allen dreien diente er unerschütterlich. Mit 22 Jahren war er General, mit 25 Feldmarschall-Leutnant und mit 30 Jahren Reichsfeldmarschall. Familiär ambitionslos, wandte er sich der Kunst und Architektur zu und schuf ein grandioses kulturelles Erbe (Kleinkunst, Bücher, Bauwerke, Militaria, Gartenanlagen etc.), das bis heute seinen Platz in der österreichischen Kunstgeschichte hat. Ihm sind ein Denkmal am Wiener Heldenplatz und ein populäres Lied (Prinz Eugen, der edle Ritter) gewidmet; seine bekanntesten Bauten sind das Belvedere, das Winterpalais in der Stadt und Schloss Hof und Schloss Niederweiden im Marchfeld. Bis ins hohe Alter blieben ihm seine offiziellen Ämter und Würden, Eugen wurde quasi ein „Schattenkaiser“ von großem politischem Einfluss. Zunehmend einzelgängerisch, widmete er sich mit fortschreitenden Jahren seinen Kunstsammlungen, Gesprächen mit der ihm vertrauten Gräfin Batthyány und seinen exotischen Tieren. In seiner Todesnacht soll sein Lieblings-Löwe in der Menagerie seines Schlosses Belvedere schauerlich gebrüllt haben. Er starb nach einem eher ruhigen, vereinsamten Lebensabend im Alter von 73 Jahren. Sein Herz wurde in Turin, der Leichnam im Stephansdom in Wien begraben.

Prinz Eugen von Savoyen war nicht nur ein großer Feldherr; er hinterließ uns auch prachtvolle Bauten und Parkanlagen.

Durch die vielfältigen Kontakte mit dem türkischen Reich bzw. Heer fällt in seine Periode die steigende Bewunderung für edle orientalische Pferde.

Die Erbeutung des ersten Stammvaters des Englischen Vollbluts muss hier erwähnt werden, weshalb wir Arnim Basche zitieren, der in seinem Buch-Klassiker „Turf“ wie folgt schreibt: „Als die Türken unter ihrem Großwesir Kara Mustafa 1683 Wien belagerten, gehörte neben dem bis dato unbekannten Prinzen Eugen von Savoyen – dem späteren Feldmarschall des Heiligen Römischen Reiches Deutscher Nation und berühmtesten Schlachtenlenkers seiner Zeit – auch ein Captain Byerley zum Entsatzheer, das die Muselmänner schließlich von den Mauern der hart bedrängten Stadt vertrieb. Dabei erbeutete der englische Offizier aus dem Tross des Paschas ein wunderbares braunes Pferd. Unter dem Namen Byerley's Turk trug der Hengst seinen Besitzer viele Jahre, und nicht zuletzt wurde er auch im irischen

Feldzug von William III. in der Schlacht am Boyne geritten. Danach begann die Gestütslaufbahn des Türken – der eigentlich ein Araber war. Im Midridge Grange und Goldsborough Hall Stud deckte er nur wenige, aber gut gezogene Stuten, deren Töchter immensen Einfluss auf die Vollblutzucht nahmen und eine Reihe von berühmten Familien gründeten." Durch konsequente Selektion auf Schnelligkeit und eine gewisse Ausdauer über mittlere Distanzen entstand mit Hilfe des englischen Rennwesens sehr bald ein elegantes Leistungspferd, das seine athletischen Eigenschaften und den typischen Siegeswillen getreu vererbte. Es ist übrigens erstaunlich, dass die Gründungsphase der englischen Wettläufer-Rasse mit dem Zeitalter des Barocks zusammenfiel und 1793 quasi zeitgleich mit jenem endete. Die Rasse ist seit ca. 1790 quasi „fertig" und darf keine Einkreuzungen von Fremdblut mehr erfahren; das erklärt auch den englischen Namen Thoroughbred, was auf Deutsch etwa „Durchgezüchtet" heißt und viel besser als „Vollblut" erklärt, worum es sich handelt: Um ein besonders reinrassiges, scharf selektiertes Pferd, das wie kein anderes geeignet war, die Landeszuchten positiv zu beeinflussen. Man könnte sagen, dass die Zeit einfach reif war für einen modernen Typus, der sich ideal zur Zucht von Militärpferden eignete und genau jene Genetik in hoch verdichteter Form weitergeben konnte, die man damals zu suchen begann.

Eugens berühmtes Landhaus, seit der Zeit Maria Theresias Belvedere genannt („schöner Blick"). Die Rampe zieren dynamische Pferdeskulpturen, Johann Christoph Mader zugeschrieben.

Die Versuchung ist groß, hier nun zu behaupten, dass wir in Österreich bzw. Ungarn immer schon gewusst hätten, welchen Wert die orientalischen Edelpferde für die Landeszucht haben können. Schließlich waren die ungarischen Steppenrösser und später auch die Landpferde der türkischen Gebiete am Balkan orientalisiert. Spätestens seit der Schlacht von Mohács 1526 musste doch jedem denkenden Reiteroffizier klar sein, wie schnell, ausdauernd und hart diese Wüstenrenner waren. Also haben wir im alten Österreich und nach der Vertreibung der Türken auch im alten Ungarn und am Balkan zuerst erkannt, dass hier ein enormes hippologisches Potential schlummerte – wie am Beispiel des Byerley Turk zu sehen. Solche Pferde liebten wir zu erbeuten… Trotzdem mussten sie bzw. ihre Nachkommen erst den Umweg über das damals schon etablierte englische Rennwesen nehmen, um sich als „Englische Vollblüter" wieder Eingang in die Herzen der kontinentalen Züchterschaft zu verschaffen – mitsamt Aussichten auf finanziellen Gewinn in Form von Rennpreisen, Wettgeldern, Decktaxen und Verkaufserlösen. Hätte ein Österreicher den braunen Türken-Hengst erworben und irgendwo in der Doppelmonarchie aufgestellt – ob er auch zum genetischen Superstar geworden wäre? Belassen wir es bei der Feststellung, dass sich schon um 1800 das Englische Vollblut als der Veredler schlechthin erwiesen hatte und den orientalischen und spanischen Hengsten gleichzustellen war. Die noblen, aber weniger schnellen Barockpferde gerieten langsam in den Hintergrund; aber noch sind wir nicht soweit...

Das Englische Vollblut, seit Jahrhunderten auf Rennleistung selektiert, ist ein sensibler Athlet von großer Vollkommenheit.

Die Wegbereiter

Das Zuchtwesen der späten Barockzeit, besonders aber jenes des darauffolgenden 19. Jahrhunderts, war am Höhepunkt des damals Möglichen angelangt. Die Betriebe verfügten über z. T. große Ausmaße und hielten bzw. produzierten große Zahlen an Pferden. Die Zuchtmethoden wurden nicht zuletzt durch kluges „Zulassen" seitens der Herrscher bzw. der Obrigkeit von herausragenden Visionären modernisiert. Wenn wir fasziniert auf die Ideen und Prinzipien des großen Robert Bakewell (1725-1795) in England blicken, so verstellt uns dieser geniale Geschäftsmann dabei leider auch die Sicht auf Persönlichkeiten wie Joseph von Csekonics, der für uns mindestens ebenso große Bedeutung hatte und sich mit Sicherheit direkter auswirkte als der ferne Brite. Bakewell wird jedoch von der britischen (und manchmal auch der deutschen Geschichtsschreibung) groß herausgestellt, während einem Csekonics keine großen Lorbeeren vergönnt sind. Der interessierte Leser kann feststellen, dass der Praktiker Csekonics auch höchst informativ und klar zu schreiben verstand; seinen Ausführungen zur Pferdezucht ist bis heute kaum etwas hinzuzufügen... hätte doch die österreichische Züchterschaft zu jeder Zeit seine Grundsätze beherzigt, ihr wäre viel erspart geblieben und möglich gewesen. Sein einziges kleines Werk, „Praktische Grundsätze, die Pferdezucht betreffend", 1817 in Pesth verlegt, ist eine Fundgrube an vernünftigen und äußerst nützlichen Ratschlägen. Die Präambel lautet denn auch „Nicht jeder, der etwas spricht und schreibt, ersieht und kennt alles" – ein hervorragender Beweis der Bescheidenheit des Autors, der an das berühmte „Scio nescio" (Sokrates; Ich weiß, dass ich nichts weiß) heranreicht.

Joseph von Csekonics

Hier sei etwas näher auf den so wichtigen Begründer unseres Gestütswesens eingegangen, denn sein interessantes Leben wird anderswo kaum beschrieben. Joseph Csekonics wurde 1757 in Güns (heute das ungarische Köszeg) von relativ unbemittelten, jedoch adeligen Eltern geboren. Er besuchte das dortige Jesuiten-Gymnasium und später die Piaristen-Akademie in Wien. Seine Pferdeliebe ließ ihn die Studien abbrechen und Kavallerist werden, so dass er im Jahre 1778 als Oberleutnant der Modena-Kürassiere diente. Er berichtet, dass er seine gesamte Energie an das Studium der Pferdezucht verwendete und alle ihm erreichbaren Gestüte besuchte, vor allem jenes

Joseph von Csekonics war einer der großen Förderer der Pferdezucht. Auf seine Initiativen gehen die berühmten ungarischen Gestüte Mezöhegyes und Bábolna zurück.

in Ürmény der Barone Hunyadi. Um 1783 wurde der Rittmeister Csekonics mit einer schriftlichen Eingabe beim Kaiser vorstellig, welche die Verbesserung der Pferdezucht zum Ziel hatte. Diese sollte 1784 zur berühmten Vorschrift und Verordnung Kaiser Josephs II. bezüglich Gründung eines Gestütes im „Prädio Mezö-Hegyes" führen… dessen erster Leiter Csekonics wurde und in Folge auch Bábolna gründete (1789) und damit die damalige Pferdezucht in eine neue Ära überführte. 1787 wurde er zum Major befördert, zwei Jahre später zum Oberst-Leutnant und befohlen, die westlichen Armeen und ganz Wien mit Rindfleisch aus Ungarn zu versorgen, was er tat und dafür den St. Stephans-Orden erhielt. 1806, nach rund 21 Jahren mühevoller Leitungsaufgaben als Gestütsdirektor, Fleischlieferant und Remontierungsoffizier ging er als General in Pension und zog sich auf das Gut Hatzfeld zurück, welches ihm Kaiser Franz II. (1768-1835) verliehen hatte. Dort verfasste er das erwähnte Buch und widmete sich endlich der eigenen Pferdezucht, obwohl gesundheitlich schon angeschlagen. Er starb 1824 auf Hatzfeld im Alter von nur 67 Jahren. Schloss Hatzfeld war ein romantischer Besitz mit einem neogotisch adaptierten Landsitz und rund 50 Hektar Weideland, zu denen weitere Flächen gepachtet wurden. Die dortige Zucht, so berichtet Walter Hecker in seinem vorzüglichen Buch „Bábolna und seine Araber", beruhte bis ca. 1830 auf alten, sehr edlen ungarischen Schlägen und wurde ab dann mit Arabern und englischen Vollblütern veredelt. Danach wurde auch die Stutenbasis auf englisches Halbblut umgestellt und der Sohn und Erbe des Joseph Csekonics, Graf Andreas, ging endgültig zur Zucht von Englischem Vollblut und Halbblut über. Um 1845 stellte man gänzlich auf den Furioso-Stamm aus Mezöhegyes um und hielt bis 1900 immer rund 150 Pferde.

Csekonics bevorzugte als Gestütsleiter eine weitgehend natürliche Haltung der Zuchtpferde. Sie sollten sich möglichst frei bewegen können…

Lebendige Geschichte – barocke Pferde

einst und jetzt

Die künstlerischen Darstellungen von Pferden im Barock werden oft als übertrieben und naturfremd empfunden. Stellt man sie jedoch modernen Fotografien ähnlicher Motive gegenüber, erkennt man unschwer die Brillanz der Malerei: Die Pferde wurden in Wesen, Pose und Dynamik wunderbar erfasst.

Teil 3: Das Reiterheer im 18. Jahrhundert

Gepanzerte Reiter als strategische Nachfolger der adeligen Ritter des Mittelalters wurden Kyrisser, Kürassiere, genannt.

Die anfänglich noch in vollständiger mittelalterlicher Rüstung auf gepanzerten Pferden auftretenden Kyrisser waren die letzten Vertreter einer überholten Kampfweise, deren Schwächen angesichts neuer Schusswaffen immer offensichtlicher wurden: Langsame Fortbewegung über Land von Schlachtfeld zu Schlachtfeld, Unbeweglichkeit im Kampf aufgrund der schweren Panzerung von Ross und Mann, Mangel an geeigneten Pferden und schwere Ersetzbarkeit solcher Tiere während eines Feldzuges, letztlich enorme Kosten für Rüstung, Gefolge und Pferde. Bald setzte eine Modernisierung ein und man begann, den Panzerreiter und sein Pferd von Ballast zu befreien. Die schwergepanzerten Ritter wichen einem neuen, beweglicheren Typus – ihre hohe Zeit war für immer vorbei. Als Ferdinand III. nach dem Dreißigjährigen Krieg wegen der ständigen Türkengefahr vier Regimenter zu Pferd und ein Dragonerregiment (berittene Infanterie) weiterhin unter den Fahnen hielt, war Österreich nach Frankreich das zweite Land Europas, das über ein stehendes (professionelles) Reiterheer verfügte.

Lange Zeit bestand ein deutlicher Unterschied zwischen der schweren und der leichten Reiterei. Erstere entwickelte sich aus dem gepanzerten Ritter, der auf wuchtigem Ross die eher simple Strategie der Attacke verfolgte; letztere aus den leichten Hilfstruppen der Steppen – sie war für Scharmützel, Aufklärung und als Vor- oder Nachhut geeignet. Diese Unterscheidung fiel erst 1868 im Zuge der Heeresreform weg, bei der Ausbildung und Bewaffnung der verschiedenen Gattungen vereinheitlicht wurden, allerdings nicht die Uniformen. Die Grundaufgaben der Kavallerie waren vereinfacht gesagt folgende: Sie deckte die Flanken der Armeen, erkundete und wachte oder sicherte; man beunruhigte den Feind und verwickelte ihn in Scharmützel; angeschlagene feindliche Truppen konnten verfolgt und bedrängt oder aufgerieben werden; stationäre Stellungen der feindlichen Infanterie oder Artillerie konnten mit Glück überrannt oder zumindest isoliert werden. Eine offene Attacke mit Sieges-Aussicht wurde jedoch trotz aller Romantik zur Seltenheit; das verhinderte die zunehmende Leistungsfähigkeit der Schusswaffen, unter deren Salven Reiterangriffe meist zusammenbrachen.

Die einzelnen Gattungen der Kavallerie waren nach Einsatzgebiet, Pferdematerial und Körpergröße der Reiter unterteilt. Die schwerste Gattung waren die Kürassiere, die als Schlachtenkavallerie auf möglichst kalibrigen Pferden beritten waren und tatsächlich auf Angriff zu reiten hatten. Ihre etwas leichteren Gefährten, die Dragoner, waren recht vielseitig und konnten sowohl zur Unterstützung der Kürassiere als auch für weiträumige Aufgaben eingesetzt werden. Ihre Pferde waren etwas kleiner, die Bewaffnung an jener der Infanterie orientiert – „Dragoner sind halb Mensch, halb Vieh, aufs Pferd gesetzte Infanterie". Zusammen nannte man Kürassiere und Dragoner auch die „deutsche Kavallerie" im Gegensatz zu den Husaren und Ulanen. Eine Zwischenform bestand ab 1759 mit den Chevaulegers, den leichten Dragonern, einer recht beliebten und erfolgreichen Gattung, die der neuen Taktik Rechnung trugen.

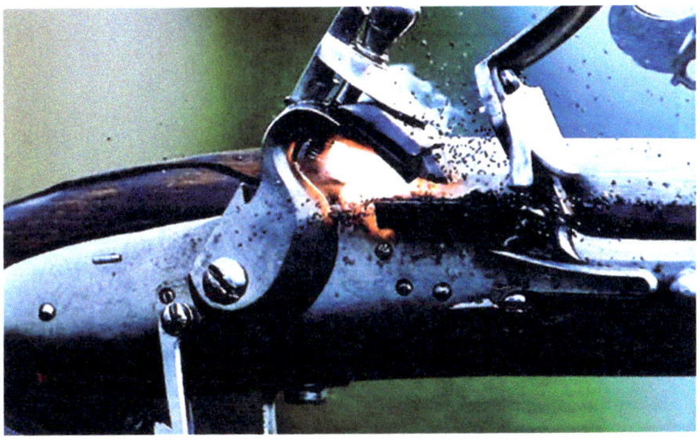

Frühe Musketen wurden mit Lunten, später mittels Feuersteinen abgefeuert. Der Feuerstein erzeugte die Zündfunken, jeder Schuss erforderte einen neuen Ladevorgang.

Die Kürassiere

Die schwere Reiterei war der legitime Nachfahre der westeuropäischen Ritterheere, allerdings ohne deren Anspruch auf aristokratische Gesinnung und Bestimmung. Sie war die eigentliche Schlachtenkavallerie und deshalb besonders gut ausgerüstet; auch die Pferde waren von kräftiger Statur und unauffälliger, dunkler Farbe.

Die Bekleidung eines Kürassiers der Ära des Prinzen Eugen von Savoyen sah folgendermaßen aus: Über dem wollenen oder leinenen Hemd trug der Reiter einen naturfarbenen Ledermantel (Koller), dazu rote Leinenhosen, später auch (wieder) Lederreithosen. Hohe, dunkle Stulpenstiefel mit großen Sporen und eisenbeschlagene Stulpenhandschuhe schützen Füße und Hände. Den Leib bedeckte ein geschwärzter Brust- und Rückenharnisch (der Kürass), auf dem Kopf saß die Zischägge, ein orientalisch anmutender Eisenhelm mit Schirm und Nackenschutz. Bei Regen schützte ein weiter, weißer Umhang mit Kragen in den Regimentsfarben den Reiter und den Sattel sowie die Waffen. Als Bewaffnung diente vor allem der Pallasch, eine schwere Hiebwaffe mit gerader Klinge und großem Schutzkorb für die Faust, daneben ein oder zwei schwere Reiterpistolen am Sattel; dazu kam ein Karabiner zum Einsatz.

Die Pferde der Kürassiere waren kräftig, denn sie hatten viel zu tragen. Als die Panzerung leichter wurde, erhöhte sich die Schnelligkeit und Beweglichkeit der schweren Reiterei.

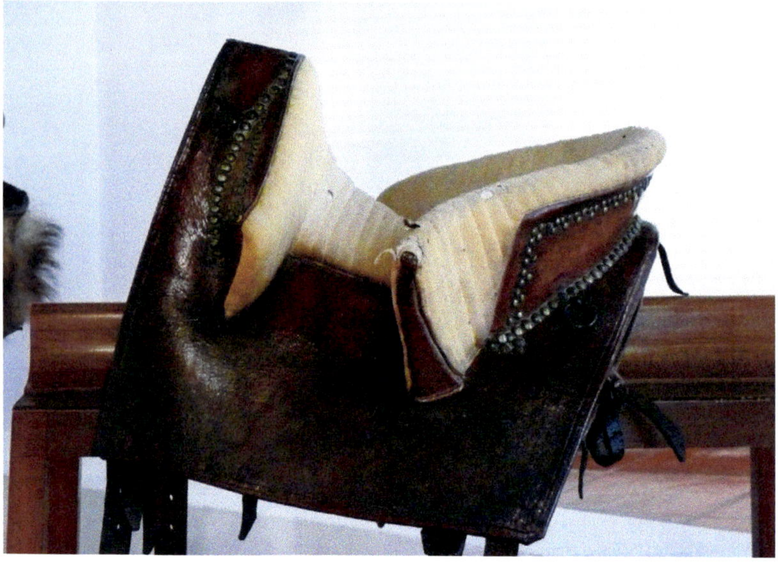

Die Sättel der Kavallerie und der Schulreiterei des 16. und 17. Jahrhunderts waren einander ähnlich und aus den mittelalterlichen Stechsätteln hervorgegangen. Heute sind ähnliche Sättel noch in Spanien und Portugal zu finden.

Die Dragoner

Bald nach dem Dreißigjährigen Krieg kam eine neue Kavallerie-Gattung auf, die sogenannten Dragoner. Vorerst war sie als berittene Infanterie aufzufassen, mauserte sich aber zu einer höchst brauchbaren und langlebigen Reitergattung. Sie mochte ihre Wurzeln in den Arquebusieren und Lanzierern haben, die – beritten – um 1620 noch zu den Kürassieren zu zählen waren, allerdings entweder ein Gewehr oder einen Spieß als Hauptwaffe führten. Nun ließ man die schwere Panzerung fort, modernisierte die Feuerwaffen und schuf eine vielseitig verwendbare Reiterei mit den zusätzlichen Möglichkeiten einer Infanterietruppe – abgesessen war ein Dragoner eigentlich Infanterist, zu Pferd jedoch ein mittelschwerer Kavallerist; daher auch der oben zitierte Spruch.

Dragoner trugen vorerst eine ähnliche Uniform wie die Fußtruppen, aber statt der Schuhe und Wollstrümpfe Reitstiefel oder zumindest Beingamaschen. Als Kopfbedeckung ein Dreispitz, als Hauptgewand ein langer Waffenrock mit aufgeschlagenen Schößen, als Kälteschutz ein gefütterter Umhang oder langer Mantel. Als Waffen dienten ein leicht geschwungener Säbel, Pistolen und ein Karabiner oder eine hochwertige Muskete mit Bajonett. Die Grenadiere waren eine den Dragonern ähnliche Spezialtruppe, die speziell für das Werfen von Granaten – daher auch der Name – ausgebildet war. Sie trugen einfache, hohe Mützen, denn ein Dreispitz hätte sie beim Werfen behindert.

Die Chevaulegers

Mit dem Bedarf an einer beweglicheren Kavallerie, die sich sowohl wie Dragoner als auch wie Husaren einsetzen ließ, entstanden diese „leichten Dragoner" – ihre Bezeichnung deutet ja an, dass es sich um „leichte Pferde" handelte. Sie konnten husarische Schnelligkeit und dragonerische Solidität vereinen – ihre Pferde waren mittelgroß und agil. Im zweiten Drittel des 18. Jahrhunderts löste man einige Kürassier-Regimenter auf und stärkte mit den freiwerdenden Soldaten die Dragoner bzw. machte sie zu Chevaulegers. Es entstand ein zusammengesetztes Regiment, das sich 1758 noch quasi als Dragoner gegen preußische Reiter bei Olmütz durchsetze; weitere Erfolge wurden verbucht und ab 1759 gab es diese Gattung offiziell. Nun lavierte man hin und her, wandelte Dragoner in Chevaulegers um und umgekehrt, aber bis in die Mitte des 19. Jahrhunderts gab es einige Regimenter. Erzherzog Joseph (später Kaiser Joseph II.) war Inhaber eines davon, trug gerne den charakteristischen grünen Rock dieser Truppe und war ihr auch aus taktischen Gründen zugetan. Die Chevaulegers wurden mit den späteren Reformen abgeschafft und gingen mehrheitlich in den Ulanen auf.

Der grasgrüne Rock mit roten Manschetten und die weißen Hosen waren typisch, dazu trug der gemeine Soldat einen Filzhut, der Offizier einen Dreispitz nach Dragoner-Art. Die Bewaffnung war den Dragonern ähnlich; die Pferde waren etwas leichter und schneller.

Die Husaren

Der Ungarnkönig Matthias Corvinus soll um 1445 über Husaren verfügt haben, die den kroatischen Miliztruppen entstammten oder ihnen nachempfunden waren. Das Wort Husar leitet sich möglicherweise vom ungarischen Zahlwort *husz* für 20 ab, wahrscheinlich musste jeder 20. Landadelige als Reiter bei der Miliz dienen. Die kaum gepanzerten Reiter waren für Scharmützel in Steppen- oder Waldgebieten geeignet, spielten anfänglich jedoch neben den gepanzerten Kürassieren nur eine untergeordnete Rolle. Nach Georg Schreiber „beunruhigten sie den Feind durch blitzartige Überfälle und Streifzüge, störten seine Zufuhr, erkundeten seine Marschwege und verschleierten das Herannahen der eigenen Truppen, kühn und schnell, aber auch grausam und raublustig, wie sie es von den Türken her gewohnt waren."

Anfangs trug man Kettenhemden oder Lederkoller, eiserne Sturmhauben und einen Schild, als Waffen Lanze, Krummsäbel oder Streithammer. Ihre magyarische und kroatische Nationaltracht, ergänzt durch militärische Paraphernalia, wurde überall bewundert und bald in allen Heeren nachgeahmt. Gegen Ende des 16. Jahrhunderts waren die Husaren als irreguläre Hilfstruppen in ständiger Verwendung, und wenn ihre Korps auch noch klein waren, so scheinen doch schon einige prominente Adels-

Die Husaren entstanden aus den schnellen, beweglichen Steppenreitern des Ostens. Ihre Panzerung war leicht oder fehlte überhaupt, ihre Pferde waren klein und wendig.

Die Uniform der ungarischen Husaren hatte keine Taschen; stattdessen trugen sie bestickte Säbeltaschen.

namen als Anführer auf: Pálffy, Nádasdy, Erdödy und Forgách. Ab 1742 wurden die Husarenregimenter aufgestockt, die Truppe diszipliniert und regulär besoldet, wodurch die räuberischen Reiter etwas zahmer wurden.

Husaren trugen den Dolman, eine kurze, reich bestickte Stoffjacke mit Kordelverschnürung auf der Brust; eine ebenso bestickte Reithose und gelbe oder rote Kurzstiefel mit kleinen Anschlagsporen. Auf dem Kopf trugen sie den Kalpak, eine hohe Pelzmütze mit einem Stoffsack obenauf, der als Behältnis diente. Ein enger, pelzgefütterter Überrock, die Attila, spendete im Winter Wärme; im Sommer wurde sie an einer Schnur keck über die linke Schulter hängend getragen. Dazu trug bald jeder Husar eine schön bestickte, flache Säbeltasche, da seine Uniform sonst keinerlei Taschen aufwies. Schließlich ersetzte man den Kalpak durch den Tschako, eine hohe Filzröhre mit Schirm und Federbusch. Bewaffnung und Reitzeug waren leicht und „ungarisch", der Säbel war die Hauptwaffe.

Die Ulanen wurden als letzte Gattung der Kavallerie erst im 18. Jahrhundert eingeführt.

Die Ulanen

Erst sehr spät, nämlich nach 1772, kam Österreich zu seiner vierten und letzten Reitergattung, den Ulanen. Die Teilung Polens zwischen Preußen, Russland und Österreich im August dieses Jahres in St. Petersburg verschaffte dem Reich die Landesteile Ostgalizien, Westpodolien, Wolhynien, Krakau, Zator und Auschwitz. 1784 wurde in Galizien ein erstes Ulanen-Korps errichtet. Das Wort Ulan bedeutet „der Tapfere", stammt aus dem Tatarischen und bezeichnet jene polnischen Reiter, die gegen die Tatareneinfälle eingesetzt wurden. Vieles an ihnen selbst erinnerte an Tataren, so etwa ihre Hauptwaffe, die Lanze, aber auch ihre Tracht und Kampfweise. Schon 1785 ging es nach Wien, von wo aus man die neue Reiterei den leichten Kavallerieregimentern zuteilte. Nach 1790 wurden die verschiedenen Ulanen-Eskadronen schließlich zu einem geschlossenen Regiment vereinigt, dem alsbald weitere folgten. Als Reitergattung wurden sie bald populär und fanden in vielen europäischen Armeen Nachahmung, wurden aber meist nicht Ulanen, sondern Lanzenreiter (Lancers, Lanciers o. ä.) genannt.

Anfänglich trugen die Ulanen eine hellblaue Kurtka, eine Jacke mit spitzen Aufschlägen, dazu die Tatarka, eine Pelzmütze mit Federschmuck, später durch die Tschapka, einen viereckigen Hut mit Pelzverbrämung abgelöst. Aus der Kurtka wurde durch leichte Abänderungen die Ulanka mit dem typischen Brustlatz, die Tschapka wurde etwas höher und steifer gefertigt, und als einzige österreichische Waffengattung durften die Ulanen einige Zeit lang Epauletten tragen. Für die kalten Winter der galizischen Steppen hatte man einen weiten Mantel mit Kapuze. Die Hauptwaffe der Ulanen war die Lanze, 2,60 m lang und mit einer 30 cm langen, gekehlten Eisenspitze versehen. Am rechten Steigbügel gab es einen Lederschuh, in welchen die Lanze beim Marsch gestützt werden konnte; dazu waren Ulanen mit Säbel und Pistolen bewaffnet.

Die Panduren

Einige Worte sollen zu den Panduren verloren werden, die durch diverse Bücher und Filme über den „Hauptmann von der Trenck" berühmt wurden. Dieser Franz Freiherr von Trenck kam 1710 in Reggio, Kalabrien, zur Welt, das damals zu Österreich gehörte. Mit 17 Jahren trat er in die Armee ein und kam bald wegen wiederholten Straftaten mit der Obrigkeit in Konflikt. Letztlich eingekerkert, rettete ihn eine arrangierte Heirat vor Schlimmerem; seine Frau starb nach vier Jahren Ehe und ebenso vielen Geburten, doch überlebte keines der Kinder. Trenck ging nach Russland und befehligte ein Husarenregiment, doch auch dort geriet er in Haft und sollte füsiliert werden. Er wurde jedoch begnadigt, kehrte heim und befehligte ab 1741 ein „Regiment" von rund 1.000 slawonischen Burschen aus seiner Herrschaft Brestowitz, die mit malerischer Landestracht und Pistolen, Dolch und Flinte ausgestattet waren. Sie ritten kleine, zähe Pferde des Steppentyps und waren an Wildheit und Brutalität unübertroffen. Sie verübten bis 1746 unter Trencks Kommando eine unglaubliche Orgie der Gewalt und Grausamkeit, sodass man ihre wertvollen militärischen Dienste nicht mehr gegenrechnen konnte. Trenck wurde erneut und diesmal lebenslänglich verurteilt und auf dem Spielberg in Brünn festgesetzt. Die Panduren wurden aufgelöst bzw. in Grenzregimenter eingegliedert – wo man sich vermutlich allgemein nicht viel anders betrug als sie es gewohnt waren. Der berüchtigte Baron Trenck dürfte sich im Kerker vergiftet haben, sein Erbe fiel an seinen preußischen Cousin Friedrich, der seinem König als Kämmerer diente und wesentlich ruhiger lebte. Dieser Zweig der Familie starb 1876 mit dem k. u. k. Husarenmajor Heinrich von der Trenck aus.

Zum Panduren-Regiment gibt es ein Wiener Denkmal und eine dazugehörende Geschichte: An der Ecke von Graben und Kohlmarkt befindet sich hoch am Dach und mit Blick auf den heimatlichen Osten die Staute eines Panduren. Sie erinnert an eine frühere Weinstube in diesem Haus, welche nach ihrem bekanntesten Stammgast, eben einem Trenckschen Panduren, benannt war. Dieser sogenannte „alte Husar" bekam anlässlich eines persönlichen Zusammentreffens mit Maria Theresia von dieser für seine Tapferkeit in über 100 Scharmützeln eine kleine Wohnung in der Burg – und vertrieb sich die Einsamkeit in der fremden Stadt Wien mit ausgedehnten Besuchen in eben dieser Weinschenke.

Panduren hatten den Ruf großer Wildheit; sie waren schwer zu kontrollieren und stets auf Beute aus.

Bis heute regen die Husaren auf ihren hübschen, flinken Arabern unsere Phantasie an. Hier der berühmte Trompeterzug des ungarischen Gestüts Bábolna.

Man muss leider eingestehen, dass die berittenen Waffen zur Zeit Maria Theresias als einziger Zweig der Armee in Leistung und Moral enorm abfielen – im Gegensatz zur Vermehrung und Beschaffung von Armeepferden. Die Gründe dafür waren wohl vielfältig, vor allem aber darin zu sehen, dass man nach den erfolgreich beendeten Türkenkriegen den Bedarf einer hochwertigen Kavallerie nicht mehr sehen konnte oder wollte. Besaß man davor noch disziplinierte und kompetente Reitertruppen, so sackte deren Leistung ab etwa 1740 deutlich ab. Kaum ein Offizier war ein kompetenter Reiter, der seine Unteroffiziere als Ausbilder anweisen konnte; kaum ein Reiter war imstande, sein Pferd und seine Waffen zu beherrschen. Man sah im Drill eine Zumutung und lehnte alles ab, was nach Ordnung, Mühe oder Gehorsam aussah. Christopher Duffy bemerkt in seinem Buch „Maria Theresia und ihre Armee“ dazu: „Vor dem Siebenjährigen Krieg jedenfalls wurde die preußische Kavallerie von General Seydlitz, der wahrscheinlich der erste wirkliche Reiter seiner Zeit war, umgestaltet. So konnte sie 1756 wie der Wind reiten und in fester Formation manövrieren und angreifen. In Österreich wiederum kümmerte man sich nicht viel um die Reitkunst. Im gleichen Zeitraum setzte bei vielen Kavallerieoffizieren der Widerspruchsgeist ein; sie äußersten lautstark Beschwerden über den neuen, schwierigen Drill und stellten sich allen notwendigen Reformen entgegen. Österreich schien unfähig gewesen zu sein, eine kampfentscheidende, durchschlagende Kavallerie in die Schlacht zu schicken, die man mit der Kavallerie von Seydlitz hätte vergleichen können.“

Und General Mack schrieb: „1769 war unsere Kavallerie nicht mehr fähig zu reiten. Sie konnte die Pferde weder lenken noch bändigen. Keine einzige Schwadron konnte die Richtung halten. 1773 jedoch war die Ordnung wieder hergestellt." Was hatte die Verbesserung bewirkt? Der Not gehorchend hatte Feldmarschall Lynden im Jahr 1764 eine Reform-Kommission gegründet und sich von kompetenten Fachleuten (Albert Herzog zu Sachsen, die Grafen Althann, O'Donnell, Löwenstein, Hadik, Nauendorff...) beraten lassen. Man schuf innerhalb eines knappen Jahrzehnts – unter persönlicher Anteilnahme der Kaiserin – neue Reglements für alle Gattungen und vergrößerte die Einheiten. Zugleich wurde das Pferdematerial aufgestockt und verbessert.

Die Garden – beritten und unberitten – waren besonders prunkvoll ausgestattet und stellten die Leinwachen des Herrschers. Ihre Pferde mussten von besonderer Qualität und Einheitlichkeit sein.

Pantherfelle und Reiherbuschen

Manche Truppenteile standen in noch höherem Ansehen als dies der Kavallerie als Nobeltruppe ohnehin vergönnt war. Es handelte sich natürlich um die berittenen Garden, welche nicht nur aufgrund ihrer besonders prunkvollen Ausstattung, sondern auch wegen ihrer Nähe zum jeweiligen Herrscher außergewöhnliches Prestige genossen.

Die Entstehung einer Leibgarde entsprang zum einen dem Bedürfnis des Herrschers, sich zu schützen, andererseits die Bedeutung und Machtentfaltung seines Hofes durch prächtige Trabanten zu unterstreichen. Diese Tradition gab es seit dem Altertum und sie traf auch auf die Habsburger zu, deren bis zum Ende der Monarchie existente Garden auf die Zeit Maximilians I. zurückgingen. Die später berühmten berittenen Garden entstanden erst unter dem Einfluss Maria Theresias und ihres kaiserlichen Gemahls.

Neben dem ursprünglichen Zweck der Garden, also der Schutz- und Wachfunktion für den Monarchen, bestand noch ein weiterer, nämlich die standesgemäße Erziehung der adeligen männlichen Jugend aus dem gesamten Reich, ähnlich einer Militärschule. Dies wurde später im Sinne einer Altenversorgung abgeändert, denn bei einigen Garden war es üblich, bevorzugt ältere, nicht mehr voll diensttaugliche Offiziere einzusetzen. Diesen meist hochverdienten Veteranen musste eine leichte, aber repräsentative Aufgabe zuteilwerden, weshalb man sie für die hauptsächlich zeremoniellen Funktionen eines Gardisten heranzog.

Etwa ab der Mitte des 18. Jahrhunderts kann von einer eigentlichen Garde am Wiener Hofe gesprochen werden, denn damals führte Franz Stephan von Lothringen erstmals eine so genannte Schweizergarde ein. Diese wurde aber schon 1767 wieder aufgelöst und durch eine Leibgarde zu Fuß und eine Palastwache ersetzt. Die Leibgarden gehörten zum militärischen Hofstaat des Monarchen und unterstanden, soweit es den Hofdienst anlangte, dem Ersten Obersthofmeister als Obersten aller Garden.

Husaren liebten malerische, reich verzierte Uniformen mit orientalischen Elementen.

Die königlich-ungarische Leibgarde

1760 richtete Maria Theresia eine ungarische, adelige Leibgarde von rund 120 Mann Stärke ein, die aber aus Kostengründen alsbald halbiert werden musste und schließlich 1850 aufgrund der Revolution in Ungarn völlig aufgelöst wurde. Nach der Entspannung der Verhältnisse führte Kaiser Franz Joseph I. sie 1867 wieder ein und verlieh ihr ein Jahr später den Titel „königlich ungarische Leibgarde". Sie bestand nur aus Generälen, Stabs- und Oberoffizieren, die, um aufgenommen werden zu können, eine ausgezeichnete Dienstbeschreibung haben, sowie des Reitens kundig sein und mindestens 174 cm groß sein mussten.

Die Hofdienstuniform war wahrscheinlich die schönste der gesamten Monarchie: Auf dem Kopfe saß ein Kalpak mit weißem Reiherbusch samt Iltispelzverbrämung, goldenem Schnurgeflecht und grünem Tuchsack. Die Attila war aus kirschrotem Tuch, mit reicher Silberverschnürung und Borten, Oliven und Rosetten in derselben Farbe. Die Stiefelhose war dazu passend ausgeführt und überreich verziert. Die Tschismen (Stiefel) aus schwarzem oder gelbem Leder waren Silber bestickt und von ungarischer Form. Kartusche, Leibgürtel, Säbel in altungarischer Fasson und Sporen vervollständigten den Anzug. Über der Attila wurde ein silberverbrämtes Pantherfell über die linke Schulter geworfen getragen. Das Reitzeug für den Hofdienst bestand aus einem Bocksattel ungarischer Bauart, darüber ein Pantherfell, als Sattelunterlage eine grüne Schabracke in ungarischer Form – vorne abgerundete Ecken, hinten lange, spitze – mit breiter Silberbordüre. Zaum und Riemenzeug war reich silbern beschlagen; die dekorativen Pistolenhalfter blieben leer.

Die k. k. Erste Arcieren-Leibgarde

Sie entstand ebenfalls auf Anordnung Maria Theresias, und zwar im Jahre 1763 als k. k. adelige Garde, die aus 50 Arcieren bestand, die junge deutsche Adelige sein mussten. Diese Garde wurde 1806 in k. k. Erste Arcieren-Leibgarde umbenannt und ihr der erste Rang unter allen Garden verliehen. 1790 wurde ihr die erst seit 1782 bestehende, königlich-galizische adelige Leibgarde angegliedert. Auch die Arcieren-Leibgarde war eine Offiziersgarde, der nur Staatsbürger der im Reichsrat vertretenen Königreiche und Länder angehören durften.

Die Uniform war dem Rang entsprechend prächtig: Der silberne Helm war durch die vergoldeten Messingteile des Nacken- und Sonnenschirms, sowie den doppelköpfigen Adler und den Wappenschild des Erzhauses verziert. Den vergoldeten Adler verdeckte ein weißer Büffelhaarbusch. Der Hofdienstrock war aus rotem Tuch mit goldenen Knöpfen; Kragen, Ärmel und Vorderteile waren bei den Offizieren reich goldbestickt, dazu gehörten auch Epauletten.

Die engen Hosen waren aus amerikanischem Hirschleder von weißer Farbe, die extrem hohen Reitstiefel aus feinstem schwarzem Lackleder. Weiße Reithandschuhe, Säbel, Sporen, Feldbinde und Kartusche vervollständigten die Uniform. Der Hofdienstsäbel darf als Kunstwerk bezeichnet werden; er hatte einen vergoldeten Bronzekorb und eine geätzte Klinge mit dem allerhöchsten Namenszug.

Ein weißer Radmantel wurde nur zum Hofdienst getragen, sonst ein weißer, langer Tuchmantel. Ein eigenes, prächtig verziertes Reitzeug gehörte ebenfalls dazu, das durchwegs vergoldete Beschläge aufwies, dazu rote Schabracken mit Goldborten und Pistolenhalfter, welche mit schwarzem Bärenfell bedeckt waren; übrigens waren die Halfter im späten 19. Jahrhundert leer, denn man verwendete schon lange keine Vorderladerpistolen mehr.

Die Artillerie

Bei vielen Betrachtungen der militärischen Pferdezucht und Reiterei kommt eine Waffe zu kurz, nämlich die Artillerie. Man sollte nicht vergessen, dass bis in die jüngere Gegenwart der Transport der Geschütze und Ausrüstung, jeglicher Stellungswechsel und der gesamte, so wichtige Nachschub mittels pferdegezogener Gespanne erfolgen mussten. Als Maria Theresia ihr schweres Amt antrat, war ihre Artillerie ziemlich vernachlässigt und unmodern. Sehr bald erwiesen sich die Geschütze als technisch völlig veraltet und ineffizient; die Modernisierung erfolgte auf den Rat des Chefs des Feldartillerie-Korps, Generalmajor Anton Feuerstein (!). Er legte ein dementsprechendes Konzept vor, das sich als einfach umsetzbar, effizient und zeitgemäß erwies und nach einiger Probezeit umgesetzt wurde. Die Geschütze und die Munitionswagen waren je nach Anforderung und Gewicht zwei-, vier- oder sechsspännig bespannt, die Mannschaft musste also auch mit Pferden umgehen können. Allerdings schlug auch in dieser Waffengattung jener typisch österreichische Mangel durch, der unsere Armeen im Laufe der Zeiten so viele Siege kostete: die Realitätsfremde und Sparsamkeit der zuständigen Beamten und Offiziere. Man gab beispielsweise eine Marschordnung vor, die im Ernstfall chaotische Zustände hervorrief und einen effizienten Artillerieeinsatz verhinderte. Man erwarb ausgemusterte Kanonen anderer Armeen, ohne deren mangelnde Tauglichkeit zu erkennen u. s. w. Doch die Erfahrungen und technischen Verbesserungen im Laufe der Kriege trugen auch Früchte und man erzielte unter der Führung und Anleitung erstklassiger Offiziere (Feuerstein, Liechtenstein, Gribeauval) letztlich befriedigende Erfolge.

Alle Geschütze und Zubehör wurden von kräftigen Pferden bewegt, die man als Voraus- oder Stangenpferde bezeichnete, je nach Körperkraft bzw. Kaliber (Verhältnis Stockmaß zu Gewicht und Röhrbeinumfang). Das vermutlich gesuchteste Pferd von allen war das ideale „Artillerie-Stangenpferd" – ein überaus kräftiges, doch bewegliches und gehorsames Tier. Solche Pferde waren teuer und im Bedarfsfalle nur schwer zu bekommen, denn sie ließen sich nur schwer systematisch vermehren – sie „passierten" einfach, das aber zu selten.

Den leichten 3-Pfünder-Kanonen waren zwei Pferde zugeteilt, den 7-Pfünder-Haubitzen drei, den 6-Pfündern vier und den schweren 12-Pfündern sogar sechs. Der gesamte Transport oblag der sogenannten „Rosspartie", welche in den kurzen Friedenszeiten stark reduziert wurde, um im Kriegsfalle schlagartig enorm aufgestockt zu werden. Dann mussten über Nacht Tausende Pferde gekauft oder gemietet

Artillerie und Transportwesen verlangten nach kräftigen Pferden, wie der ungarischen Nonius-Rasse.

werden, Fahrer angeworben und Personal aufgestockt und eingedrillt werden. In der späten Phase des Siebenjährigen Krieges umfasste die Rosspartie z. B. rund 1.200 Gefährte, 5.200 Pferde und etwas über 3.000 Mann; dazu mietete man rund 200 Wägen samt Pferden und Kutschern. Im Feldzug war die Rosspartie in sogenannte Trupps unterteilt, die etwa 200 Pferde und 50 Fahrer umfassten. Rund 500 Schritte vor der Schlachtlinie wurden die Pferde ausgespannt und die Bewegung der Geschütze erfolgte weiterhin von Hand mittels Schwenkstangen; daher kommt das Wort „Handlanger" für Helfer. Die Munitionswagen blieben jedoch rund 12 Schritte hinter den Kanonen, die in Leinen gehüllten Patronen wurden händisch zu diesen getragen.

Die Zuteilung der Artillerieeinheiten zu den jeweiligen Regimentern und die Kooperation zwischen den Truppenkörpern waren in Österreich problembehaftet und weniger effizient als jene der Preußen. Transport zur und schneller Einsatz in der Schlacht erfolgten eher ungeordnet und schwerfällig und endeten oft im Chaos, welches die Vorteile der technischen Perfektion – unsere „Stücke", die Kanonen, waren letzten Endes noch vorbildlich geworden – nicht auszugleichen vermochten. Die großen Artilleriedepots lagen in Wien, Prag, Olmütz, Budweis und Bergstadl, mit zahlreichen kleinen Depots, die weit über das Land verstreut waren.

Bei Feldzügen und entsprechend großen Transporten von militärischen Massengütern war man während der Zeit Maria Theresias überwiegend auf private Dienstleister angewiesen. Das Feld-Proviant-Fuhrwesen war für die Organisation und die Abwicklung zuständig, besaß selber jedoch keine nennenswerten Ressourcen. Bei Bedarf wurden Wagen, Pferde und Personal gemietet, was kostengünstig und überraschend effizient war; vor allem war das Mietpersonal erfahren. Ab 1771 ist ein Fuhrwesen-Corps bekannt, das sich bewährte und später als staatliches Transport-Corps mit etwa 800 Mann und 400 Pferden gehalten wurde. Eine weitere Abteilung war mit den unmittelbar den Regimentern dienenden Transporten befasst und blieb auch zwischen den Kriegen erhalten. Dieses Regimentstransportwesen war effizient und recht flexibel gestaltet; so verfügte z. B. ein Infanterie-Regiment über je einen Wagen für die Regimentskasse und den Feldschmied, weiters etwa sechs bis neun Versorgungswagen und drei für die Mannschaftszelte – später durch Maultiere im Saumdienst ersetzt. Ein Kavallerie-Regiment hatte nur drei bis vier Versorgungswagen, alles übrige Material und Futter für drei Tage aber in den Satteltaschen.

Die verwendeten Transportwägen waren einfache, robuste Planwägen in zwei Ausführungen, leicht und schwer. Jeder wurde von vier Pferden gezogen; fallweise kamen auch sechs Zugochsen oder Maultiere zum Einsatz. Letztere wurden sowohl als Saumtiere als auch im Gebirgsdienst und vor leichten Gespannen erfolgreich eingesetzt.

Einer der bedeutendsten Fuhrwerker war Peter Dietrich, der nach dem Ende des Siebenjährigen Krieges von der Kaiserin für seine Verdienste geadelt wurde und von da an „von Dietrichsberg" hieß; er durfte sich nun „k. u. k. Artillerie-Wagenmeister" nennen. Das ärarische Transportwesen verblieb überwiegend beim Haus Dietrich und brachte diesem enorme Verdienstmöglichkeiten. Nach Peters Tod führten seine Witwe Elisabeth und der Sohn Conrad die Geschäfte erfolgreich weiter, als Österreich Kriege gegen die Franzosen und später Napoleon führen musste. Mit dem Eintritt des jüngeren Sohnes Joseph in die Firma kam es zu einem weiteren Aufschwung; er wurde bald zum Chef des Unternehmens „Gebrüder Dietrich", das nun viele Handelsrouten in Europa bediente. Joseph Dietrich war als mehrfacher Millionär Eigentümer von vier Palais in der Matzleinsdorfer Straße in Wien und ein begeisterter Anhänger des Theaters – und somit ein typischer biedermeierlicher Wiener Großbürger.

Alle Truppenkörper, ob sie beritten oder bespannt waren, seien sie Attacken geritten oder vor Geschütze gespannt, benötigten neben ihren Waffen und Uniformen eine ganze Reihe von Ausrüstungsgegenständen und Mitteln zur Erhaltung ihrer Beweglichkeit und Brauchbarkeit. Im Falle der Pferde waren dies vor allen anderen genug Futter und Wasser, guter Beschlag und Beschirrung und eine möglichst gute tiermedizinische Versorgung. Die Futtermenge und Zusammensetzung waren naturgemäß großen Schwankungen unterworfen, je nach Jahreszeit und Örtlichkeit. In der Vegetationsperiode konnte ein Teil des Bedarfs durch frisches Grünfutter gedeckt werden, das gemäht wurde und auch am Marsch geweidet werden konnte. Als trockene Ration diente, so vorhanden, ein Gerste-Hafer-Heugemisch.

Auf den folgenden Seiten sind zwei kurze Biografien eingefügt – von Feldherren, die auf dem grandiosen Denkmal der Maria Theresia in Wien dargestellt sind. Aus ihnen erhellt, wie vielfältig die Aufgaben der damaligen Offiziere waren, welche enormen Distanzen sie zurücklegten und wie wechselvoll ihre Schicksale waren. Sie reiten stolz zu Füßen der Herrscherin einher, aber ihr Geschäft war der Krieg mit allen Gräueln. Daun und Laudon gehören zu den großen Strategen und Siegern – von denen Österreich nicht immer allzu viele aufweisen konnte.

Leopold Joseph Graf von Daun, Fürst von Teano

(geboren am 24. September 1705 in Wien; gestorben am 5. Februar 1766 ebenda)

Die Reiterstatue des Grafen von Daun am Denkmal der Maria Theresia.

Leopold Joseph Maria, Reichsgraf von und zu Daun stammte aus dem Adelsgeschlecht der Daun. Seine Mutter war Gräfin Maria Barbara von Herberstein. Nach dem Willen seines Vaters sollte er Geistlicher werden, entschied sich aber für das Militär und erlebte den Krieg 1718 gegen Spanien auf Sizilien, 1734 und 1735 jenen in Italien und am Rhein, und als Generalmajor den Türkenkrieg von 1737 bis 1739. Zum Feldmarschallleutnant befördert, kämpfte er im Österreichischen Erbfolgekrieg gegen die Preußen in Schlesien, dann gegen die Franzosen. Im Zweiten Schlesischen Krieg wohnte er den Schlachten bei Hohenfriedberg und bei Soor bei und wurde 1745 zum Feldzeugmeister ernannt. In dieser Eigenschaft kommandierte er nach Abschluss des Dresdner Friedens in den Niederlanden die ohne sein Verschulden für die Alliierten unglücklichen Feldzüge von 1746 und 1747. 1754 zum Feldmarschall ernannt, stand er zu Anfang des Siebenjährigen Kriegs in Mähren, wandte sich dann gegen Friedrich II. und lieferte ihm die siegreiche Schlacht von Kolin am 18. Juni 1757, worauf dieser Böhmen räumen musste. Am 14. Oktober 1758 griff er bei Hochkirch an und errang einen Sieg, den er aber wegen der ihm eigenen Bedächtigkeit nicht ausnutzte. Den Feldzug von 1759 beschloss Daun siegreich mit dem Gefecht bei Maxen, in welchem das starke preußische Korps des Generals von Finck gefangen wurde. In der Schlacht bei Torgau am 3. November 1760 wurde ihm der Sieg durch Zietens kühnen Angriff und eine eigene Verwundung entrissen. Zu seiner Herstellung begab er sich nach Wien, wo er mit der größten Auszeichnung aufgenommen wurde. 1762 übernahm er wieder den Oberbefehl in Schlesien. So günstig auch die Lage des Königs von Preußen durch den russischen Thronwechsel geworden war, konnte er doch Daun nicht vom Zobtenberg vertreiben, dieser aber ebenso wenig den Verlust von Schweidnitz (Belagerung von Schweidnitz) verhindern. Noch während des Krieges hatte Daun das Präsidium des Hofkriegsrats angetreten und war in diesem Wirkungskreis eifrig bemüht, alle Erfahrungen aus sieben Feldzügen auf seine schon früher in Angriff genommenen Reformen anzuwenden.

Nach dem Aachener Frieden (1748) wurde er mit der neuen Heeresorganisation betraut und entwarf das sogenannte Daunsche Reglement von 1749. Durch ihn wurde 1751 die Theresianische Militärakademie zu Wiener-Neustadt eingerichtet.

Gideon Ernst Freiherr von Laudon

(geboren am 2. Februar 1717 auf Gut Tootzen in Livland (heute Lettland); gestorben am 14. Juli 1790 in Neutitschein, Mähren)

Die Reiterstatue des Freiherrn von Laudon am Denkmal der Maria Theresia.

Laudons Familie lässt sich seit dem 15. Jahrhundert in Livland nachweisen. 1732 trat er im Alter von 15 Jahren in russische Dienste und nahm im Jahre 1734 während des Polnischen Thronfolgekrieges an der Belagerung von Danzig teil. 1735 zog er mit den russischen Hilfstruppen an den Rhein und danach wieder an den Dnjepr, wo er in den Jahren 1736 bis 1739 im Russisch-Österreichischen Türkenkrieg kämpfte. Nach dem Frieden von Belgrad trat er aus der russischen Armee aus. Da Friedrich II. von Preußen seine Aufnahme in die preußische Armee ablehnte, trat er 1742 in österreichische Dienste. Als Hauptmann im kroatischen Freikorps von der Trenck wurde er 1744 schwer verwundet und wegen Ungehorsams und Übergriffen des Freikorps angeklagt. Er rechtfertigte sich durch die erhaltenen Befehle und erhielt daraufhin einen Posten als Major im Liccaner Grenzregiment.

Beim Ausbruch des Siebenjährigen Krieges bemühte er sich wiederholt um einen Einsatz, wurde aber abgewiesen. Auf Empfehlung von Fürst Kaunitz wurde er als Oberstleutnant nach Böhmen geschickt, um unter Feldmarschall Browne zu dienen. Nach einer erfolgreichen Operation bei Tetschen wurde er für den Überfall auf Hirschfeld im Februar 1757 zum Oberst befördert. 1758 stellte er eine eigene leichte Truppe auf, das Freiwilligenbataillon Loudon, später „Grün-Loudon-Grenadiere" genannt. Nach der Schlacht bei Kolin brachte Laudon dem preußischen General Keith auf dessen Rückzug große Verluste bei. Nach mehrmonatigem Kommando an der Elbe erhielt er den Befehl über die leichten österreichischen Truppen der Reichsarmee, die er in die Schlacht bei Roßbach führte. Zum Generalmajor befördert, eroberte er 1758 einen großen Wagenzug der Preußen, wofür er zum Feldmarschall-Leutnant befördert wurde. Für seinen Einsatz in der Schlacht bei Hochkirch mit dem Maria-Theresien-Orden ausgezeichnet – und dem Titel Freiherr. 1759 besiegte er als Oberbefehlshaber in der Schlacht bei Kunersdorf Friedrich den Großen und seine preußischen Truppen. Anschließend zog er mit den österreichischen Truppen nach Österreichisch-Schlesien und Mähren. 1760 erhielt Laudon nach der Beförderung zum Feldzeugmeister durch Maria Theresia das Kommando über das Infanterie-Regiment Alt-Wolfenbüttel und ein Korps von 36.000 Mann in Schlesien. Hier schlug er den General Fouqué bei Landeshut, erstürmte Glatz, belagerte aber Breslau vergeblich. Am 15. August verlor Laudon die Schlacht bei Liegnitz, wofür er Graf Daun und insbesondere Graf von Lacy, seinem persönlichen Gegner, die Schuld gab. Nach Kriegskonferenzen in Wien ging Laudon 1761 nach Schlesien, wo er ein starkes Heer befehligte; es gelang ihm, die Stadt Schweidnitz in seine Gewalt zu bringen. 1766 wurde er in den Hofkriegsrat berufen, 1769 mit dem Generalkommando in Mähren betraut und 1778 zum Feldmarschall ernannt. Im 8. Österreichischen Türkenkrieg besiegte er 1788 die Türken bei Dubitza und erstürmte Novi; 1789 eroberte er Türkisch-Gradisca. Während des krankheitsbedingten Ausfalls des Feldmarschalls Andreas Hadik erhielt er den Oberbefehl über das Hauptheer, nahm am 8. Oktober Belgrad und Semendria und beendete, zum Generalissimus ernannt, erfolgreich den Feldzug. 1790 erhielt er den Oberbefehl über die gegen Preußen zusammengezogene Armee und starb am 14. Juli in Neutitschein.

Die Maria-Theresianische Militärakademie

Unter Maria Theresia kam es zur Gründung der nach ihr benannten Militärakademie von Wiener Neustadt, deren Geschichte hier nur kurz umrissen wird. Sie wurde am 14. Dezember 1751 durch die an den ersten Kommandanten, Feldmarschall Leopold Joseph von Daun, gerichteten Worte begründet: „Mach' er mir tüchtige Offiziere und rechtschaffene Männer daraus". Dies ist die älteste noch aktive Militärakademie der Welt, denn in Wiener Neustadt wurden seit 1752 fast durchgängig 100 adelige und 100 bürgerliche Zöglinge jährlich aufgenommen. Natürlich wurden auch die Offiziere der österreich-ungarischen Armee bis 1918 dort und an den ergänzend wirkenden Reitlehr-Instituten ausgebildet.

Die gedeckte Reitbahn der Militärakademie in Wiener Neustadt liegt heute verwaist da. Die Pferde wurden ausgemustert.

Die Bezeichnung Militärakademie trägt die Stätte seit der Vereinigung mit der Pflanzschule für Kadetten im Jahr 1769. Bereits 1771 erschienen ein vom Feldmarschall-Leutnant Johann Georg Carl Freiherr von Hannig ausgearbeiteter, geregelter Studienplan und 1775 das von Maria Theresia persönlich genehmigte Akademie-Reglement. Die Ausbildungszeit betrug damals elf Jahre und wurde schrittweise auf drei Jahre verkürzt. Der berühmte Erzherzog Johann von Österreich war 44 Jahre lang (von 1805 bis 1849) Oberdirektor der Militär-Akademie von Wiener Neustadt.

In der Ersten Republik wurde die Ausbildung in Enns durchgeführt und von 1934 bis heute wieder in Wiener Neustadt. Dort wurde die Tradition der Reitausbildung für Offiziere erhalten – Fähnriche der Militärakademie und Schüler am Militärrealgymnasium konnten als Sportfach Reitunterricht wählen. Vor allem Mädchen frequentierten das Realgymnasium, um sich dem Reitsport widmen zu können. Leider ist der kleine Ausbildungsstall neben der historischen Burganlage kürzlich aufgelassen worden; damit fand eine glänzende hippologische Tradition ihr Ende. Für 25 jährlich aufgenommene Fähnriche will man keinen Reitausbildungszug mit rund 15 Pferden unterhalten. Dabei haben Pferde in den vergangenen Jahren durchaus noch dem militärischen Einsatz gedient: Berittene Aufklärer waren in der Grenzüberwachung höchst effizient und könnten es wieder sein!

Das Problem Remontierung

Hans Brabenetz, der 2015 verstorbene Doyen der altösterreichischen Pferdezucht, schrieb im Zuge seiner umfassenden kommentarischen Tätigkeit über die Periode von Maria Theresia und Joseph II. wie folgt:

„Bedingt durch den katastrophalen Niedergang der Pferdezucht infolge der zahlreichen Kriege ergriff die geniale Maria Theresia die Initiative und erließ die ersten Verfügungen zur Hebung derselben. Ihr Patent aus dem Jahre 1763 über die staatliche Leitung und Aufsicht der Zuchtangelegenheiten fand seine Vervollständigung unter Kaiser Joseph II. Diese ersten Förderungsmaßnahmen waren derart umsichtig und weitblickend, dass sie – wenn auch abgeändert – noch heute in den Tierzuchtgesetzen Gültigkeit finden. Der Leitgedanke all dieser Verfügungen war ausschließlich militärisch und hatte eine weitgehende Remontierungsmöglichkeit im eigenen Lande im Sinn."

Die bespannten Truppen und ihre Hilfskräfte brauchten kräftige Zugpferde, wie solche praktischen Pinzgauer.

Man erkennt, dass die Beschaffung der vielen, durchaus differenzierten Pferde ein enormes logistisches Problem gewesen sein muss. Der adelige Ritter und auch noch der barocke Offizier oder Regimentsinhaber hatte seine eigenen, hochklassigen Reitpferde und konnte auch seine Soldaten mit Reittieren aus dem Land oder durch Zukauf versorgen. Nun kam es zu einer langsamen sozialen Verschiebung innerhalb der Armeen, die sich zunehmend aus großen Zahlen bezahlter Söldner rekrutierten. Im Falle der Kavallerie bedeutete dies, dass man die Reiter mit Pferden versehen musste, sonst blieben sie Infanteristen. Die Gründung der frühen staatlichen Zuchtbetriebe hat hierin ihre eigentliche Wurzel. Viele Pferde mussten vor der Hebung der staatlichen Pferdezucht auf dem Wege des Imports aus Deutschland (Holstein, Bayern, Hannover…), England oder den östlichen Steppengebieten besorgt und mühsam herangeschafft werden. Gingen die Transportwege durch feindliches Gebiet – was schnell wechseln konnte –, so wurden sie erschwert oder unmöglich. Die Remontierung war ein nationales Sicherheitsproblem und dazu ein enormes Verlustgeschäft in Millionenhöhe. Die Profiteure dieses Importes waren vor allem vertraglich gebundene Händler internationalen Formats, wie Patzelt in Prag, Kolinsky in Iglau, Goldschmidt in Köln, Nägerle in Klagenfurt und andere, welche imstande waren, viele entsprechende Pferde zu besorgen. Der Nachschub aus der eigenen Landeszucht war wegen der mangelnden Eignung der bäuerlichen Pferde gering. Zudem blieben die meisten Bauern unbelehrbar, sahen keinen Gewinn in der Remonten-Produktion und konnten kaum überwacht und angeleitet werden. Selbst die leichten Husarengäule mussten aus der Moldau, der Ukraine oder der Wallachei bezogen werden; von den weit kostbareren, großrahmigen Dragonerpferden ganz zu schweigen. Der jüdische Pferdehändler Julius musste seine berühmte Lieferung von 2840 schweren Dragoner-Pferden aus Holstein beziehen. Während der Regierung Maria Theresias – der diese Probleme bestens bekannt und bewusst waren – stieg der Preis für ein Kürassier-Pferd von 80 auf 160 Florin, also auf das Doppelte.

Wie mussten die Pferde beschaffen sein, nach denen man gierte? Die kleinste und leichteste Art war das Husaren- oder Ulanen-Pferdchen, das schnell, wendig und ausdauernd zu sein hatte. Seine Mindestgröße betrug gute 14 Faust, was etwa 142 cm Stockmaß entspricht. Das Dragoner-Pferd sollte eine ganze Faust größer sein, also um 152 cm, dabei etwas kräftiger, aber trotzdem schnell. Kürassier-Pferde waren die weitaus kräftigsten und sollten viel tragen können; ihre Mindestgröße betrug rund 162 cm – für damalige Begriffe recht groß. Gesamt wünschte man sich unauffällige Fellfarben, wobei die „deutsche Kavallerie" Rappen und Braune bevorzugte; es kamen nur Stuten und Wallache zur Truppe, das Alter sollte zwischen vier und sieben Jahren liegen.

Auf den folgenden Seiten können wir uns auf einen Aufsatz unseres geschätzten Kollegen Dr. Johannes Flade stützen, den er uns zur Verfügung stellte. Flade wirft hier einen analytischen Blick auf die Entstehung des geordneten Remontierungswesens und die zugleich einsetzende Zucht orientalischer Pferde in den staatlichen Gestüten.

Vom Ursprung des Shagya-Arabers und den Remonte-Ankäufen Major Cavallars in der Bukowina

Dr. Johannes Erich Flade

Die in der österreich-ungarischen Monarchie Ende des 18. Jahrhunderts entstandene Araber-Rasse (heute Shagya-Araber) hatte ihren Ursprung in den östlichen Militär-Remonte-Sammelstellen Österreichs. Schon Kaiserin Maria- Theresia hatte sich nach Ende der drei Schlesischen Kriege (der dritte war der Siebenjährige Krieg, 1756 bis 1763) vehement für eine Stärkung der völlig ausgebluteten Pferdezucht eingesetzt, um die riesigen Verluste vor allem an Kavalleriepferden auszugleichen. Doch diese Maßnahmen reichten dem Militär keinesfalls aus. Deshalb versuchten die einzelnen Regimenter zunächst, ihren Bedarf an Kavalleriepferden durch Ankäufe in zugewiesenen Ländern und Regionen auch außerhalb des Staatsgebietes zu decken. Für Erwerbungen in Osteuropa hatte die Armee vor allem im damals zu Österreich-Ungarn gehörenden Herzogtum Bukowina, also im äußersten Osten der Monarchie, Remonten-Sammelstellen eingerichtet. Seit 1772 waren dort zwei Pferdehändler, Isaak Hirschl und Daniel Mannheimer, offiziell bestellte Aufkäufer.

Da sie aber nicht in der Lage waren, genügend und für den Militärdienst geeignete Remonten zu erwerben, wurde nach einem Vortrag bei der Kaiserin durch den Wiener Hofkriegsrats am 24. März 1774 dem Händler Isaak Hirschl der Oberleutnant Joseph von Cavallar vom Chevauxlegers-Regiment Joseph II. – später Ulanen-Regiment Nr. 6 – beigegeben. Dieser hatte bisher mit viel Pferdekenntnis zahlreiche und stets besonders geeignete Remonten für sein Regiment gekauft. Er wurde im selben Jahr zum Rittmeister befördert und seiner Erfolge wegen mit dem Remonteankauf für die ganze österreichisch-ungarische Armee betraut. Diese Amtshandlung erwies sich als äußerst glücklicher Griff. Schon in den ersten zwei Jahren sollte Cavallar wenigstens 3.000 Remonten beschaffen; ihm gelang jedoch der Kauf von 5.588 Pferden. Seine Ankaufsreisen führten ihn – im Sattel – nicht nur durch Galizien, Ungarn, Polen, die Moldau, Siebenbürgen, die Walachei und in das Gebiet der Tataren, sondern weit nach Russland hinein, in die Gebiete der Don- und Kubankosaken, in die Kabardei und den Kaukasus. Seine Remonten-Hauptsammelstelle (offiziell: Remontenankaufskommando) befand sich von Juli 1778 an in Kotzmann, etwa 20 km nördlich der damaligen bukowinischen Hauptstadt Czernowitz (heute: ukrainisch Cernivci), also nicht allzu weit von der Grenze zu Galizien. Wie haben die von Major Cavallar zur Gründerzeit von Radautz aufgekauften Remonten im Osten der Bukowina ausgesehen? Die Gebrauchspferde Osteuropas hatten ein der Landwirtschaft, dem schwierigen Transportwesen und armseligen Futterangebot angepasstes Exterieur. Der Einfluss orientalischer Pferde durch die über 400 Jahre dauernde osmanische Herrschaft war deutlich zu erkennen. Zugleich waren sie edel und entsprechend leistungsfähig – ein im Wesentlichen orientalisches Erbe aus der Zeit der osmanischen Herrschaft, die fast ein halbes Jahrhundert bestand. Alle weiblichen Vorfahren des Shagya-Arabers waren mehr oder weniger mit dieser Genetik und dem daraus folgenden hervorragenden Phänotyp ausgerüstet. Auch das kasachische Pferd war an der Herausbildung der Shagya-Araber beteiligt. Es ist ein sehr hartes, klimastabiles und menschenbezogenes Steppenpferd und war schon Ende des 18. Jahrhunderts vom Araber beeinflusst. Nachweislich wird es seit etwa 1400 Jahren in Kasachstan im gleichen Typ gezüchtet. Tscherkessische Pferde waren im westlichen Kaukasus zu Hause und stark von persischen und arabischen Pferden beeinflusst.

Moldawien (Republica Moldova seit 1994) sowie die Region Moldau in Rumänien breiten sich über große Teile des historischen Bessarabien aus. Ihre Bevölkerung gehört größtenteils dem christlich-orthodoxen Glauben an. Pferde aus dem heutigen rumänischen Moldaugebiet waren mit ihren Artgenossen aus der Walachei verwandt, führten aber auch polnisches Blut aus Galizien. Von 1538 bis 1812 stand dieses Gebiet unter osmanischer Oberhoheit, versorgte sich also auch mit den entsprechenden Pferden, vor allem Hengsten. Auch die Klöster wurden damit bedacht. Viele frühe Remonten wurden als original Moldauer oder Walache bezeichnet... Zur Abwehr der Einfälle der Tataren und Osmanen wurden im ungarischen Siebenbürgen (ungarisch Erdély, was Waldland heißt) mehrere hundert Kirchen gebaut, die zugleich Festungen waren und meist auch Gestüte beherbergten.

Wie schwierig und riskant die Remontetransporte – alle erfolgten zu Fuß – von dort gewesen sein müssen, geht schon aus einer kaiserlichen Verfügung vom 15. März 1774 hervor: Darin wurde angewiesen, dass den tatarischen und kosakischen Pferdeknechten außer dem jeden Tag fälligen Lohn bei Eintreffen des Transportes ohne Schaden pro Kopf eine besondere „Ergötzlichkeit" zu verabreichen sei.

Kaiser Joseph II. (regierte 1780 bis 1790) wünschte zudem, dass für zu erwartende kritische Zeiten die Remonten „für ein Jahr im Voraus beisammen gehalten werden sollten". Der große Umfang des jährlichen Remontebestandes und die Tatsache, dass zahlreiche Remonten trächtig waren oder mit Fohlen bei Fuß gingen, führte 1779 zum Antrag Cavallars an das galizische Generalkommando auf Weidemöglichkeiten. So sollte zunächst vom 1. Mai bis 31. Oktober „das Lutschina-Gebirge am Kirlibaba-Fluss vom Kloster Putna in Pacht genommen" werden. Der Wiener Hofkriegsrat schrieb 1779 in einem Bericht an Kaiser Joseph II., dass „das Geld besser in den kaiserlichen Landen verbleibet", wenn eine Pferdegestüterey eingerichtet würde. Das galizische Generalkommando in Lemberg 1781 drängte in ähnlicher Richtung auf eine andere Entwicklung, gemäß der „eine ergiebige inländische Pferdezucht von Vorteil ist und gelänge, wenn die Einwohner zur Pferdezucht aufgemuntert würden, sobald sie sehen, dass es mit dem inländischen Einkauf Ernst ist". Mit dem 31. Oktober 1781 wurde das Cavallarsche Kommando in Kotzmann mit dem Sitz in Waskoutz als „beständig" angesehen, und so entstand allmählich ein regelrechter Gestütsbetrieb mit zunächst noch primitiven Ställen und Anlagen. Aus diesem machte der Wiener Hofkriegsrat 1792 ein Remontierungsdepartement; deshalb gilt dieses Jahr als Gründungsjahr des Gestütes Radautz.

Ungarische und polnische Landpferde bildeten die Grundlage für die leichteren Kavallerie-Remonten und später auch die Rasse Shagya-Araber.

Es bestand aus der „Herrschaft Waszkoutz und dem riesigen griechisch-orthodoxen Religionsfonds mit der Domäne Radautz", östlich der heutigen Schnellzugstation Hadikfalva (rumänisch Dornesti, Strecke Lviv-Cernivci. Im Remontierungsdepartement gab es noch im Gründungsjahr infolge des Mangels an Unterkünften für die etwa 1.500 Pferde unter anderem vier freie Gestüte und ein Muttergestüt mit insgesamt 886 Pferden; freie junge Gestüte (zwei- und dreijährige Hengste und Stuten) mit 106 Pferden und Remontegestüte mit 150 Pferden. Bis etwa 1812 waren die Pferdebestände so aufgeteilt, bevor geregeltere Verhältnisse infolge eines Umzuges nach Radautz eintraten. Zunächst stand der Betrieb unter der Leitung des bisherigen Kommandanten von Cavallar. Hierzu gehörte unter anderem auch das später aus einem k. k. Staatshengsten-Posten zu einem Hengstdepot ausgebaute Oberwikow, etwa 15 km nordwestlich von Radautz. 1812 wurden Stab und Zentralverwaltung in die neuen Anlagen nach Radautz, etwa 80 km südlich Czernowitz, verlegt.

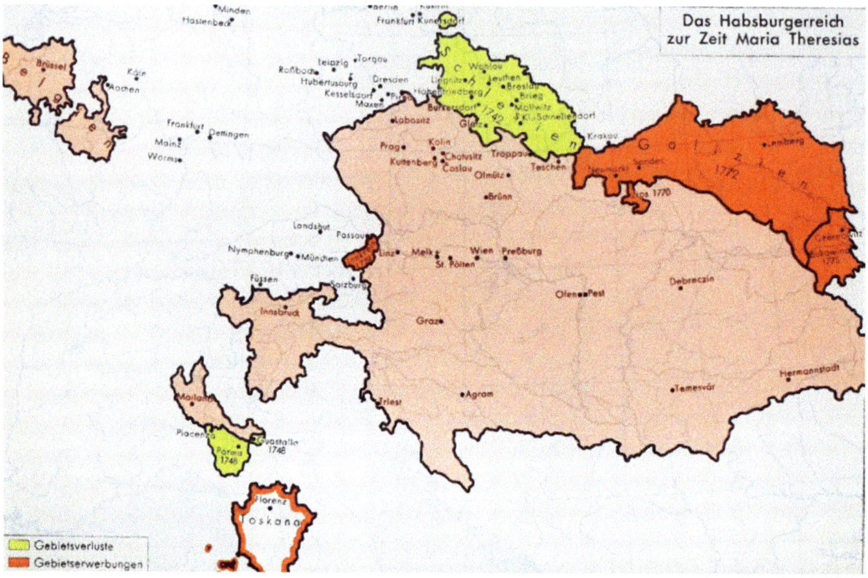

Das Reichsgebiet Habsburgs umfasste um 1770 große Gebiete im Osten und Südosten Europas. Von dort kamen zahllose Pferde...

Der Nachfolger Joseph II., Kaiser Franz I. (1768 bis 1835), erhob Cavallar 1799 in den erblichen Freiherrnstand und entließ ihn 1811 als Feldmarschall-Leutnant in den Ruhestand, in welchem er ein Jahr später starb. Seit Errichtung der Cavallarschen Remontesammelstelle von 1774 bis 1825 wurden insgesamt 104.681 Pferde an alle Gattungen der Armee ausgegeben. Darunter waren zahlreiche edle Stuten, vor allem galizischer, türkischer, tscherkessischer, moldauischer, kaukasischer und siebenbürgischer Herkunft, einzelne auch aus dem Karst.

Die Anlagen der Gestüte waren auch in Osteuropa zur Wende vom 18. zum 19. Jahrhundert meist vorbildlich; nebst der Verwendung erstklassiger Hengste führte auch das zu einer hochwertigen Zucht von Edelpferden. Fürsten und Adelige unterhielten in ihren Burganlagen Gestüte, vor allem zum Kriegseinsatz ihrer Pferde bei der Verteidigung gegen das osmanische Reich und die Tataren. Die Regionen Walachei, Siebenbürgen, Bukowina, Moldau sowie Galizien waren besonders betroffen.

Székler-Pferde sind nach einem kleinen Volksstamm benannt, der von den Hunnen (lösten im 4. Jahrhundert die Völkerwanderung aus) abstammt und im äußersten Südosten Siebenbürgens (Komitat Csik) nach deren Abzug zurück geblieben war. Die Pferde sind klein (um 130 bis 140 cm Widerristhöhe) und fein im Exterieur, aber äußerst energisch und leistungsfähig. Sie haben sich im kleinen Umfang bis heute erhalten, sind aber sicher weitgehend im Siebenbürger Pferd aufgegangen. Sie waren stark vom arabischen Pferd geprägt, denn in diesen Gebieten hatte die osmanische Herrschaft und demzufolge der direkte Einfluss des orientalischen Pferdes bis zum 18. Jahrhundert bestanden; erst im Friedensvertrag von Karlowitz 1699 fielen die von den Türken zum Teil fünf Jahrhunderte lang besetzten Länder wie Ungarn, Siebenbürgen, Moldau, Bukowina, Slawonien/Kroatien an Österreich, Teile der Ukraine/Galizien und Podolien an Polen; 1718 kamen zu Österreich-Ungarn die größten Teile Serbiens, die kleine Walachei und das Banat Temesvár noch hinzu. Die czindrische Pferdepopulation wurde von Ignatius von Czindery 1736 in Siebenbürgen durch Importe (ein Hengst und 12 Stuten) aus Tatarstan begründet. Hierbei handelte es sich um Nachfahren des turanischen Pferdes, die bis ins 19. Jahrhundert dort gezogen wurden. Sie machten den damals internationalen Ruf des Siebenbürger Pferdes aus. Bevor sich Russland Turkmenien einverleibte, kaufte 1758 sogar der St. Petersburger Hof (General Plscsevics) im Auftrag von Zarin Elisabeth Petrowna (1709 bis 1762) czindrische Pferde beim

Grafen Sigmund Mikes in dessen Gestüt Maros-Ujvá, Siebenbürgen. Energische Gänge mit viel Schwung und großem Raumgriff gehörten von jeher zu den Eigenschaften der osteuropäischen Kavalleriepferde; sie sind ein Erbteil aller der Rassen, von denen sich auch das genetische Potential des Shagya-Arabers herleitet.

Die im Exterieur guten und mit Fohlen bei Fuß gehenden Stuten wurden vor allem zunächst für das Gestüt Radautz reserviert, aber auch für die kaiserlich-königlichen sowie für die traditionsreichen privaten Gestüte in Ungarn und Siebenbürgen (ungarisch Erdély) waren sie von großem Interesse. Bis auf Ausnahmen hatten immer Tiere mit mehr oder weniger orientalischem Einschlag den Vorrang, sicher vorwiegend ihrer praktischen Eigenschaften wegen, die wir auch heute beim Shagya-Araber schätzen: Härte, Energie, Fruchtbarkeit, Gängigkeit, Lernfähigkeit, Futterdankbarkeit und Zuneigung zum Menschen. Mit dem Zusatz „er." (ungarisch eredeti = echt, original) sind sie häufig gekennzeichnet. Das sagt aus, dass die Stute wirklich aus dem – meist in ungarischer Sprache angegebenen – Herkunftsland stammt, beispielsweise ist „er. Moldvai" eine echte Moldauerin. Der Zusatz „or." (gleich: original) in deutscher Sprache verlangt dann auch die Eindeutschung der Herkunftslandes, also „or. Moldauerin". Von diesen mit den Vorsätzen „or." Oder „er." bezeichneten Stuten gehören eine größere Anzahl zu den Gründerstuten des Shagya-Arabers.

In den als Militäreinrichtungen gebildeten k. k. Gestüten Mezöhegyes (gegründet 1785) und Bábolna (gegründet 1789) fanden ebenfalls Stuten aus den Remonte-Sammelstellen der Bukowina, vor allem aus der Frühzeit von Kotzmann-Waskoutz, eine neue Heimat. Auch in Mezöhegyes gab es zunächst noch „wilde Gestüte"; 1811 waren dort noch 2.850 Stuten mit etwa 150 Hengsten frei und glücklich, aber unter geordneten Verhältnissen, also mit bestimmten Hengsten, lebten immerhin schon 844 Stuten. Noch 1818 heißt es in einem Bericht, dass sich „mit den aus der Moldau und aus Ungarn stammenden Stuten noch kein einheitlicher Schlag gebildet hätte und dass die Hengste zu den Orientalen, Siebenbürgern, Ungarn, Spaniern und Normännern" gehörten. Stuten wurden schon damals vorwiegend zwischen Bábolna, Mezöhegyes und auch Koptschan/Kladrub bereits zur Bedeckung ausgetauscht, sicher wegen der großen Entfernungen ein zeitaufwendiges Unternehmen.

Arabische Pferde wurden in Europa gerne als Veredler eingesetzt; man war vom Orient fasziniert.

Eine weitere wichtige Grundlage für die Entwicklung des Shagya-Arabers, die vor allem über die im 18. Jahrhundert oder schon früher bestehenden ungarischen Gestüte wirksam wurde, kam aus dem Bestand des alten ungarischen bzw. siebenbürger Pferdes, also dem k. k. Inland. Das hatten die aus dem Osten einfallenden Ungarn bei der Besiedlung des Karpatenbeckens aus dem Zwischenstromland (gleich Etelköz) und Lewedien im 9.-10. Jahrhundert mitgebracht, also aus dieser ehemals vom Reitervolk der Skythen bewohnten Region. Es waren unscheinbare Pferde mit etwa 140 cm Widerristhöhe, meist wahrscheinlich Falben oder Braune von extremer Ausdauer, wie alte Chroniken berichten. Wenigstens bis zum 12. Jahrhundert blieb dieses Pferd im Urzustand erhalten. Es wurde aus strategischen Gründen schon damals im Ausland gesucht, aber der Export wurde unter den ungarischen Königen Ladislaus I. (1040 bis 1095, heiliggesprochen als dritter Arpade 1192) und dem hochgebildeten Koloman (1065 bis 1116, ungarisch: Kálmán Könyves gleich Bücher-Koloman) mit Zöllen belegt oder verboten. Noch im Mittelalter wird von diesen kleinwüchsigen, sehr kräftigen und ausdauernden Pferden als selbstständiger Rasse (equus velox hungaricus) in diesem Gebiet berichtet. Auf deren über das ganze damalige Ungarn reichende Bedeutung weisen zahlreiche Orts- und Regionsnamen bis heute hin, beispielsweise mit den Vorsilben Csikó- (gleich Fohlen), Ló- (gleich Pferd) oder Mén- (gleich Hengst). Bis zur Einrichtung der Remontesammelstellen in der Bukowina war allerdings mit diesem Pferdebestand eine Menge geschehen: Die Türken hatten etwa fünfhundert Jahre lang Siebenbürgen und seine Randgebiete mit ihren Armeen und Besatzungstruppen überschwemmt. Sie waren im Wesentlichen mit orientalischen Pferden ausgerüstet. Durch die zahlreich mitgeführten Hengste konnte das nicht ohne nachhaltige Wirkung bleiben – das Ungarische/Siebenbürger Pferd, das Székler-Pferd aus dem ganz im Osten liegenden Komitat Csik, die Populationen in der Bukowina, in der Walachei, in der Moldau, in Serbien oder Kroatien usw. waren somit stark vom orientalischen Typ, zum Teil auf Umwegen, geprägt. Hinzu kam, dass als Folge der beiden russisch-türkischen Kriege (1768 bis 1774 und 1787 bis 1792) ebenfalls orientalische Hengste über das Moldaugebiet nach Siebenbürgen – und in die polnische Zucht nach Galizien – gekommen sind, wie beispielsweise die vier von den Türken erbeuteten arabischen Hengste des russischen Marschalls Graf Gudowicz, des damaligen Kommandeurs der ehemals türkischen Festung Lasi, Bukowina.

Ungarn war klimatisch und geologisch zur Tierzucht bestens geeignet. Ungarische Graurinder waren bis Mitteldeutschland berühmt und begehrt.

Für die Durchführungen von Leistungsprüfungen vor allem für die englische und arabische Vollblutzucht in den großen Gestüten erfolgte die Gründung einer Rennbahn in der galizischen Hauptstadt Lemberg; seit 1844 wurden dort schon Rennen veranstaltet. Auch Hengste aus spanisch-italienischer Zucht, die Araber- oder/und Berberblut führten, wurden verwendet. Von ganz großer Bedeutung war der Einsatz des Hengstes Barbarino 1802, der mit einem zweiten Hengst gleichen Namens aus dem traditionellen siebenbürgischen Gestüt Béthlen des Johann Graf Béthlen für Radautz erworben wurde; er galt lange Zeit als Begründer der Radautzer Stammzucht und man findet ihn häufig am Anfang in den Pedigrees unserer Shagya-Araber.

Die Zusammensetzung des Pferdebestandes in den Anfangsjahren von Mezöhegyes macht deutlich, dass infolge des allgemeinen Pferdemangels über die Remontesammelstellen umfangreich auf ausländische Rassen zurückgegriffen werden musste: Zu seiner Gründungszeit 1785 waren dort 533 Stuten vorhanden, darunter 56 aus Ungarn, 177 aus der Moldau, 172 aus Cirkassien (Tscherkessische Stuten), 148 angekauft in Deutschland. Von den 194 Hengsten stammten 66 aus Deutschland, 8 aus Ungarn, 52 aus Siebenbürgen, 5 aus Polen, 16 aus Cirkassien (Tscherkessische Hengste), 25 aus der Türkei. Vor allem die Ochsenmengen, aber auch der riesige Pferdebestand in Mezöhegyes führten durch die Initiative des begabten und fleißigen Gestütsleiters József von Csekonics (1757 bis 1824) zunächst

1789 zur Bildung eines Filialbetriebes in Bábolna, zunächst noch unter seiner Gesamtleitung. Dorthin wurden die unzähligen Zuchtpferde, vor allem aber die Ochsen, gebracht. Bábolna liegt an der sogenannten Schlachterstraße – noch heute in Bábolna Mészáros út (Fleischerstraße) genannt) – auf der die riesigen Viehherden nach dem Westen, zunächst in die Schlachthöfe nach Wien, getrieben wurden. Das konnte auch dort nicht mehr lange so bleiben: Der Wiener Hofkriegsrat erklärte Bábolna 1806 für selbständig und ließ die bis dahin betriebene Ochsenwirtschaft schnell abschaffen (Anfang 1806: 2026 Ochsen, Ende 1806: 275 Ochsen!).

Sowohl in Mezöhegyes als auch in Bábolna gab es hin und wieder Schwankungen in den züchterischen Bemühungen um die Weiterentwicklung der Araber-Rasse. Anfangs hatte beispielsweise das noch bis zum 19. Jahrhundert herrschende, aus der spanischen Periode stammende Wiener Hofzeremoniell Einfluss auf die Verwendung von Hengsten spanisch-italienischer Blutführung. Das lag auch nahe, denn die kaiserlichen Hofgestüte Koptschan/Kladrub sowie Lipizza, produzierten die Gespann-Pferde im Typ des Barockpferdes für die Repräsentation des Wiener Hofes. Per Dekret vom 18. März 1816 durften die Bábolnaer Stuten nur noch von Hengsten „östlichen" (orientalischen) Blutes gedeckt werden; damit begann der planmäßige Aufbau der Araber-Rasse sowie der arabischen Vollblutzucht in Ungarn. Als Beutepferde aus dem Krieg mit Frankreich (1815) gelangten einige orientalische Hengste aus dem Hengstdepot Rosières aux Salines nach Bábolna, die 1816 dort zum Einsatz kamen. Baron Fechtig nahm von seiner dritten Orientreise unter anderem zwei originalarabische Hengste (Siglavi Gidran 1811 und Ebchan 1812) sowie die Stute Tifle, geboren 1810, nach Bábolna; einige andere bescheidene Mitbringsel, darunter Bairactar, geboren 1814 und Murana I, geboren 1808, gingen in das königlich-württembergische Gestüt nach Weil – das nur nebenbei. Diesen ersten Importen folgten weitere und damit eine Festigung des genetischen Potentials auch der Araber-Rasse. Zu ihnen gehörten die äußerst erfolgreichen Ankaufsreisen des Pour-le-mérite-Trägers (1815) und Bábolnaer Gestütskommandanten, Eduard Baron von Herbert (1789 bis nach 1850). Als Resultat seiner ersten sehr erfolgreichen Expedition 1836 brachte er unter anderem den originalarabischen Schimmelhengst Shagya, geboren 1830, über Triest nach Bábolna. Er hatte ihn beim Stamm der zu dieser Zeit in Syrien nahe Aleppo nomadisierenden Beni-Sakr-Beduinen gekauft. Dieser Hengst gab seine Eigenschaften und Merkmale in ganz besonderer Qualität weiter und war in Bábolna bis 1842 eingesetzt. Wegen der überragenden Bedeutung seines Stammes auch in die internationale Entwicklung der Araber-Rasse wurde er 1979 für sie Namensgeber. Die Ergebnisse systematischer und besonders in den letzten Jahrzehnten ganz konsequenter Zuchtarbeit beim Shagya-Araber haben zu bis heute durchgehenden, nachweisbaren Generationsfolgen geführt. Zurzeit sind es durchschnittlich etwa 22, die sich nachlesen lassen. Das ist eine Sensation, vor allem wenn man daran denkt, was in fast jeder dieser Generationen besonders durch Kriege oder Revolutionen mit allen verheerenden Auswirkungen in den Entwicklungsgebieten dieser Rasse geschehen ist.

Die staatlichen Gestüte lieferten große Zahlen einheitlicher Pferde für die Armee und gute Hengste für die Landeszuchten.

Diese Ereignisse sind hier nur angedeutet. Wieviel Fürsorge und Passion notwendig waren, um die daraus folgenden oft riesigen Schäden und Verluste wieder auszugleichen, ist kaum zu ermessen.

Teil 4: Die Hofgestüte und ihre Pferde

Dieser Abschnitt soll mit einer Darstellung der Hofgestüte beginnen, und zwar der beiden bekannten und bis heute aktiven Zuchtbetriebe, Lipizza und Kladrub, sowie der beiden relativ unbekannten und inzwischen stillgelegten, Mönchhof bzw. Halbthurn (heute Burgenland) und Koptschan (heute Slowakei). Sie alle hatten eine große institutionelle Wichtigkeit in der höfischen Selbstdarstellung der Habsburger Monarchie und auch eine gewisse Ausstrahlung auf die anderen adeligen Zuchten, auch auf die Diplomatie und – in geringerem Ausmaß – auf die Landeszucht. Als Prestigebetriebe (heute eventuell „Leitbetriebe") genossen sie internationale Aufmerksamkeit und waren Maßstab und Richtschnur für ähnliche Zuchtstätten.

Anschließend wollen wir einige Bemerkungen zu den übrigen Einrichtungen und Gebäuden fallen lassen, welche der erfolgreichen Führung der Zucht dienten: Die Spanische Reitschule, Schloss Hof und die Hofstallungen in Wien, die Tierärztliche Hochschule und einige andere werden kurz beschrieben…

Iberische Hengste brachten Leistungsmerkmale in die mitteleuropäischen Zuchten; sie zeugten vielfach jene Stuten, mit denen Araber und Vollblüter erfolgreiche Familien gründeten.

Es ist wichtig zu verstehen, dass es innerhalb der Hierarchie der Gestüte eine damals wohl bekannte Abstufung gab, die uns heute wenig geläufig ist. Die Hofgestüte waren private Anlagen und Betriebe des Herrscherhauses, deren Zweck die Lieferung geeigneter Paradepferde und Dienstpferde für die Hofhaltung war. Sie waren keine Lieferanten von Armee-Remonten oder Gebrauchspferden für niedere Aufgaben, auch wenn diese in den Bereich der Hofhaltung fielen. Ein Zugpferd für die Gartenarbeiten irgendeines imperialen Schlossparks war ein zugekauftes Gebrauchspferd und entstammte keinem Hofgestüt. Hingegen fuhr noch Kaiser Franz Joseph täglich mit Lipizzaner-Pferden aus dem Hofgestüt am Karst zwischen der Hofburg und Schönbrunn hin und her.

Die Staatsgestüte hatten für eine Verbesserung und Aufstockung der Landeszucht zu sorgen und eventuell die Armee und private Züchter zu beliefern. Ihre wesentliche Aufgabe war die Produktion von erstklassigen Zuchtpferden, die entweder wieder in die Zuchtherde gingen oder im Falle der Hengste in Hengstdepots Verwendung fanden. Die Hengstdepots ohne eigene Stutenhaltung stellten die Landbeschäler für die verstreuten Hengststationen, die dort örtliche Privatstuten deckten. Das System war aber durchlässig, und Pferde konnten – je nach ihrer Qualität – auf- oder absteigen. Nicht zuchttaugliche Pferde gingen an die Armee oder wurden an Private verkauft. Solche Ausmusterer waren nicht zwingend minderwertige Pferde, es konnte auch schlicht kein Bedarf an ihrem Erbgut bestehen.

Halbthurn-Mönchhof

Schloss Halbthurn ist eine bedeutende und wunderschöne Barockanlage; ab 1717 züchtete hier Kaiser Karl VI. erstklassige Pferde für den Wiener Hof.

Es ist ein wenig bekanntes Detail der Geschichte der kaiserlichen Gestüte, dass bereits lange vor der Gründung der berühmten Gestüte Lipizza und Kladrub ein Hofgestüt nur wenig östlich von Wien, im heutigen nördlichen Burgenland, bestand.

Das Flachland östlich des Neusiedler Sees war schon im Mittelalter weit dichter besiedelt gewesen als heute. Zwischen dem 13. und 15. Jahrhundert entstanden hier, in einem klimatisch und landschaftlich wenig begünstigten Gebiet, zahlreiche Siedlungen, welche unter den Herrschaften des ungarischen Königshauses, des Zisterzienserklosters Heiligenkreuz und einiger Adelshäuser standen. Um 1532 n. Chr. hatten lange Trockenperioden und wiederholte Türkeneinfälle zur Verödung des Landstriches geführt, der sich in der Folge als für den Seewinkel typische Pußta-Landschaft mit vereinzelten Ziehbrunnen und Viehherden darstellte. Die intensive Landwirtschaft wich einer extensiven Viehhaltung; diese wurde durch die Nähe zum Viehmarkt von Ungarisch-Altenburg begünstigt, welcher im 16. und 17. Jahrhundert der bedeutendste Umschlagplatz für Viehherden aus dem türkischen Alföld (der heutigen ungarischen Tiefebene) und aus Ungarn war. Die Exportochsen mussten auf ihren langen Märschen in die weiter westlich gelegenen Gebiete immer wieder rasten, wozu man die brachliegenden Ländereien der zugrunde gegangenen Ortschaften pachtete. Auch war hier neben den Ochsenherden immer noch genug Platz für Pferde; auf den Weidegründen des zerstörten Dorfes Halbthurn fand das Gestüt der ungarischen Königin-Witwe Maria im Jahre 1540 eine neue Heimat, nachdem Budapest durch die Türken besetzt worden war. Als Maria starb, ging ihre Herrschaft Ungarisch-Altenburg an die Habsburger, und nunmehr übergab Ferdinand I. als ungarischer König seinem Höfling Einzinger das Gestüt zum Wiederaufbau. Doch erst unter Erzherzog Maximilian II. kam es zu einer definitiven Planung und dauerhaften Einrichtung, vorerst jedoch mit Hindernissen. Man musste die Pferde vor dem unwirtlichen Klima und den Wolfsrudeln schützen, die neu zu erbauenden Stallungen waren jedoch noch in Planung. Maximilian schrieb an den Abt von Heiligenkreuz und bat um die Erlaubnis vorläufiger Nutzung des weitläufigen Wirtschaftshofes des Klosters Mönchhof, die ihm auch gewährt wurde. Wie so oft in Österreich sollte sich auch dieses Provisorium als unerwartet dauerhaft erweisen, denn entgegen aller Versprechungen wurden nun die neuen Stallungen in Halbthurn nicht errichtet und das erzherzogliche Gestüt verblieb über 100 Jahre an Ort und Stelle. Tatsächlich war Mönchhof ein günstiger Ort, denn man konnte aus den naheliegenden Kron-Herrschaften sämtliches notwendige Futter und Material sowie Aushilfskräfte leicht beschaffen. Im Vergleich mit dem 1580 gegründeten erzherzoglichen Lipizza, mit dem ein reger Kontakt gepflegt wurde, war das nunmehr kaiserliche Gestüt Mönchhof ein großes und aufwendiges, sowohl was Personalstand als auch was die Kosten betraf. Lipizza begnügte sich mit rund 600 Gulden Unkosten jährlich, Mönchhof verschlang stattliche 3.000. Ab dem 17. Jahrhundert bestand zwischen beiden Anstalten eine enge Verbindung, denn mit Ferdinand II. gelangte die innerösterreichische Linie der Habsburger auf den Thron und somit wurde Lipizza ebenfalls kaiserlich. Die Karster Pferde (der alte Name für die späteren „Lipizzaner") waren ja ursprünglich und in erster Linie für den Grazer Hof Erzherzog Karls II. als Regent von Innerösterreich gedacht und nicht, wie vielfach in der Literatur simplifiziert dargestellt, für den spanischen Reitstall in Wien, die spätere Hofreitschule. Mit der Thronbesteigung Ferdinands 1619 verlegte man allerdings den gesamten Hof von Graz und Prag nach Wien – und damit fand dort eine gesteigerte höfische Prunkentfaltung statt, während Graz an Bedeutung und Glanz verlor.

Hier zeigt Johann G. Hamilton das Gestüt in Adelsberg-Postojna bei Lippiza; die Pferde sind typische Spanier, die im Karst gut gediehen.

Nun kamen Pferde aus der Pußta zur Aufzucht in den Karst und man tauschte auch Zuchttiere aus. 1603 erfolgte die Gründung einer spanischen Abteilung in Mönchhof, wohl in Anlehnung an Lipizza oder mit von dort stammendem Material begründet; jedenfalls wurden zwei riesige Ställe hierfür neu errichtet. Auch die Gestütsleiter waren mit Lipizza und der Wiener Hofreitschule eng verbunden. Zumeist dürfte es sich um die jeweiligen kaiserlichen Hofoberbereiter gehandelt haben, die damals allesamt aus Italien stammten. Neapel hatte den Ruf, die besten Dressurreiter hervorzubringen und die Namen Ottavio Spinola, Marco Rubico, Pietro della Grangia und Vincenzo Rizzi deuten darauf hin, dass man die Zucht und Ausbildung der kaiserlichen Paraderösser in Neapolitaner Hand wissen wollte.

Um 1600 hatte man begonnen, auf dem Gelände einige Wohnhäuser für das Personal zu errichten. Man erweiterte die Siedlung nach und nach auf stattliche 53 Gebäude, und es war den Heiligenkreuzer Äbten ein ständiges Bedürfnis, diese unter ihre

Herrschaft zu bekommen. Nach jahrelangem Tauziehen sah Kaiser Ferdinand III. – der Sohn und Erbe Kaiser Ferdinands II. – den Schaden endlich ein, den man dem Kloster zugefügt hatte, und transferierte das Gestüt 1652 nach Prag. Das Gestütsgelände wurde rückerstattet, die Siedlung blieb jedoch noch zwei Jahrzehnte unter der Herrschaft Ungarisch-Altenburgs, eine endgültige Lösung wurde erst 1672 erzielt.

Hamiltons Gemälde führt uns das frühe Halbthurn vor, mit einer bunten Stutenherde und den weitläufigen Anlagen in der Ebene östlich des Neusiedlersees.

Im Jahre 1717 wurde unter Kaiser Karl VI. im benachbarten Halbthurn wieder an die glanzvolle Tradition der höfischen Pferdezucht in diesem Gebiet angeknüpft. Auf kaiserlichen Wunsch wurden hier Paradepferde erster Güte gezogen, die am Wiener Hof und an der Spanischen Reitschule Verwendung fanden. Nachdem die Türken 1603 eine Burg in Halbthurn – damals auf Ungarisch Feltorony – zerstört hatten, ließ im Jahre 1711 Fürst Alois Harrach das gegenwärtige Schloss vom berühmten Barockarchitekten Johann Lukas von Hildebrandt errichten. Hildebrandt war u. a. auch der Schöpfer des Schlosses Belvedere in Wien, dem wunderbaren Landsitz des Prinzen Eugen von Savoyen, und zahlreicher anderer Prachtbauten. Unter diesen wird uns Schloss Hof noch näher interessieren.

Johann Lukas von Hildebrandt

Der berühmte Baumeister lebte von 1668 bis 1745 und begann seine Karriere als Ingenieur der kaiserlichen Armee (bis 1696), unter dem Prinzen Eugen, dem er bei zwei Feldzügen im Piemont diente. Er machte dann Karriere im Staatsdienst und wurde 1701 kaiserlicher Hofingenieur; 1720 folgte die Nobilitierung. Zahlreiche Aufträge zu adeligen Prachtbauten – auch Teilen der der Wiener Hofburg – stellten ihn in die erste Reihe der Barock-Baumeister. Er wird mitunter mit seinem Kollegen und gewissermaßen Nachfolger Franz Anton Hillebrand (1719-1797) verwechselt, der zwar in seine beruflichen Spuren trat, aber vorwiegend in Ungarn baute und Architekt der Ungarischen Hofkammer war.

Kaiser Karl VI. wurde 1717 Eigentümer der Anlage und verbrachte fortan jede freie Minute mit seinen geliebten Pferden oder auf der Jagd in den umliegenden Gebieten, die sich durch großen Wildreichtum auszeichneten. Der Kaiser nahm großen persönlichen Anteil am Wohl und Wehe der Zucht und war bei den jährlichen Musterungen der Zuchtpferde in der Regel anwesend. Das Gestüt wurde 1718 mit 30 Stuten aus Harrachschem Besitz aufgebaut, zu denen sich 47 Kladruber-Stuten und neun aus Lipizza gesellten. Allmählich wurden die weniger guten Exemplare ausgemustert und die vorherrschenden Blutlinien bestanden aus Neapolitanern, Spaniern und einigen Orientalen.

Damals bestand ein reger Austausch an Zuchtmaterial zwischen den Hofgestüten von Halbthurn, Lipizza und Kladrub sowie einigen namhaften Privatgestüten. So auch mit jenem des Herzogs von Lothringen in Koptschan an der March, das dem späteren Schwiegersohn des Kaisers, Franz Stephan von Lothringen (als Kaiser Franz I.), gehörte. Prinz Schwarzenberg schickte hochwertige Stuten von seinem berühmten Gestüt Murau in der Steiermark; Graf Tättenberg überstellte 1743 seine Herde noch knapp vor der Auflösung des Hofgestütes dorthin, als der Kaiser bereits drei Jahre tot war.

Baumeister Hildebrandt schuf nicht nur Schloss Halbthurn, sondern auch das wunderbare Schloss Belvedere – mit seinen Rossebändigern ein beliebtes Fotomotiv.

Die Aufgabe des Gestütes Halbthurn war es, leichte Reitpferde für den höfischen Gebrauch zu produzieren, wozu man bevorzugt Hengste verwendete, die aufgrund ihrer Herkunft oder Qualität hervorstachen.

Hermoso war ein Lieblingspferd des Kaisers gewesen, ehe er seinen Vaterpflichten nachkommen durfte; Sincero genoss ebenfalls höchstes kaiserliches Wohlwollen; Joya, ein Star an der (Spanischen) Stadt-Reitschule, wurde ab 1719 der erfolgreichste Beschäler in Halbthurn; Cerebo war ein „böhmischer Schecke“ und berühmter Springer – das Bild weist ihn als reinen Barock-Typus aus; er wird wohl ein Neapolitaner aus Kladrub gewesen sein.

Sie und zahlreiche andere wurden von den Pferdemalern der Familie Hamilton naturnahe portraitiert, deren Werke noch heute in Schönbrunn und vielen anderen Schlössern zu bewundern sind. Die etwas überhöhten Darstellungen waren im Sinne der Zeit und finden ihre heutige Entsprechung in den geschönten Fotografien der Werbung, auf denen die Autos, Luxusartikel und Mannequins uns makellos entgegen leuchten. Dennoch sind die Pferde und Hunde anatomisch richtig dargestellt, die Posen und Bewegungen entsprechen der Natur, auch wenn der heutige Betrachter von der barocken Staffage abgelenkt wird.

Die Malerdynastie Hamilton

Als Ahnherr der Malerdynastie gilt der talentierte Stillleben-Maler James (oder: Jacob/Jakob) Hamilton. Er stammte aus einer adeligen schottischen Familie, die in die Spanischen Niederlande ausgewandert war (möglicherweise als Folge der Schlacht von Rullion Green in Galloway am 28. November 1666). Jacob, gewöhnlich James (geb. um 1640, gest. um 1720), war der erste der Hamiltons, der zu Cromwells Zeit Schottland verließ und nach Brüssel zog. Seine Söhne und Schüler sind Ferdinand Philipp, Johann Georg und Karl Wilhelm.

Johann Georg, öfter auch John George (geb. Brüssel 1672, gest. Wien 1737). Zweiter Sohn Jacobs und Bruder Philipp Ferdinands und Karl Wilhelms. Erhielt Unterricht vom Vater und wurde berühmt als Pferdemaler. Er verstand es, das Charakteristische der verschiedenen Rassen einzufangen und erlangte hohe Perfektion in der Wiedergabe der Bewegung, der Ausstattung und des Ausdrucks der einzelnen Pferde. Malte zuerst in Brüssel, folgte aber dann um 1695 seinem Bruder nach Wien, vermutlich auf Wunsch Kaiser Leopolds I. Von Wien ging er an den Berliner Hof, wo er bis zum Tode Friedrichs I. verblieb, dann aber wieder nach Österreich zurückkehrte. Dort erlangte er als Tiermaler große Popularität beim Adel, was ihm 1709 die Aufnahme in die Wiener Akademie und eine Anstellung bei Hof unter Kaiser Karl VI. brachte und er 1718 zum Tier-Hofmaler ernannt wurde. Er war als Kabinettmaler für viele Mitglieder des Hochadels tätig und stattete verschiedentlich deren Schlösser mit z. T. großformatigen Pferde- und Jagdbildnissen aus. Bekannt das Reiterporträt Kaiser Karls VI. in der Hofloge der Spanischen Reitschule, das 1735 entstand. Seine hervorragenden (Pferde-) Bilder sind in Sammlungen und Museen in Österreich, Böhmen, Liechtenstein, Ungarn, Deutschland und der Slowakei vertreten.

Karl Wilhelm (nach Tschischka geb. in Wien 1668, gest. Augsburg 1754), Sohn Jacobs und Bruder Philipp Ferdinands und Johann Georgs. Karl Wilhelm malte Porträts, Vögel, Amphibien, Insekten, Schwäne, Pflanzen (vornehmlich Disteln) und einige große Pferdestücke. Seine Arbeiten sind mit viel Fleiß und Kunstfertigkeit ausgeführt; er malte auf Leinwand, Holz und Metall, darum haben die Bilder oft eine störende Spiegelglätte.

Johann Georgs Sohn Anton Ignaz von Hamilton (geb. 1696 in Wien – gest. um 1770 in Hubertusburg, Sachsen) trat als Maler in die Dienste des Herzogs von Sachsen-Weimar und (ab 1750) Königs August III. von Polen und Sachsen. Er malte im Stile seines Onkels Philipp Ferdinand vor allem Jagdstücke und Stilleben mit Tieren/Vögeln und dekorierte dessen Schloss Hubertusburg.

Johann, John genannt (Geburtsort unbekannt, gest. um 1750 in Wien), war vermutlich der Sohn Philipp Ferdinands und erwarb sich als Pferdemaler einen gewissen Namen; er malte auch Jagdstücke und war ein guter Zeichner. Seinen rund 265 bekannten Arbeiten begegnet man u. a. auf den Schlössern des niederösterreichischen Adels. Seine Pferde sind etwas steif und oft Kopien von Bildern des Onkels Johann Georg, mit dem er verwechselt werden kann, obwohl er dessen Können nicht erreichte.

Die Bedeutung der Halbthurner Zucht wird auch durch die Tatsache dokumentiert, dass man für den persönlichen Gebrauch des Kaisers Gestütsakten anlegte, welche detaillierte Informationen über die einzelnen Pferde und deren Zuchterfolge beinhalteten. Es ist überliefert, dass in den Jahren 1717 - 1743 insgesamt 428 Zuchtstuten verwendet wurden, die aus den anderen Hofgestüten und aus der aristokratischen Privatzucht stammten; die Hengste waren saisonal zur Zucht abgestellt, versahen dazwischen jedoch ihren Dienst als Reitpferde am Wiener Hof.

Der Kaiser selbst verbrachte jeden Herbst auf Halbthurn, wo er der Auswahl der Junghengste für den Hofstall in Wien beiwohnte und sich offenbar persönlich um die Zuchtbelange kümmerte. Eine ähnlich intensive Anteilnahme des obersten Landesherrn war vorher und nachher wenigen Gestüten vergönnt, obwohl erst unter Maria Theresia und ihrem Sohn Joseph II. die eigentliche Ära der Staatsgestüte begann.

Das Gestüt Halbthurn wurde nach dem Tode Karls VI. aufgelöst; wahrscheinlich war kein Bedarf mehr gegeben oder die klimatische Situation hatte sich geändert. Schon 1725 findet man Aktenzeugnisse, dass die Zucht problematisch gewesen sein soll – geringe Fruchtbarkeit und daher auch Rentabilität. Spät im Jahr 1743 hielt man noch 63 Stuten, davon aber 39 aus fremdem Besitz kurzfristig übernommen. Der Leiter des Gestüts Lippiza übernahm dann die 38 besten Pferde dorthin, und das kurzlebige Gestüt Halbthurn war Geschichte. Kenner bezeichnen diese Periode als besonders informativ; so schreibt Georg Kugler in „Die Lipizzaner der Spanischen Hofreitschule“ wie folgt: „Die Zucht der kaiserlichen Reitpferde mündet wieder in das alte Bett. Dennoch verdanken wir der kurzen Geschichte des Hofgestüts Halbthurn infolge einer einzigartigen Quellenlage den wesentlichen Einblick in die kaiserliche Pferdezucht im ersten Drittel des 18. Jahrhunderts.“ (gekürzt)

Kladrub und seine Pferde

Das Gestüt Kladrub liegt an der Elbe, nahe der Stadt Pardubitz, welche wegen ihrer extrem schweren Steeplechase berüchtigt ist. Ursprünglich mag die Besitzung einem Kloster angehört haben, später kam sie als Lehen an einige böhmische Adelsfamilien und wurde schließlich um 1500 von der herrschaftlichen Familie von Pernstein erworben. Durch Einverleibung dieser Liegenschaft rundeten die Pernsteins ihre Besitzung Pardubitz ab, welche sie jedoch bald an die böhmischen Stände veräußerten, die ein passendes Krönungsgeschenk für Maximilian II. benötigten, der ja auch König von Böhmen war. Ein fürstliches Geschenk, denn die Herrschaft umfasste zwei Städte, fünf Marktflecken, 24 Dorfgerichte und 127 Dörfer. Zu letzteren gehörte auch Kladrub, in dessen von Wilhelm von Pernstein angelegten Tiergarten jene Pferde untergebracht wurden, die Maximilian im Jahre 1552 aus Spanien mitgebracht hatte, wo er drei Jahre lang Vizekönig gewesen war. Auch seine Söhne, Rudolf und Matthias, ließen später Pferde aus Spanien herbringen, die zum Teil in Kladrub gehalten wurden.

Hengste der Altkladruber Rasse besitzen einen antiquierten Charme und eine unvergleichliche Noblesse.

Der genetische Fundus der Kladruber Rasse wurde seit dem Jahre 1579, anderen Quellen zufolge schon seit 1562, im Gestüt an der Elbe systematisch aufgebaut. Maßgebend für die charakteristischen Formen dieses Pferdes war die altspanische Zuchtgrundlage. Das altspanische Pferd war während der Renaissance längst konsolidiert und sein Qualitätsunterschied zum autochthonen böhmischen Pferd derart, dass man es möglichst reinrassig erhalten wollte. Weil Kladrub damals noch ein Wildbahngestüt war, grenzte man die heimischen Pferde aus und korrigierte den Typverlust der Nachkommenschaft durch andauernde Originalblut-Importe. Nach dem Zuchtverfall auf der iberischen Halbinsel beschaffte man dieses Blut in der dänischen, holsteinischen und vor allem neapolitanischen Modifizierung und schuf gewissermaßen ein Pferd der Raza espanola del tipo germanico.

Besonders Neapel tat sich im 16. Jahrhundert als Zentrum der Reitkunst und der Pferdezucht hervor. Zwischen Spanien und der Region südlich Roms bestanden enge Beziehungen; letztere war im Zeitraum von 1502 bis 1707 auch spanisches Gebiet. Das Neapolitaner Pferd spanischen Typs erfreute sich für einige Zeit beinahe ebenso großer Popularität wie der Original-Spanier und wurde in sämtlichen europäischen Pferdezuchten verwendet. Die Rasse verlor im 18. Jahrhundert an Qualität, was auf unvernünftige Kreuzungsversuche und einen Ausverkauf der besten Exemplare zurückzuführen sein dürfte. In den österreichischen Hofgestüten und kirchlichen Gütern fanden sich noch gute Exemplare, und auf solche geht der heutige Kladruber in direkter Linie zurück. Man könnte ihn, zusammen mit seinem apulischen Cousin, dem Murgese, als einen letzten Tropfen des Neapolitaner Blutes bezeichnen. Genetisch betrachtet haben wir es hier mit einer einzigartigen Population zu tun, die Hippologen fasziniert, während ihr die Politik den nötigen Schutz nur zögerlich und halbherzig zukommen lässt.

Eine Pferdegruppe in einer Koppel in der typischen Sichtweise des barocken Malers Hamilton, vor klassischer Kulisse und in allen Fellfarben glänzend.

Das Rudolfinische Prag war berühmt für seine große Zahl von Prestigegespannen, adelige Paraden und Jagden sowie seine prachtvollen Stallungen. Als nach der Erhebung Kladrubs 1579 zum Hofgestüt durch Rudolf II. der Bedarf an Galapferden immer größer wurde, entfaltete sich hier, unter peinlichster Beibehaltung des repräsentativen Typs, eine vorzügliche Rasse.

Damals war das Gestüt noch ein abgelegener Wildpark, im Norden von Urwäldern und im Süden von der Elbe begrenzt. Wälder und Sumpfgebiete bedeckten weite Teile des Geländes, das in höheren Lagen mächtige Eichenbäume aufzuweisen hatte, aber nur spärliches und minderwertiges Gras. Die Wiesen waren zudem weitgehend nass und daher „sauer", man musste nach und nach eine regelrechte landwirtschaftliche Bearbeitung einführen, um dem steigenden Futterbedarf nachzukommen. Das Gestüt selbst umfasste nur wenige und primitive Gebäude; die Zucht fand – wie in vielen anderen Gestüten der Zeit – in halbwilder Form statt. Die Stuten sorgten auf der Weide für sich selbst und wurden nur im Winter mit Raufutter versorgt. In drei simplen Holzställen waren die Beschäler und Dienstpferde eingestellt. Die Hengste liefen während der Decksaison frei mit den Stutenherden und pflanzten sich im Natursprung fort. Zuchtpläne oder eine zielgerichtete Politik gab es noch länger nicht, doch darin unterschied man sich nicht von anderen Betrieben. Von Vorteil war, dass man in erster Linie mit iberischem und neapolitanischem Blut züchtete, obwohl darüber keine völlige Gewissheit besteht, denn etwaige Unterlagen – so jemals vorhanden gewesen – wurden beim Ausbruch des Siebenjährigen Krieges 1756 vernichtet.

Das Gestüt wurde in Schutt und Asche gelegt, die Pferde waren rechtzeitig evakuiert worden. Doch damit nicht genug: als man 1757 den Sieg General Graf Dauns bei Kolin in der Kladruber Kirche feierlich begehen wollte, brach eine Feuersbrunst aus und vernichtete Schloss, Kirche, Pfarrhof, und alles übrige. Was damals noch an Quellen oder Spuren der alten Zucht bestanden haben mag, war nun endgültig ein Raub der Flammen geworden. Maria Theresia ließ im Jahr darauf zwar eine neue Kirche bauen, aber zur Wiedereinrichtung eines Gestütes konnte sie sich nicht entschließen. Der Zuchtbetrieb wurde aufgehoben, die Pferde blieben im Exil in Ungarn und in Kladrub entstand eine Tuchfabrik, die erst 1770 aufgelöst wurde. Als Ersatz für das Gestüt wurde in Koptschan ein neues, leider nur relativ kurzlebiges Hofgestüt gegründet, wo das alte Kladruber Zuchtmaterial weiter vermehrt und verbessert wurde, ehe es zurückkehrte. Über Koptschan später mehr...

Kaiser Joseph II. ordnete 1770 den Neubau einer Gestütsanlage auf Kladruber Land an und ließ die in Koptschan befindlichen Pferde altkladruber Abstammung wieder dorthin bringen. In Koptschan züchtete man noch einige Jahrzehnte lang Reit- und Wagenpferde, ehe 1826 das glücklose Experiment aufgegeben wurde und der übrige Bestand an die beiden Hofgestüte Kladrub und Lipizza verteilt wurde. Ab 1771 wurde es nun Aufgabe von Kladrub, mit neuem Elan Kutschpferde der alten Linien für den Hofdienst zu ziehen. Allerdings benötigte man frisches Blut, das aus Italien oder von Gestüten mit italienischem Material besorgt wurde.

Joseph II. trieb dann den Wiederaufbau voran und verlieh dem Gestüt englischen Charakter, der sich auch in der Parklandschaft der Umgebung zeigt. Um 1799 kamen die Pferde aus Koptschan hierher und die alte Rasse wurde mittels enger Linien- und sogar Inzucht weiter gefestigt. Damals entwickelte sich die noch heute vorhandene unglaubliche Inzuchtresistenz, denn zwischen 1800 und 1850 züchtete man blutmäßig in engstem Rahmen, merzte aber zugleich alle schwachen oder mangelhaften Tiere aus.

Kladrub an der Elbe wurde 1770 nach einem Brand auf Anweisung Kaiser Josephs II. neu aufgebaut und ist Europäisches Kulturerbe.

Neben den statiösen Schimmeln und Rappen für den Galazugdienst am Hofe stellte Kladrub im 19. Jahrhundert auch braune Halbblüter meist englischer Herkunft für den „Braunzug-Stall“ in Wien und zeitweise sogar Vollblut-Rennpferde für die Veredelungszucht. Der Begriff Altkladruber erhielt erst nach der Auflösung von Koptschan im Jahre 1826 seinen Sinn, denn danach wurde es notwendig, das ursprüngliche Kladruber Pferdematerial vom auch aus Koptschan übernommenen englischen Bestand zu unterscheiden.

Die Kladruber Schimmel waren die Gala-Karossiers des Hofes und bestachen durch Größe, gepaart mit würdevoller Eleganz und erhabene Bewegungen.

Die beiden Farbschläge des Altkladrubers, die Schimmel und Rappen, werden im Hengststamm auf einige wenige Gründerhengste zurückgeführt. Bei den Schimmeln war dies interessanterweise ein Rappe namens Pepoli, vor 1764 geboren. Er vererbte seine Qualitäten durchschlagend und prägte die gesamte heutige Kladruber Rasse. Sein Sohn Imperatore, aus der Toscanello-Tochter Aurora, zeugte mit der Rappstute Mosca den strahlend weißen General, Stammvater der Schimmelstämme. Über dessen drei berühmte Söhne Generale, Generale II und Generalissimus leben sie bis heute fort. Im Rappenstamm traten zwei gleichnamige Hengste auf, beide hießen Sacramoso, beide waren Rappen und beide stammten aus erzbischöflichen Zuchten, einer aus Olmütz, der andere aus Salzburg. 1855 kaufte man in Rom noch einen Rappen namens Napoleone, der über sechs Generationen eine Linie aufrecht hielt. Sie erlosch später, allerdings versucht man derzeit, sie wieder zu regenerieren.

Der Wiener Hofmarstall hielt je zwei Achterzüge Schimmel und Rappen, mit einer entsprechenden Reserve von Hengsten beider Farben. Die Kladruber waren die Gala-Wagenpferde des Hofes und als solche integraler Bestandteil der zeremoniellen Auffahrten der Staats-Galawagen. Als Schimmel für festliche Anlässe mit prächtigen Geschirren aus rotem Leder, als Rappen für Trauerzüge oder kirchliche Prozessionen mit schwarzen Geschirren boten sie in jedem Fall einen erhabenen und imposanten Anblick. Ihre züchterische Zielsetzung war die pompöse Präsentation des österreichischen Erzhauses in den traditionellen Auffahrten und Kondukten, womit eine erhabene, jedoch langsame Knieaktion verbunden war. Diese erlaubte es den zu Fuß begleitenden Personen (Lakaien, Herolde, Hofbeamte, militärische und kirchliche Würdenträger etc.) mit den schweren Karossen Schritt zu halten. Der Altkladruber war ein Galakarossier für den ausschließlichen Gebrauch des Herrscherhauses, und nach spanischem Brauch wurden nur Hengste als Staatskarossiers verwendet. Ihr ehrlicher Charakter und das vorzügliche Temperament machten auch Mehrspänner möglich und durchaus sicher genug, um einer Majestät zu dienen. Weil jeder Herrscher sich seinen Untertanen bei Ausfahrten möglichst lange und eindrucksvoll zeigen wollte, wurde übrigens stets im Schritt gefahren. Das majestätische Exterieur der Atlasschimmel und Glanzrappen mit dem üppigen Langhaar und den noblen Gesichtern passte gut zum Hofzeremoniell.

Der Niedergang der Schimmelzucht begann nach dem Zerfall der Monarchie im Jahr 1918. In Kladrub blieben damals nur je 16 Stuten und zwei Beschäler beider Farbschläge übrig. Ein Attentäter, der sich als Feind aller österreichischen Überbleibsel bezeichnete, vergiftete beide Schimmelhengste, was die züchterische Erhaltung sehr erschwerte. Dass die Schimmelherde den Sozialismus überlebte, verdankte sie einer Reihe von Enthusiasten mit Dr. Frantisek Lerche an der Spitze, welche die Regierung überzeugten, dass man diese einzige bodenständige Rasse Böhmens bewahren sollte. Die Rappenzucht brach zwischen 1924 und 1929 aufgrund geänderter Ansprüche der Landwirtschaft zusammen, denn damals verlangten die Bauern schwere Wirtschaftspferde. Die Rappen mussten importierten Oldenburgern Platz machen, und als 1941 Prof. Frantisek Bilek mit der Regenerierung der Rappenherde beauftragt wurde, fand er nur mehr einzelne Tiere vor. Dank der Bemühungen des Professors der Hochschule für Landwirtschaft in Prag, der die letzten Reste der Rappen sammelte, konnte die Herde wieder hergestellt werden. An der Regeneration nahmen neben Kladruber Schimmeln auch der Lipizzaner Rappe Siglavi Pakra sowie der Friese Romke teil. Diese gründeten hier zwei neue Stämme zu den zwei ursprünglichen Stämmen Sacramoso und Solo (entstanden in den 30er Jahren durch Abspaltung vom Stamm Sacramoso). Seine erfolgreiche Arbeit wurde von Dr. Lev Richter und Ing. Jaromir Dusek mit großem Engagement weitergeführt, so dass heute wieder eine ausreichend große schwarze Herde existiert. Bei den Schimmeln bestehen acht Stutenfamilien, bei den Rappen hingegen fünfzehn. Die Hengstlinien werden traditionell durch die Schimmel Generale, Generalissimus und Sacramoso getragen, bei den Rappen von Sacramoso und Solo. Zu diesen Originallinien kommen durch Einkreuzung von iberisch geprägtem Fremdblut noch folgende: Favory und Siglavy Pakra (Lipizzaner), Rudolfo (Lusitano) und Romke (Friese).

Kladruber Rappen dienten allgemein dem hohen Klerus als Wagenpferde und wurden bei Hofe für Trauerkondukte eingesetzt.

Heute umfasst das Gestüt nach vielen Höhen und Tiefen wieder rund 300 Pferde, aus denen durch vorsichtige Selektion ein moderner Typ geschaffen wird, unter Beibehaltung aller Merkmale des kaiserlichen Galapferdes. Die Pferde werden nach bester altösterreichischer Gestütstradition aufgezogen und leistungsgeprüft, allerdings unter Zuhilfenahme wissenschaftlicher Hilfsmittel. Die Rappenherde ist im nahegelegenen Gestüt Slatiňany untergebracht, das weit weniger bekannt als das Hauptgestüt ist. Es wurde 1898 von der Familie Auersperg gegründet und befindet sich am Stadtrand in einem großzügigen Schlosspark. Man verwendete die Ställe für Rennpferde und Parforcejagd-Pferde, welche zusammen mit dem naheliegenden Schloss und dem Herrschaftsgebiet im Besitz der Familie standen. Im alten Schloss befindet sich nun ein hippologisches Museum mit umfangreichen Sammlungen. Nach Ende des II. Weltkriegs im Jahr 1945 wurden die Altkladruber Rappen, deren Regeneration seit 1939 in Průhonice bei Prag verlaufen war, hierher verlegt. Somit entstand das „Staatliche Experimentelle Gestüt in Slatiňany", und der Wiederaufbau dieses Farbschlages wurde bis zum Jahr 1973 weiter geführt. Seither wurde der alte Typus wiederhergestellt, wenn auchin leicht modernisierter Form.

Das Gestüt in Slatiňany ist seit 1992 ein Teil des Nationalgestüts von Kladruby nad Labem. Es enthält die Verwaltung, das zentrale Pferdezuchtbuch, vier Zuchtabteilungen und eine Pflanzenproduktion. Die Verwaltung befindet sich im Hauptgebäude des Gestüts. Dieses besteht aus einem Stall für die Zuchthengste und drei Ställen für Zuchtstuten. Im Ausbildungszentrum finden die Leistungsprüfungen der Hengste und Stuten statt, sowie die Ausbildung von zum Verkauf bestimmten Stuten, und zwar unter dem Sattel sowie im Gespann. Zum Gestüt in Slatiňany gehört auch die Ausbildungsstelle in Heřmanův Městec mit dem Museum mit einer Sammlung von historischen Zäumen, Sätteln und Geschirren. Ferner gehören zum Gestüt der Fohlenstall in Slavice, wo Hengstfohlen und Stutfohlen bis zum Alter von dreieinhalb Jahren stehen.

Neben der Kirche von Kladruby stehen im kleinen Schlosshof die Kopfplastiken zweier bedeutender Stammhengste.

Die weitläufige Hauptanlage von Kladrub wurde kürzlich völlig renoviert, auch die beiden Außenhöfe Josephov und Franzensov sind generalsaniert. Es gibt einen großen Turnier- und Paradeplatz und eine international ausgerichtete Geländestrecke für Fahrturniere. Das Gelände steht Besuchern zu bestimmten Zeiten offen und bietet ein hippologisch interessantes und genussreiches Ausflugsziel.

Ein Zuchtbuch wird in jedem der beiden Schwestergestüte geführt, die zentrale Datensammlung erfolgt wie erwähnt in Slatinan, wo übrigens auch die Stutbücher für alle übrigen Rassen des Landes verwaltet werden. Die Identifizierung und Namensgebung der Pferde entsprechen in beiden Gestüten den in der Monarchie ehemals üblichen Bezeichnungs- und Brandsystemen. Als Rassebrand wird bei den Schimmeln – analog zum L für Lipizza – ein K für Kladrub auf der linken Ganasche verwendet. (hier wiedersprechen einander manche Experten; die genaue Bedeutung der Buchstaben ist etwas spekulativ, hat aber mit der jeweiligen Rasse zu tun.) Auch die Familienbrände in der Sattellage sind analog zu verstehen.

Das Hofgestüt Koptschan wurde unter großem Aufwand teilweise wieder in den Originalzustand versetzt. Hier der Mittelrisalit der Hauptfront.

Koptschan – ein Intermezzo

Die Domänen Holitsch und Sassin mit dem Gestütshof Koptschan gehörten bis 1918 zu den Familienfonds-Gütern in Ungarn, waren somit Teil des habsburgisch-lothringischen Privatvermögens und wurden 1921 enteignet. Erst kürzlich sind umfangreiche Sanierungen der ziemlich devastierten Anlage erfolgt; teilweise ist der Bestand schon renoviert, und jedes Jahr, wenn die Gemeinde wieder etwas Geld angespart hat, geht es weiter. Dank einer realitätsnahen Haltung bleibt das Gut im Eigentum der Gemeinde, ist nicht in die Hand von Investoren gefallen, und der Service, ob Einstellbetrieb, Reitunterricht oder Kutschenfahren, weist erschwingliche Preise auf. Doch werfen wir zuerst einen Blick auf die ungeheuer interessante Geschichte des leider kurzlebigen Gestüts, das heute nur wenigen Hippologen ein Begriff ist. Seine Bedeutung wird allgemein unterschätzt, da das Quellenmaterial spärlich ist und man die Stammhengste, welche dort einst aufgestellt waren und ihren Wirkungskreis von Koptschan aus (bzw. nach dessen Schließung) entfalteten, oft nicht jenem, sondern anderen Stätten zuordnet…

1749 kaufte Kaiser Franz I. Stephan die verschuldeten Güter Holitsch und Sassin von Joseph Graf Czobor, nachdem er sie de facto schon länger bewirtschaftet hatte. Aus der Konkursmasse ersteigerte er 1762 auch noch Göding und Paulowitz in Mähren, und so entstand ein blühendes Wirtschaftsimperium, das er von Wien aus regierte und kontrollierte.

Schon im Jahre 1733 hatte der damals junge Herzog das lothringische Hausgestüt in das schlesische Teschen verlegen lassen, das – wie erwähnt – 1722 dem Herzog von Lothringen verliehen worden war. An Hengsten waren dort die üblichen spanischen, dänischen, italienischen und deutschen Beschäler aufgestellt, dazu auch ein Original-Araber. Vielleicht dachte Franz Stephan schon früher an eine Übersiedlung des ihm teuren Hausgestüts nach Koptschan, um ihm eine moderne und repräsentative Unterkunft zu verschaffen. Also ließ er 1744 einen Gestütshof in Koptschan errichten und ihn mit Wiesen und Weiden ausstatten. Er sollte die zentrale Einrichtung für die ganze Domäne bilden; über die dort zuvor bestehenden Stallungen ist nichts bekannt. Das neue, großartige Gebäude war ein reiner Ziegelbau (selbst die Dächer sind Gewölbe) und daher feuerfest; er ist bis heute trotz aller Widrigkeiten erhalten. Die weitläufige Anlage war geeignet, ein künftiges Hofgestüt zu beherbergen und bot rund 200 Pferden Platz. In der Mitte des nördlichen Traktes des vierflügeligen Baues wurden die Räume für den Stallmeister und herrschaftliche Besucher prunkvoll ausgestattet. Koptschan hatte nicht nur die Funktion eines zentralen Gestüts für die riesigen Herrschaften Holitsch und Sassin, sondern nahm 1756 bei Ausbruch des neuerlichen Krieges (des „Siebenjährigen") zwischen Österreich und Preußen auch die aus Teschen evakuierten Pferde des lothringischen Hausgestüts auf; Göding nahm einen Filial-Gestütshof auf.

Hier ein Einschub, welcher etwas Licht auf die verwirrenden Verhältnisse zwischen den damaligen Hofgestüten werfen könnte: 1756 begann die Wanderung des böhmischen Hofgestüts Kladrub. Die überwiegend italienischen Vertreter des Wagenschlages wurden in das Insel-Gestüt Enyed evakuiert. Das dortige Gestüt ist kaum dokumentiert, es lag in der Nähe der heutigen Stadt Dunjaska aus der „Großen Schüttinsel". Einige Pferde gelangten auch direkt nach Koptschan. 1766 vereinte Kaiser Joseph II. den lothringischen und habsburgischen Besitz – und Koptschan wurde österreichisches und kaiserliches Gestüt. Dann begann die Überstellung der Pferde aus Enyed und Lippiza zum Zwecke der Zucht des Wagenschlages.

Das Haupttor von Koptschan ist für herrschaftliche Wagen hoch genug.

Kaiser Franz I. starb 1765, unmittelbar danach erhob Maria Theresia Koptschan zum Hofgestüt und ließ einen Teil des ehemals Kladruber Zuchtmaterials aus Enyed und Stuten aus Lippiza hierher bringen. Man züchtete nun Paradepferde weißer, schwarzer und falber Fellfarbe im kräftigen Typ, geeignet zum Zugdienst.

Die Zucht der schweren Wagenpferde kam gut voran, wobei die so genannten Holitscher Schimmel stets größtes Aufsehen erregten, da sie die Imperial-Staatszüge des Wiener Hofes abgaben. Von den Kladruber Vaterpferden waren in Enyed fast alle Stämme ausgestorben und wurden in Koptschan durch iberisch-italienische Hengste unterschiedlicher Herkunft ersetzt. Also ist hier die Wurzel der Altkladruber Rasse zu finden, die mit dem italienischen Rapphengst Pepoli 1764 neu belebt wurde (Pepoli-Imperatore-General-Generale I bis III).

1799 wurde der große Wagenschlag nach Kladrub überstellt, dafür kam der dort befindliche Reitschlag nach Koptschan. Nun sollte man dort nur mehr Reitpferde für den Hofdienst züchten und setzte daher hauptsächlich leichtere Hengste arabischer, turkmenischer, spanischer und italienischer Blutführung ein; daran wurde bis 1815 festgehalten.

Fürst Trauttmansdorff als Oberststallmeister auf einem reich geschmückten Schimmel in der Piaffe.

Oberststallmeister Fürst Trauttmansdorff war ein großer Freund des englischen Pferdes; es wurde schon darauf hingewiesen, dass während der Napoleonischen Kriege sämtliche europäischen Militärs die Qualitäten des Englischen Vollblut-Pferdes erkannt hatten. Er beschloss daher, dieser Zuchtrichtung auch in Koptschan den Weg zu ebnen und erwarb 75 Stuten der Rassen Yorkshire Coach Horse (Cleveland Bay mal Vollblut), Halbblut und Vollblut sowie Anglo-Normanne. Die Leitung des Gestüts wurde dem berühmten Hofgestütsdirektor Justinus übergeben und Göding als Hengstaufzucht eingerichtet. In dieser frühen Phase der modernen Zucht fanden sich hier Hengste wie Grimalkin, Anthonio, Wood Daemon, Pilgrim, Regent (Vollblut) und die Araber Kohejl und Siglavy. Im August 1816 besuchte Kaiser Franz I. das Gestüt und wurde Zeuge eines historischen Wettrennens zwischen dem Engländer Grimalkin und dem Araber Kohejl, aus dem ersterer als Sieger hervorging. Auch eine kleine Zucht von holländischen Trabern wurde unterhalten – Vorläufer der heutigen Friesen.

Das Ende Koptschans, das nur rund 80 Jahre bestand, wird als unrühmlich beschrieben; fatale Krankheiten hätten der Zucht den Garaus gemacht, die alljährlichen Überschwemmungen des Flusses March und die Insektenplage seien unerträglich geworden. Man hatte die guten Almweiden in Plassenstein aufgelassen, da der Anmarsch von rund fünf Stunden zu weit war; dazu kamen häufige Missernten auf den nassen Böden. Das seuchenhafte Verfohlen wurde zur ständigen Bedrohung und weder Stuten noch Nachzucht gediehen noch. Kurzum, man konnte keine Besserung der Zustände erwirken und entschloss sich 1826, das Gestüt völlig aufzugeben. Der Bestand war damals 273 Pferde insgesamt, davon sechs Beschäler, 54 Stuten und ca. 23 Dienstpferde. Die englische Herde kam nach Kladrub, die orientalische nach Lippiza (später: Lipizza).

Die bekannte und vermutlich älteste Darstellung des Hofgestüts Lippiza oder Lipizza, von Hamilton gemalt.

Lipizza und die Karster Pferde

Das Hofgestüt Lippiza/Lipizza/Lipica am Karst muss hier dem Alphabet folgend nach Halbthurn-Mönchhof, Kladrub und Koptschan erwähnt werden, obwohl es schon im Jahr 1580 als höfische Zuchtstätte gegründet wurde und wohl schon vorher als bischöfliches Landhaus oder „Villa" existent und möglicherweise mit Pferden bestückt war. Die Gestütsgründung wird auf Erzherzog Karl II. von Innerösterreich zurückgeführt, der das baufällige Anwesen um 1578 vom Triester Bischof Coret erwarb, um dort spanische Pferde zu vermehren. Ab 1580/81bestand in dem dazu adaptierten Landsitz eine Zucht „spanischer Karster", welche in erster Linie wohl den Grazer Hof versorgen sollte. Bis heute weist der Name „Tummelplatz" nahe der Grazer Burg darauf hin, dass man dort Pferde hielt und ausbildete…

Die folgende Abhandlung wurde von Hofrat Dr. Heinrich Lehrner verfasst, der als Leiter des Bundesgestütes Piber bis 1982 engstens mit Zucht und Geschichte der Lipizzaner Rasse vertraut war. Hofrat Lehrner befasste sich intensiv mit den historischen Hintergründen des österreichischen Gestütswesens und hat darüber mehrfach publiziert. Er verwendete die bis 1918 übliche Schreibweise Lippiza(ner) bei allen Ereignissen vor diesem Zeitpunkt; für seither stattgefundene die moderne, heute gültige Schreibweise Lipizzaner:

Iberische Pferde – tragende Komponente der Lipizzanerzucht

Hofrat Dr. Heinrich Lehrner

Die ersten Zuchtpferde besorgte der kaiserliche Botschafter in Spanien, Freiherr Hans Christoph von Khevenhüller, der seinen Stallmeister Pedro Fuerte damit befasste. Zuerst kamen sechs Zuchthengste, die gesamt 407 Dukaten kosteten; im nächsten Jahr folgten „sechs auserlesene, spanische Zuchthengste im Werthe von 3693 Gulden, darunter ein Andalusier um 815 Gulden, und 24 Stuten". Mit der Nachfolge Ferdinands II. auf den Thron und der damit verbundenen Verlegung seines Lebensmittelpunktes nach Wien wurde das innerösterreichische Hofgestüt zum Zuchtbetrieb der Hauptlinie und unterstand derselben Verwaltung wie Mönchhof, das man ja auch als Spanisches Gestüt bezeichnete und das Hengste für den Wiener Hofstall lieferte. Es gab einen regen Austausch von Zuchtmaterial und eine Rotation der Hengste.

Der alte Hengststall von Lippiza mit seiner harmonischen Renaissance-Fassade zum Innenhof.

Erweitert wurde der Karster Stamm durch Ankäufe und Schenkungen aus Norditalien (Polesina), wo die Zucht spanischer Pferde in hoher Blüte stand. Auch neapolitanische Spanier kamen hinzu, sodass Lippiza schon nach wenigen Jahren Fohlen – gemeint waren Jungpferde – nach Graz und später nach Wien liefern konnte. Diese Pferde wurden als „Karster" bezeichnet, weil sie aus dem dortigen Gestüt stammten. Eine wesentliche Komponente von Karst-Pferden als ursprünglichem Landschlag der Region in der Genese der Lipizzaner Rasse ist nicht verbürgt. (Gemeint sind die robusten, schnellen Pferde der Region, begehrt seit der Römerzeit.)

Im 17. Jhdt. wurde das Zuchtprinzip vermutlich beibehalten, doch sind dazu kaum Einzelheiten bekannt, weil die Zuchtbücher aus dieser Zeit abhandengekommen sind und erst ab 1701 wieder zur Verfügung standen.

Große Bedeutung hatte der 1701 aus Spanien importierte Hengst Cordova, der viele wertvolle Mutterstuten hinterlassen haben soll. Die Namen der spanischen Hengste Generale (1710), Amico (1712) und Superbo (1722) kamen in den Pedigrees jener Zeit häufig vor. Die Hengste Montedoro (1739) und Toscanello (1749) wurden durch mehrere Generationen bevorzugt verwendet, nicht zuletzt wegen ihrer prächtigen, damals so begehrten Farben: Einer war ein Falbe, der andere ein Hermelin.

Wenn nun Hengste und vereinzelt Stuten aus anderen Ländern für Lippiza erworben wurden, waren dies nur Pferde iberischen Ursprungs. Importe erfolgten z. B. aus dem königlich-dänischen Hofgestüt Frederiksborg, aus dem gräflichen Gestüt Lippe-Bückeburg in Deutschland, ja sogar aus England mit drei Hengsten spanischen Blutes. Als Original-Spanier wurden in den Zuchtbüchern von damals u. a. die Hengste Spaniolo (Schimmel, 1775), Allegro (Schimmel, 1795) und Confitero (Rappe, 1796) besonders erwähnt. In dieser Periode entstanden auch die heute noch tragenden Hengststämme der Lipizzanerzucht: Pluto, Conversano, Favory, Maestoso und Neapolitano, alle spanischer Abstammung, wenn auch nicht von dort importiert.

Das Zuchtziel in Lippiza war eindeutig die Eignung für die Hohe Schule oder den kaiserlichen Gespanndienst in Wien. Schließlich hatte sich die Zucht in Spanien selbst zu dieser Zeit verändert, sodass jene Pferde kaum noch den Bedürfnissen des österreichischen Marstalles entsprachen. Daher gab es im 19. Jahrhundert nur wenige Importe aus Spanien nach Lippiza, darunter den 1870 im königlich-spanischen Gestüt Aranjuez geborenen, besonders schönen Veridico; besondere Erwähnungen über ihn gibt es kaum."

Soweit Hofrat Dr. Lehrner in seiner präzisen Abhandlung.

An dieser Stelle muss auch auf die ungarische Zucht der Rasse kurz eingegangen werden, denn sie steht ergänzend und quasi symbolisch für die Verbreitung der so nützlichen Pferde, die als Karster bzw. Lipizzaner nicht nur höfische Dienste sondern in weit größerer Zahl auch einfache landwirtschaftliche und zivile Aufgaben erfüllten. Diese Pferde sind wahre Alleskönner, die dem Reiter oder Fahrer, aber auch dem Landwirt, Lohnfuhrwerker oder Zirkusbetrieb gleichermaßen treu dienen.

Die ungarische Lipizzaner-Zucht begann 1809, als das Stammgestüt Lippiza (später: Lipizza) aus dem Karst vor den Truppen Napoleons flüchteten musste und nach dem ungarischen Gestüt Mezöhegyes evakuiert wurde. Als die Pferde 1815 nach Lipizza zurückkehrten, blieb ein Teil des Bestandes in Mezöhegyes zurück und bildete den Grundstock einer eigenen ungarischen Lipizzaner-Zucht, die dort bis 1873 bestand. Damals wurden 71 reinblütige Lipizzaner-Stuten nach Fogaras in Siebenbürgen überstellt, wo mit der Blutlinie Conversano, Favory, Incitato, Maestoso, Neapolitano, Pluto und Siglavy Capriola gezüchtet wurde. 1913 kam das ungarische Lipizzaner-Gestüt nach Bábolna. Jedoch war das dortige Klima der Gebirgsrasse abträglich. Deshalb entschloss man sich nach dem Zweiten Weltkrieg, die Lipizzaner-Zucht nach Szilvásvárad im Bükk-Gebirge zu verlegen. Die Umsiedlung begann 1952; seit 1961 befindet sich das gesamte Gestüt dort.

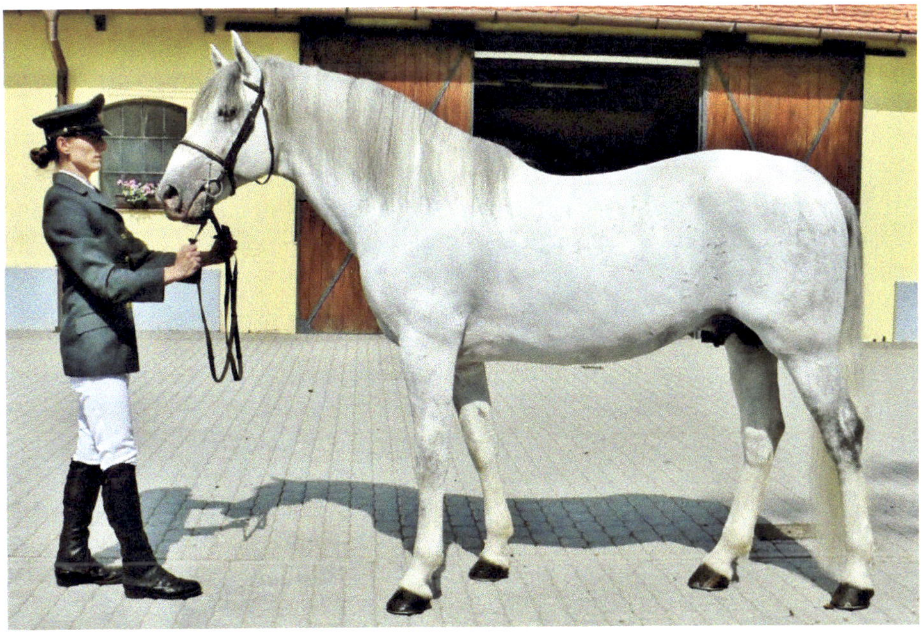

Ein exemplarischer Lipizzanerhengst – Hauptbeschäler – aus dem slowakischen Gestüt Topolcianky bei der alljährlichen Musterung.

Die Oberststallmeister der Krone

Wagen und Pferde unterstanden dem Oberststallmeisteramt, dem Rang nach das letzte der vier obersten Hofämter. Deren Organisation ging auf König Ferdinand I. zurück, der nach seinem vehementen Regierungsantritt 1521 den Hofstaat der österreichischen Länder nach burgundisch-spanischem Vorbild ordnete. Dies hatte auch seine Wirkung auf Umfang und Verwendung des königlichen Wagenparks und die Aufgaben des Oberststallmeisters, als welcher 1523 Don Pedro de Cordoba genannt wird. Ferdinand sah sich bald veranlasst, durch die Errichtung eines deutschen Hofstaats an die älteren habsburgischen Traditionen anzuknüpfen, ohne jedoch auf die burgundische Gliederung in die vier Ämter zu verzichten. Mit der Hofordnung von 1527 bestimmte er auch in einem eigenen Abschnitt den Wirkungskreis des Obrist Stallmeisters, der von den erbländischen Stallmeistern und jenen der Erzherzöge mit eigenen Hofhaltungen zu unterscheiden ist. Ferdinands Hofstaatsordnung erfuhr zwar mehrere Ergänzungen, blieb aber im Wesentlichen bis 1918 die Grundlage der Verwaltung des höfischen Eigentums und der zeremoniellen Gliederung der Hofhaltung.

Die ehrenvolle Position des kaiserlich-königlichen Oberststallmeisters hatten immer Hocharistokraten inne. Ihre Reihe in den Jahren 1562 bis 1883 ist in einer würdigen Publikation von Oberststallmeisteramt, wenn auch unvollständig, festgehalten worden. Zur Zeit der Erbauung der Hofstallungen bekleidete Michael Johann Graf Althann diese Würde. Für ihn und seine Nachfolger war auch eine Wohnung im Barockbau vorgesehen. Bei offiziellen Anlässen fuhr der Oberststallmeister in einem noch erhaltenen, eleganten Galacoupé, das Fürst Kaunitz um 1807-1812 bauen ließ, als er dieses Amt ausübte.

Der eigentliche Leiter des Stallmeisteramtes war im 19. Jahrhundert der erste Stallmeister. Ihm unterstanden neben Reitschulen, Ställen und Gestüten auch die Hofwagenburg und später auch die Automobile. Auch oblag ihm Leitung und Ausbildung des großen Personalstandes. Der Futtermeister hatte für die Vorräte zu sorgen und war finanziell vom Obersthofmeister abhängig. Dem Sattelknecht (oder deren zweien) waren alle Wagen und Geschirre sowie die Aufsicht über die Ställe anvertraut. In den Akten findet man seit dem 16. Jahrhundert noch Futterschreiber, Hofkutscher, Stallknechte, Eseltreiber und Lakaien verzeichnet. Aus den Hofschematismen entsteht seit dem Anfang des 18. Jahrhunderts ein deutlicheres Bild von Umfang und Aufgaben des Personals. Bis 1766 gab es noch 10 bis 16 Sesselträger, und bis 1808 ebenso viele Läufer. Dazu kamen der Sänftenstall mit dem Sänftenmeister und Sänftenknechten und eigene Futterknechte und Heubinder.

In den letzten Jahrzehnten der Monarchie umfasste das Personal für die Hofwagenburg allein einen Hofwagenmeister, einen Hof-Oberriemer und mehr als 30 Sattler, Riemer, Schmiede, Schlosser, Schneider, Wagenlackierer, Wagenwäscher und Laternenanzünder. Die Hofsattlerei hatte nicht nur für die Pflege und Reparatur der Fahrzeuge zu sorgen, sondern baute auch Wagen in eigener Regie. Für die Hofzugstelle gab es neben dem Ersten Hofstallübergeher und zwei Hofstallübergehern noch acht Hoffuttermeister, den Hofwagenmeister, drei bis vier Leibkutscher und durchschnittlich 130 bis 140 Hofkutscher. Nach 1889 wurde das zuvor in Kutscher, Vorreiter, Mitteljungen, Postillione und Sänftenknechte differenzierte Personal zusammengefasst. Auch die Büchsenspanner und Leibla-

Die Farben Schwarz-Gold waren traditionell jene der Herrscher und des Hofes; sie gehen auf das Mittelalter zurück.

kaien waren den Oberststallmeisteramt zugeteilt. Sie glaubten, etwas Besseres zu sein, weil sie zur Bedienung der höchsten Herrschaften existierten, während die Kutscher nur für die Pferde zuständig waren. Pferde und Wagen waren jedoch der Stolz ihrer Besitzer; die Pferde wurden seit dem Barock gleich hoch bewertet wie die Wagen.

Es ist verständlich, dass die edlen Tiere den Besuchern gerne gezeigt und vorgeführt werden. Dafür entwickelte man am Wiener Hof im 18. Jahrhundert eigene Abläufe, über die wir durch die Vorschriften „Allgemeines Verhalten beim Vorführen der Pferde beim Besehen oder zum Mustern" ein Bild erhalten. Die Reit- und Stallknechte, Kutscher und Postillione mussten „... dem Befehl des Vorführens plötzlich und unverhofft, augenblicklich und ohne Rücksicht auf die Bekleidung Folge leisten". Dabei waren die Pferde von der rechten Seite zu führen – weil die Mähnen nach rechts gekämmt waren – und im Trab zu bewegen. Die Handdecken wurden abgenommen und von den Stallknechten über die Schulter getragen. Ebenso wie die Pferde in den Stallungen wurden die Wagen in den verschiedenen Ställen, Remisen und Höfen besichtigt, aber nicht vorgeführt. In einem Bericht von 1781 lesen wir, dass in der Sattelkammer damals zwei hölzerne Pferdepuppen mit reichen Geschirren bei den Schlitten standen.

Für die Gäste des Hofes standen selbstverständlich ebenfalls Reitpferde, Gespanne und Wagen zur Verfügung. Galafahrten waren an der Tagesordnung, ausländischen Gästen wurden die kostbaren Gefährte mitunter auch in voller Bespannung vorgeführt. Wagen und Pferde des kaiserlichen Hofes galten als einmalig in der ganzen Welt und fanden im Laufe der Zeit unzählige bewundernde Besucher.

Teil 5: Paläste für die Pferde

Im ganzen Land gab es eine Unzahl von Gebäuden, die spezifisch für und um das Pferd geschaffen wurden. Die Wiener Hofstallungen, die rund 600 edlen Rössern ein bequemes Leben boten, waren der architektonische Höhepunkt der aristokratischen Verwendung von Pferden und Equipagen.

Geritten wurde nicht nur zur Fortbewegung, sondern auch zum Zwecke der Verfeinerung der Reitkunst, und dazu waren Reithäuser notwendig. Kutschen durften dem Wetter nur möglichst kurz ausgesetzt werden, denn Nässe und Wind schaden den Gefährten, also bewahrte man sie in Remisen auf, die mitunter beträchtliche Ausmaße annahmen.

Alle diese Zweckbauten zeugten von der eminenten Bedeutung, welche das Pferd innehatte. Die Stürme der Zeit fegten viele Gebäude und Anlagen hinweg, nur eine Handvoll ist noch erhalten. Die weniger stabilen unter ihnen sind verloren gegangen, von den massiv gebauten sind einige noch in mehr oder weniger originalem Zustand zu sehen. Dazu zählen einige der alten Gestütsanlagen, wie etwa jene von Kladrub, Lipizza oder Bábolna, dann auch die Gebäude der Stadtreitschule des Herrscherhauses, heute Spanische Reitschule genannt, sowie an prominenter Stelle jene der ehemaligen Hofstallungen in Wien. Verborgen blühen oder schlummern in der Provinz noch eine geringe Anzahl wenig bis gar nicht bekannter Gebäude mit (ehemals) hippologischer Verwendung und Bedeutung; man kann die grandiosen Reithäuser von Gödöllö, Feldsberg, Karlskron, Krumau, Piber, Reichenau oder Salzburg nennen oder an die Marställe von Eisgrub, Laxenburg, Koptschan oder Tachau denken – um nur einige wenige anzuführen. Sie sind verborgene Zeugen der großen Ära des Pferdes und dienen in aller Regel heutigen Zwecken, ohne ihren ganzen Charme und ihren Charakter verloren zu haben. Auch wenn sich Architekten diverser Perioden an ihnen versucht und vergangen haben, verraten ihre inneren Harmonien dem Kenner doch bis heute, dass es sich um Häuser für Rösser handelte.

Der hier noch nicht restaurierte Pferdestall von Schloss Lednice/Eisgrub, das zum UNESCO Welterbe zählt und ein bedeutender mährischer Tourismusmagnet ist.

Die Spanische Reitschule

100 Gulden, eine nicht gerade überwältigende Summe, wurden am 20. September des Jahres 1565 von der kaiserlichen Kanzlei bewilligt, zur „Aufrichtung eines Tumblplatzes im Garten an der Purgkh allhie". Man opferte dafür einen beträchtlichen Teil des sogenannten Paradeisgartls, also des Paradiesgartens der kaiserlichen Familie. Der Park hatte seit dem 14. oder frühen 15. Jahrhundert bestanden und enthielt

Die hofseitige Schaufassade des Stallkomplexes von Lednice, erbaut von J. B. Fischer von Erlach, der 1688 den Auftrag dazu erhielt.

Wasserspiele, Grotten, Statuen und etliche andere Lustbarkeiten. 1529 wurde er während der ersten Türkenbelagerung Wiens verwüstet und im Zuge der Neuanlage richtete man einen Turnierplatz ein, der sich zu einer Reitbahn entwickelte. Damals muss man am Hof den Wunsch verspürt haben, vor allem die reiterliche und ritterliche Erziehung der Söhne des Adels zu fördern. Es mutet sonderbar an, bedenkt man, was aus der bescheidenen Reitbahn nahe dem heruntergekommenen gotischen Burggemäuer inzwischen geworden ist! Eine weitere Quelle, eine Urkunde von 1593, nennt eine fällige Renovierung des „Roß Dumbl Platz“ (in heutigem Deutsch Reitanlage), der zwar bereits überdacht, aber rundum noch offen war und auch als Spanischer Reitsaal bezeichnet wurde – wegen der spanischen Reitkunst und der dazu verwendeten Pferde.

Auf Befehl Kaiser Leopolds I. errichtete der Hofbaumeister Johann Philipp Quenzer im Jahre 1681 auf dem Roßtummelplatz einen neuen, zweigeschossigen Bau, der aber wegen der 1683 einsetzenden Türkenbelagerung nicht fertiggestellt wurde. Dennoch – im benutzbaren Erdgeschoß waren die kaiserlichen Pferde längere Zeit aufgestallt. Diese hölzerne Konstruktion wurde im Zuge der Kriegshandlungen fast völlig zerstört…

Dann waren die Türkenkriege und Spanischen Erbfolgekriege vorüber, und Kaiser Karl VI. widmete sich energisch der barocken Selbstdarstellung. Er wollte endlich die leidigen Platzprobleme der kaiserlichen Bibliothek und der Reitschule lösen, weshalb er Johann Bernhard Fischer von Erlach, der sich und dem Kaiser mit der berühmten Karlskirche ein bleibendes Denkmal gesetzt hatte, mit einem Neubau beauftragte. (Die Kirche ist übrigens dem Pestheiligen Karl Borromäus gewidmet, dem verehrten Namenspatron des Kaisers.)

Nachdem Meister Fischer erste Pläne angefertigt hatte, verstarb er, und sein Sohn Joseph Emanuel führte den Auftrag aus. Er setzte dem Renaissance-Palast der Stallburg eine barocke Halle gegenüber, vier Stock oder 17 Meter hoch, 55 Meter lang und

Die Wiener Stallburg ist das wohl wichtigste Renaissance-Gebäude der Stadt und liegt heute etwas eingezwängt gegenüber der Winterreitschule.

Die strahlend schöne Winterreitschule gehört zu den wenigen erhaltenen Reithäusern aus der Glanzzeit der klassischen Reitkunst. Die Uniformen der Reiter sind klassizistisch...

18 Meter breit (Innenmaße). 46 korinthische Säulen tragen die Galerie im Innenraum, der Saal wird von einer kunstvollen Kassettendecke abgeschlossen, die auf der gewaltigen Dachstuhlkonstruktion aufgehängt ist. Alles erstrahlt heute in einem milden Licht, das durch die hohen Fenster hereinströmt und sich in den kristallenen Lüstern zu glitzerndem Feuer konzentriert. In dem 1735 vollendeten Neubau fand die klassische Reitkunst ein neues Zuhause, und die Hof-Akten berichten von dem denkwürdigen Tag: „Beyde regierende Kayserlichen Majestäten, wie auch die Königliche Hoheit, der Herzog von Lothringen, haben sich des Morgens in die neu erbaute und prächtig verfertigte Kays. Reith-Schull unter deren H. B. Ministern, Hofcavalieren und Adel verfüget und zum ersten Mal daselbst 54 aus dero eigenen Gestütten dieses Jahres gekommenen Polledri (= Junghengste) und andere Schulpferde anreithen gesehen...".

Den Reitsaal schmückt bis heute das überlebensgroße Portrait seines Bauherrn zu Pferde. Es hängt an der Schmalseite über dem ebenerdigen „Kobel" – der Dienstloge – in der ehemaligen Hofloge – den „Spanischen Karster" porträtierte Johann Georg von Hamilton, den Kaiser selbst Johann Gottfried Auerbach. Kommt ein Reiter in die Bahn, so zieht er vor dem Bildnis den Zweispitz, als Reverenz an die Majestät... was viele Besucher falsch interpretieren und der Wiener Höflichkeit gegenüber den Touristen zuschreiben.

In der Winterreitschule fanden oftmals große Feste, Turniere oder Konzerte statt, und sie wurde auch für politische Versammlungen genützt. Das erste große Fest, das berühmte Damenkarussell, veranstaltete hier im Jänner 1743 Maria Theresia, die junge Königin von Ungarn und Böhmen, die dabei einen Schimmel reitend die Quadrille anführte. Sie feierte die Rückeroberung von Prag, das die verbündeten Bayern und Franzosen besetzt gehalten hatten.

In einem Hofareal von etwa 2.250 Quadratmetern, zwischen der Winterreitschule, dem Schweizerhof und den Redoutensälen gelegen, findet sich eine weitere Reitbahn, die als Sommerreitschule bezeichnet wird. Von einer hölzernen Bande umgeben, bietet die Reitfläche den Hengsten und Bereitern die Möglichkeit, bei Schönwetter auch im Freien zu trainieren. Die Sommerreitschule war - wie auch die Winterreitschule - während der Monarchie dem Publikum am Vormittag eingeschränkt zugänglich. Der Berichterstatter „Realis" erwähnt die Freude der Wiener, an den Reitübungen der Erzherzöge als Zuschauer teilzunehmen. Heute ist die Morgenarbeit im Saal zwischen 10 und 12 Uhr der Öffentlichkeit zugänglich, was für zahllose Touristen ein Ersatz für die ständig ausgebuchten Vorstellungen darstellt. Diese Einrichtung kam in den 90er Jahren des 19. Jahrhunderts auf kaiserliche Anordnung auf, zu welchem Zwecke man Kar-

ten-Automaten an der Spanischen Reitschule und am Oberststallmeisteramt aufstellte. Die Sommerreitschule ist aus organisatorischen Gründen nicht mehr zugänglich; sie wird heute Großteils von einer sogenannten Führmaschine bedeckt, einem Trainings-Karussell für Pferde, um deren Bewegungsdrang personalsparend zu befriedigen.

Man erkannte bald, dass sich die herrliche Halle im Zentrum Wiens nicht nur zur Ausbildung von Pferd und Reiter unter weitgehendem Ausschluss der Öffentlichkeit eignete. Vielmehr war sie auch ein optimaler Rahmen für Festlichkeiten, für Hofbälle und Maskenfeste, für Turnierspiele und Rosseballette und andere barocke Lustbarkeiten. Besonders unter Maria Theresia, aber auch unter dem „Guten Kaiser Franz" (Franz I. von Österreich, nachdem er Franz II. des Deutschen Reiches war), fanden hier bemerkenswerte Veranstaltungen statt. Der Wiener Kongress, jene berühmte Dauerkonferenz zwischen dem 28. September 1814 und dem 8. Juni 1815, tauchte die ganze Stadt in einen Freudenrausch. In der Winterreitschule eröffnete ein Kongress-Karussell 1814 den Reigen der Festivitäten. Obwohl unter dem strengen Blick des Fürsten Metternich, dem „Kutscher Europas", bereits das Biedermeier angebrochen war, nahm man noch immer an traditionellen barocken Vergnügungen teil: Ringelstechen, Türkenstechen, Spießwerfen und Schaukampf. Danach trat eine Atempause ein, welche der Pflege der Reitkunst guttat.

Das berühmte Damenkarussell der Maria Theresia, von Martin van Meytens festgehalten, zeigt die Kaiserin im Sattel eines prächtigen Schimmels.

Doch noch einmal, nämlich 1894, ließ man die alte Tradition der Karusselle wieder aufleben, diesmal unter ganz besonderem Aufwand. Die Heimkehr Kaiser Karls VI. aus Spanien und die anschließende Rückkehr seiner Gemahlin Elisabeth Christine aus Barcelona sollten in einem Festspiel dargestellt werden. Die Hofbereiter führten als Herolde verkleidet eine Quadrille vor, auch der Hochadel ritt, paradierte und ließ paradieren. Die historischen Kostüme, die Fanfarenstöße, die edlen Pferde und goldenen Kutschen sollten verdeutlichen, was man im Programm lesen konnte: „Auf dem Zeitalter Karls VI. fußt die neue, schöpfungsreiche Blütezeit des Vaterlandes unter Kaiser Franz Joseph I."

In kostbarem Augarten-Porzellan festgehalten: die eleganten Paradeuniformen der Bereiter, die jedoch kaum Verwendung finden.

Die Stallburg

Daheim und auf Sommerfrische sind die weißen Hengste standesgemäß untergebracht. Das Wiener Zuhause der Lipizzaner ist die Stallburg, ein mächtiger Renaissancebau, der nur durch die schmale Reitschulgasse von der Winterreitschule getrennt wird. Um 1560 begann Kaiser Ferdinand I. auf dem verwahrlosten Areal neben der alten kaiserlichen Burg mit einem Neubau, der als aedificium novum (neues Gebäude) bezeichnet wurde und für seinen Sohn und Erben Maximilian II. gedacht war. Die Arbeiten an dem wehrhaft anmutenden Renaissancebau gingen schleppend voran, denn die Habsburger befanden sich in einem wirtschaftlichen Tief. 1562 wurden die Arbeiten wegen Geldmangels eingestellt, dann starb Ferdinand und endlich wurde ab 1565 weitergebaut – im selben Jahr erhielt Wien seine erste öffentliche Wasserleitung und zählte 1065 Häuser. Um 1570 war das Gebäude mit dem imposanten Arkadenhof wohl weitgehend fertig, doch Maximilian wohnte inzwischen schon in der alten Burg und widmete den Komplex zu einem Stall um. Man brachte die Pferde des Hofes – sie kamen aus den Hofgestüten Kladrub und Lipizza oder waren Importe – im Erdgeschoß unter, aber auch Waffen und Gerät wurden in den Obergeschossen des geräumigen Komplexes gelagert. Im 17. Jahrhundert wurden die umfangreichen Kunstsammlungen der Habsburger zum Großteil hier eingelagert, einige Räume aber auch als Kanzleien für Hofämter verwendet und schließlich auch als Quartier für die fürstlichen Edelknaben. Die schönen Arkaden wurden zum Schutze vermauert und erst nach 1945 wieder freigelegt.

Der Arkadenhof der Stallburg war lange Zeit vermauert und ist in seiner originalen, italienisch anmutenden Form erst wieder seit 1945 zu sehen.

Unter Karl VI. wurde der Gebäudekomplex kräftig renoviert und rationalisiert. Vorerst wurde die kaiserliche Gemäldegalerie hier untergebracht, später aber in das Schloss Belvedere überführt. Dann, im frühen 19. Jahrhundert, war unter Metternich die Zensurbehörde direkt über den Boxen der Lipizzaner tätig – wohl die einzigen prominenten Wiener, die nicht bespitzelt wurden. Im Oberstock findet man bis heute diverse Wohn- und Dienstzimmer des reitenden Personals, im Erdgeschoß auch die Sattlerei der Spanischen, Lagerräume, die Sattelkammern und Unterrichtsräume. Die Boxen der Hengste sind geräumig und von stilvoller Ausführung. Verzierte Plaketten geben die Identität jedes Hengstes an, selbst die Zaum- und Sattelhalter wirken schmückend. Die Decken sind mit prächtigem Stuck verziert, die Tröge aus kostbarem Marmor und steinerne Pferdehäupter wachen stumm über ihre Artgenossen aus Fleisch und Blut. Die Infrastruktur (Entmistung, Sattelkammer, Futterkammern, Solarien etc.) entsprechen den heute von der EU und den modernen Anforderungen vorgegebenen Standards. Im Innenhof hinter der Winterreitschule liegt eine Reitbahn, die von jeher als Sommer-Reitschule bezeichnet wird. Früher nur als Außenreitbahn genützt, ist seit einigen Jahren ihr größter Teil von einer riesigen Führanlage

Einige Hengste der Reitschule können den freien Blick in den Arkadenhof genießen.

bedeckt, die im Oval geführt wird und eine Überdachung besitzt, um die Hengste auch bei Niederschlagswetter bewegen zu können.

In den Sommermonaten Juli und August versinkt die Kaiserstadt Wien, wie die meisten Weltstädte, in eine Art Hitzestarre. Alles, was dazu imstande ist, flüchtet aufs Land oder geht auf Reisen. Viele kulturelle Einrichtungen sperren zumindest für ein paar Wochen zu, nützen die Zeit, um vor der nächsten Saison Atem zu holen. So auch die Spanische, aber man hat es nicht weit in die Sommerfrische. Am Heldenberg bei Kleinwetzdorf, im niederösterreichischen Weinviertel, gibt es eine interessante historische Anlage. Sie wurde vom Armeelieferanten Joseph Parkfrieder 1849 zu Ehren der österreichischen Armee errichtet. Parkfrieder war Patriot und verehrte Feldmarschall Wenzel Graf Radetzky sehr; zudem hatte er ein Vermögen mit der Lieferung von Schuhen und Stiefeln an das Heer verdient. Radetzky ließ sich 1858 denn auch am „Heldenberg" beisetzen. Heute befindet sich in dem kleinen Dorf die neue Sommeranlage der Spanischen Reitschule; hier regenerieren sich die Hengste in ländlicher Umgebung. Die Bausubstanz ist zweckmäßig und zeitgemäß; an eine historische Bezugnahme wurde nicht gedacht.

Kurschmiede und Rossärzte

Mit einer Verfügung der Titular-Kaiserin Maria Theresia begann am 24. März 1765 die Geschichte der Veterinärmedizinischen Universität Wien. Damals entschloss sie sich – unterstützt von ihrem Leibarzt van Swieten – in Wien eine Lehrschule zur Heilung der Viehkrankheiten einzurichten.

Was heute Veterinärmedizinische Universität Wien heißt, wurde unter dem Namen „Pferde-Curen- und Operationsschule" gegründet. Die Wiener Schule war nach Lyon und Alfort bei Paris weltweit die dritte Einrichtung ihrer Art. Mit ihr sollte die bis dahin vor allem den Quacksalbern und Schmieden überlassene Tiermedizin auf eine institutionelle und staatlich kontrollierte Basis gestellt werden.

An eine eigene veterinärmedizinische Universität dachte man

Die Winterreitschule dominiert diesen Teil der Hofburg, neben der prachtvollen Michaeler Kuppel.

in den Anfangsjahren aber nicht: Die Ausbildung zum (späteren) Tierarzt war vielmehr eine Art Zusatzqualifikation für Humanmediziner. Die damaligen Absolventen der Wiener Ausbildung sollten in ihre Heimatprovinzen zurückkehren und dort an den jeweiligen medizinisch-chirurgischen Fakultäten einen Lehrstuhl für Tierseuchenkunde einrichten – so sollten bei Seuchenausbrüchen fachkundige Personen vor Ort sein. Maria Theresia wollte also mit der Schule eigentlich die Heilung von allgemeinen, seuchenhaften Nutztierkrankheiten fördern.

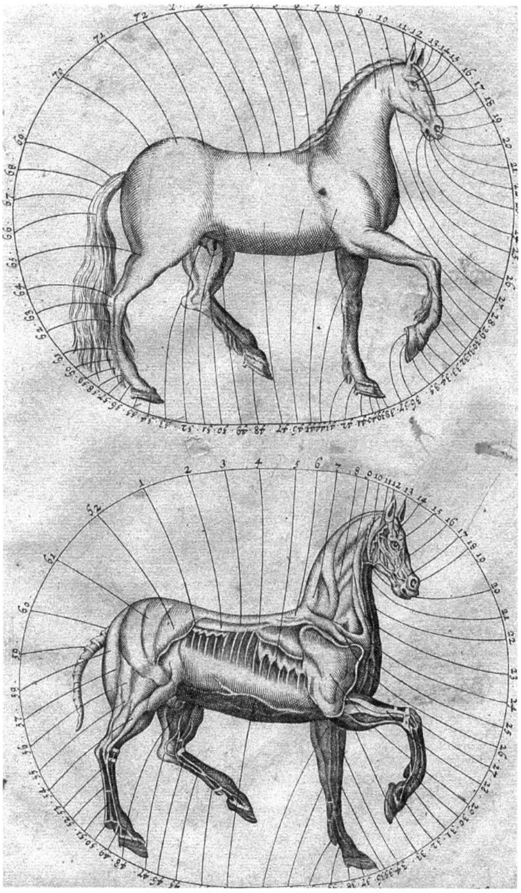

Die frühe Tiermedizin war bis in die Ära Maria Theresias kaum entwickelt; durch sie erhielt sie neue Impulse.

Die dauernde und erfolgreiche Verwendung der Pferde hing von der Arbeitsfähigkeit der Tiere ab. Hier war und ist der Hufschmied von großer Bedeutung, denn „ohne Bein kein Pferd“. Die überwiegende Mehrzahl aller gesundheitlichen Probleme beim Pferd hat mit den Gliedmaßen zu tun, wobei die Hufe sowie die Gelenke und Sehnen im unteren Bereich der Beine am häufigsten betroffen sind; das galt damals ebenso wie heute. Ein Schmied konnte solche Schäden verhindern oder nötigenfalls beheben, vorausgesetzt er hatte große Erfahrung und eine gewisse Eignung zum Kurieren – daher der Name Kurschmied für einen medizinisch gebildeten Schmied. Schon bei den alten Reiterheeren gab es solche Kurschmiede, deren Wissensstand nach heutigen Begriffen gering war, worin sie den humanmedizinisch tätigen Feldschern glichen. Aderlass, das Verabreichen von Heilkräutern und Purgativen sowie Einreibungen und simple Hausmittel waren die einzigen verfügbaren Therapien für Rösser. Bis heute werden Kuren mit besonders deftiger Wirkung „Rosskuren“ genannt. Erst mit der Gründung einer tierärztlichen Lehranstalt in Wien wurde es möglich, die Schmiede mit den jeweils modernsten Heilmethoden vertraut zu machen und einen einheitlichen Ausbildungsstand zu garantieren:

„Im Jahre 1777 wurde verordnet, dass keinem Schmiede das Meisterrecht soll erteilt werden, der nicht durch Zeugnisse kundtun kann, dass er den Lehrkurs der Tierarznei zurückgelegt hat.“ (Pezzl, Skizze von Wien)

Ein geborener Italiener wies als erster den Weg zur modernen Pferdeheilkunde und machte sich als Fachmann in der Beurteilung gesunder und kranker Pferde – hier vor allem bei der Remontierung für die Armee – einen Namen. Ludwig Scotti wurde als ältester Sohn des Kurschmiedes Lorenzo Scotti 1728 in Cremona geboren. Lorenzo stand als Hufschmied und Tierarzt in höchsten Diensten und Ansehen und förderte die Bildung seines Sohnes nach Kräften. Der junge Scotti zeigte sich als sehr begabter Student und profitierte vom praktischen Wissen seines Vaters, sodass er bald den Ruf eines „Meisters in Kenntnis und Kuren der Pferde“ genoss. 1760 wurde er nach Wien berufen und begann umgehend seine Mission, im Auftrag des Militärs kranke Pferde zu heilen und auch gesunde für den Dienst auszuwählen. Die Rossärzte Joseph Heller und Edmund Mengmann standen ihm in dieser Aufgabe bei und schließlich wurden alle drei zu weiteren Studien auf die berühmte Akademie von Lyon geschickt.

Die Herren Scotti, Heller und Mengmann lehrten ab 1766 in einem kleinen

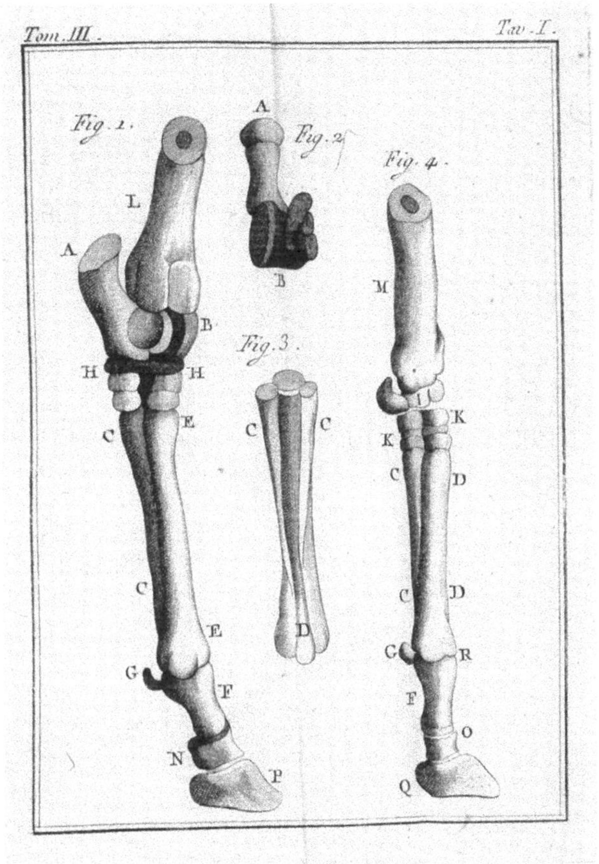

Kurschmiede und speziell geschulte Humanmediziner (Wundärzte) sorgten für die kranken Pferde.

Gebäudekomplex auf der Wieden, der Pferdecuren-Schule, als „öffentliche Lehrer der Rossarznei" und wurden dem Hofkriegsrat unterstellt. Scotti, der als Gesamtleiter fungierte, unterrichtete Anatomie, Chirurgie und interne Medizin, Heller den Hufbeschlag und Mengmann die Botanik. Noch bevor Scotti seine Lehrtätigkeit ausweiten konnte, wurde er vom Generalkommando immer öfter zu Remontierungsaufgaben abgezogen und begann eine intensive Reisetätigkeit, die ihn über viele Jahrzehnte in alle Winkel des Reiches und in Ausland führen sollte. Hofkanzlei und Hofkriegsrat mussten bald einsehen, dass Scotti nicht zugleich lehren und unterrichten konnte. Der Siebenjährige Krieg forderte einen enormen Blutzoll an Pferden und Scottis Aufgabe verlagerte sich zunehmend auf das Gebiet der Remontierung, also die Beschaffung von tauglichen Pferden für die Armee. Man beorderte deshalb den Chirurgen Johann Gottlieb Wolstein und einen begabten Schüler Scottis, J.W. Schmidt, zur Fortbildung nach Lyon und Alfort und errichtete nach deren Rückkehr 1777 das „k. k. Thierarzneyinstitut", über das weiter unten mehr zu lesen ist.

Scottis Pferdekenntnis und sein energisches Vorgehen beim Remontieren wirkten sich bald positiv aus. Zuvor war dieser Vorgang eine für den Pferdehändler oder Verkäufer weitgehend risikolose Sache – Schwindel, Betrug und Bestechung waren Tür und Tor geöffnet gewesen; nun änderte sich dies. Scotti geriet bald mit den unlauteren Pferdehändlern, die um enorme Summen teils minderwertige oder kranke Tiere an die unbedarften Offiziere verkauft hatten, in arge Konflikte, aus denen er aber stets als Sieger hervorging. Er wurde vom Hofkriegsrat aufgefordert, die Remontierungen zu einem ordentlichen Verfahren auszubauen und die Betrügereien der Händler zu unterbinden und somit die Forderungen des Heeres und der Staatskasse zu unterstützen. Auch die Aufzucht, die Beschältätigkeit und die Landeszuchten wurden von ihm reformiert und zahlreiche Zuchtstätten profitierten von seinen praktischen und theoretischen Unterweisungen. Seine unglaublich umfangreiche Reisetätigkeit brachte ihn bis Dänemark, Deutschland, Böhmen, Ungarn, Mähren, Italien und viele andere Gebiete, wo er unablässig und unermüdlich gutes Pferdematerial für die Armee Josephs II. ankaufte. Ab 1786 war er zudem im Gestüt Mezöhegyes tätig, wo er nun einige Monate im Jahr verbrachte. Um 1800 wies der nunmehr 72-jährige Mann Anzeichen geistiger Schwäche auf – das rastlose Leben hatte ihn viel Kraft gekostet. Er schied mit einer großzügigen Pension aus dem Dienst und verbrachte einen ruhigen Lebensabend, ehe er 1806 verstarb. Sein großer Verdienst war zweifellos die Etablierung der ersten deutschsprachigen Pferdearzneischule in Wien. Daneben machte er sich um die heimische Pferdezucht, das Beschälwesen und die Remontierung höchst verdient. In Wien wurde Professor Wolstein zum Wegbereiter der modernen Tier- und besonders der Pferdeheilkunde. Scotti und Wolstein hatten sich zu Lebzeiten des ersteren in einem fortwährenden Zwist befunden – was nichts daran ändert, dass sich beide um die Entwicklung der Pferdeheilkunde zu einer modernen Wissenschaft äußerst verdient machten.

„Das Pferd ist ein so nützliches, für einen militärischen Staat so unentbehrliches Tier, dass man für die gute Erhaltung desselben nie zuviel Sorge verwenden kann. Um diese beiden wichtigen Gegenstände der Staatsökonomie gehörig zu besorgen, hat man die Vieharzneischule und das damit verbundene Tierspital angelegt. Das Gebäude dieses Institutes liegt in der Vorstadt Landstraße in der Rabengasse. Der Äskulap unserer ökonomischen Tiere ist Herr Wolstein. Der erste Grund zu dieser öffentlichen heilsamen Anstalt wurde schon im Jahre 1769 von dem jetzt regierenden Kaiser gelegt. Darauf ließ man Herrn Wolstein durch alle Länder von Europa reisen, wo er seine Kenntnisse über die Naturgeschichte und Anatomie der Haustiere, über die Krankheiten und Operationen der Pferde, über die Zucht der Pferde, des größeren und kleineren Hornviehs usw. erweitern konnte. Nach seiner Rückkehr kamen zu Ende des Jahres 1777 das Tierspital und die Vieharzneischule vollkommen zustande.

Johann Gottlieb Wolstein war Professor und Leiter der Tierarzneischule.

Da dieses Institut, beinahe das einzige in seiner Art, von sehr wesentlichem Nutzen und im Auslande nicht nach Verdienst bekannt ist, so will ich es hier nach einer schon gedruckten Nachricht etwas umständlicher anzeigen.

Alle Teile der Tierarznei werden an dieser Schule nicht bloß theoretisch, sondern auch praktisch gelehrt. Professor Wol(ken)stein, der zugleich die Direktion über das Spital und die Schule führt, lehrt Naturgeschichte, verbunden mit der Lehre von den Kenntnissen der Pferde und ihrer Auswahl zu den verschiedenen Geschäften. Dann trägt er die Lehre von dem Hufbeschlag theoretisch vor und erläutert die Lehre von den Krankheiten und Seuchen der Pferde, des Hornviehs, der Schafe und Schweine. Der Oberadjunkt Schmidt gibt praktischen Unterricht im Hufbeschlag, der Adjunkt und Apotheker Mengmann behandelt die Arzneimittellehre und die Kunst sie zu bereiten. Der Adjunkt Tögel lehrt Anatomie und Physiologie, hält zugleich in den bestimmten Stunden die Repetitionen. Der ganze Lehrgang dauert etwas über zwei Jahre. Die Ordnung in diesem Haus ist folgende: Morgens von 7 bis halb 9 Uhr versammeln sich die Schüler mit Professor Wolstein, betrachten mit ihm die Kranken, wohnen den Verordnungen und Operationen bei, die täglich zu verrichten sind. Von 9 bis 10 Uhr werden die Vorlesungen gehalten und von 10 bis 11 Uhr beschäftigen sich die Schüler mit eigenen Bemerkungen. Für diejenigen, welche weder im Spital, in der Anatomie, der Apotheke noch Schmiede die Inspektion haben, sind die Stunden von 2 bis 3 Uhr nachmittags frei... Die Zahl der kranken Pferde beläuft sich gewöhnlich von 20 bis 30 Stück, die größte Anzahl von 40 bis 50. Jedermann kann kranke Tiere gegen Bezahlung des Futters und der Arznei in das Spital geben; es werden immer so viele angenommen, als Raum dafür vorhanden ist. Kranke Schafe oder Hornvieh werden nur dann angenommen, wenn um Wien sich eine Viehseuche äußert. Die Schüler bestehen aus Inländern und Fremden. Nicht bloß angehende Ärzte und Wundärzte, sondern auch bürgerliche und Militärschmiede, Bereiter und Ökonomen besuchen das Spital und die Schule... Seit dem Jahre 1780 wird die Tierarznei auch an den Universitäten zu Prag, Pest, Lemberg, Freiburg und Graz von Lehrern vorgetragen, die in der hiesigen Wolsteinschen Schule ihre Bildung erhalten haben.“ (Pezzl, Skizze von Wien)

1823 übersiedelte die Einrichtung in die Linke Bahngasse, ebenfalls in diesem Bezirk. Konsequenterweise wurde das Thierarzney-Institut 1812 in die Universität Wien eingegliedert. Nur bereits approbierte Humanmediziner und Chirurgen sowie Militärschmiede durften damals Tiermedizin studieren – das änderte sich erst 1849, als erstmals auch Zivilisten, die nur eine normale Schule absolviert hatten, zugelassen wurden. Die Professoren wurden 1816 Universitätsprofessoren gleichgestellt; 1841 führte man den Magister der Thierheilkunde ein.

Bis zum Ersten Weltkrieg stand das Tierarznei-Institut vor allem unter dem Einfluss des Militärs. Im Jahr 1896 wurde es zu einer Hochschule erhoben und fortan „k. u. k. Tierärztliche Hochschule" genannt. Die Militärschmiede behielten lange Zeit ihre Sonderstellung: Sie mussten weder lesen und schreiben können noch Gebühren bezahlen. Nach wie vor war das Militär der wichtigste Auftraggeber der Einrichtung; so wurde sie nach der Uni Wien dem Kriegsministerium unterstellt.

Erst nach einigen Studienreformen folgte 1896 ein „Kaiserlicher Entschluss zur Hebung des Instituts auf das Niveau einer Hochschule". Die Aufnahmebedingung war ab da das Maturazeugnis, die Studiendauer wurde auf vier Jahre erhöht und das Tierarzt-Diplom zum akademischen Grad. Außerdem ordnete man die Tierärztliche Hochschule dem Unterrichtsministerium zu. 1975 wurde die Tierärztliche Hochschule in Veterinärmedizinische Universität umbenannt, und 1996 übersiedelte die Einrichtung vom langjährigen Standort in Wien-Landstraße (in dem heute die Musik-Universität Wien untergebracht ist) an den neuen Standort am Veterinärplatz in Floridsdorf, jenseits der Donau. Dort studieren rund 2.300 Personen, von denen jährlich rund 250 ihre Ausbildung abschließen.

Die Hofstallungen waren einer der größten jemals für Pferde geschaffenen Gebäudekomplexe.

Die Hofstallgebäude

Joseph Richter, der sozialkritische Literat, schilderte um 1785 in dem Feuilleton „Briefe eines Eipeldauers" einen Spaziergang in Wien: „Nach dem Essen sind wir in d´ Vorstadt gangen. Da hat mir der Herr Vetter die Residenz zeigt, wo dem Kaiser seine Pferd wohnen… die sind schöner logiert als der Kaiser selbst."

Damit hatte er zweifellos Recht, denn die einzigartigen Hofstallungen waren ein herausragendes Beispiel der Symbiose von Baukunst und der Notwendigkeit, eine große Zahl Pferde im Stadtgebiet, nahe der Burg, unterzubringen. Zu Beginn des 18. Jahrhunderts beauftragte Kaiser Karl VI. den bedeutendsten Architekten jener Zeit, Johann Bernhard Fischer von Erlach, mit der Planung eines riesigen Marstalls.

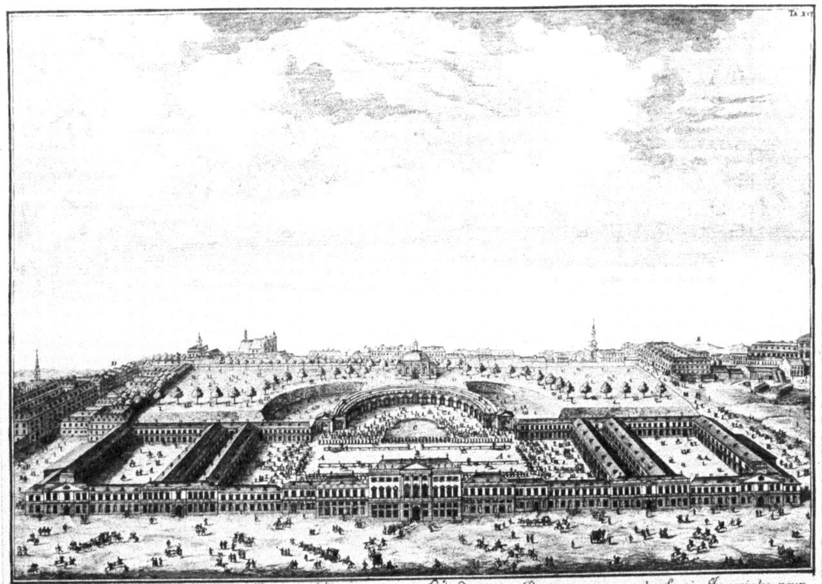

Johann Bernhard und Joseph Emanuel Fischer (von Erlach)

Die Bauwerke und Kunstsammlungen, die Maria Theresia von ihrem Vater erbte, bestimmen bis heute den kulturellen Rang Wiens und Österreichs. Es sei nur an das Jagd- und Lustschloss Schönbrunn, die Hofbibliothek (in deren Erdgeschoß sich die Remisen für die Hofwagen befanden), den Reichskanzleitrakt der Hofburg und die Karlskirche erinnert. Als begeisterter Reiter und Pferdeliebhaber ließ Kaiser Karl VI. auch Gestüte und großzügige Bauten für seine „Spanischen Rösser", ihre Zucht und Ausbildung errichten. Mit der Ausführung seiner hochfliegenden Pläne betraute er Johann Bernhard Fischer von Erlach. Viele dieser Bauten vollendete sein Sohn Joseph Emanuel, ein großer Künstler, Techniker und Gelehrter, keineswegs nur der Sohn eines großen Meisters.

Johann Bernhard Fischer (das adelige „von Erlach" kam erst 1696 hinzu) wurde 1656 als Sohn eines Bildhauers in Graz geboren. Er ließ sich über ein Jahrzehnt in Rom von den großen Künstlern des Barocks als Bildhauer und Baumeister ausbilden und machte sich u. a. mit dem Werk Gian-Lorenzo Berninis vertraut. In Österreich konnte er sich als Lehrer des späteren Kaisers Joseph I. und ab 1688 mit seinem Projekt „Schloss Schönbrunn" einen Namen machen. Ab 1693 eröffnete sich ihm in Salzburg ein großes Arbeitsfeld, denn Erzbischof Graf Johann Ernst von Thun ließ nach seinen Plänen nicht nur die Dreifaltigkeitskirche des Priesterseminars, die wunderbare Kollegienkirche und das Schloss Klesheim errichten, sondern auch die Hofstallungen neben der Felsenreitschule. Die prachtvolle Seitenfassade des heutigen Festspielhauses hin zur Pferdeschwemme ist erhalten. In Wien musste er sich seinen Platz neben Johann Lukas von Hildebrandt erst erobern. Kaiser Karl VI. beauftragte ihn 1719 mit dem Bau der gewaltigen Hofstallungen in einer Front von rund 360 m vor dem äußeren Burgtor.

So darf man sich ein Gespann Kladruber Schimmel im Barock vorstellen; sie trugen reich verzierte Brustgeschirre.

Das Projekt Hofstallungen war durchaus kein Luxus, denn während des vorangegangenen Jahrhunderts hatte die ständig wachsende Zahl der Pferde und Equipagen des Hofes in diversen Häusern im Stadtgebiet einquartiert werden müssen, was kostspielig und unpraktisch war. Martin Stelzel, allzu früh verstorbener Fiaker und Geschichtsforscher in Sachen Pferd schrieb dazu: „Bis gegen Ende des 16. Jahrhunderts hatte es keinen eigentlichen Marstall gegeben, die Pferde waren hauptsächlich im „Klepperstall" (Wagenpferde) und im „Sänftenstall" (Tragtiere) im Stadtzentrum untergebracht. In mehreren Etappen übersiedelte man später die kaiserlichen Leibpferde in die Stallburg, doch im 17. Jahrhundert wuchs der Marstall weiter an. Zuletzt waren Pferde und Wagen in 53 Häuser in der Stadt und auf der Wieden verteilt. Nach der zweiten Türkenbelagerung entfaltete sich in Wien eine rege Bautätigkeit; der Adel zog vor die Stadt und errichtete prachtvolle Residenzen. Erst im 16. und 17. Jahrhundert kamen repräsentative Per-

Zwei dynamische Rossebändiger lenken den Blick von der Hofburg und den Museen auf die imposante Hauptfassade der Hofstallungen.

sonenfahrzeuge in Mode – dann aber sehr rasch."

Der nun geplante Bau war aber zu groß, um innerhalb der Stadt untergebracht werden zu können, man wählte deshalb ein nahegelegenes Gelände bei Mariahilf, um dort den größten und prächtigsten Marstall Europas zu errichten. Er sollte als Prospekt die in den Türkenkriegen zerstörten Gebiete von Mariahilf und Spittelberg stadtseitig verdecken. Johann Bernhard Fischer von Erlachs ursprüngliches Projekt war von der Klassik beeinflusst und enthielt ein Amphitheater für Karussellspiele, eine Pferdeschwemme und eine Kapelle. Als achtzehnjähriger Student hatte er in Rom eine Konstruktionszeichnung des Goldenen Palastes des Nero angefertigt, die ihm wahrscheinlich nun als Vorlage diente. Nach dem Tode des Vaters 1723 modifizierte sein Sohn Joseph Emanuel Fischer von Erlach dessen Pläne, beließ aber die gigantischen Ausmaße. Trotz einer gewaltigen Hauptfassade wirkt die Gebäudefront keineswegs eintönig, sondern ist durch verschiedene Giebeltrakte, Portale, Balkone und Nischen optisch gegliedert. Zwecks Übersteigerung der Perspektive wurde das Gebäude zur Idealachse leicht verschoben.

Trotz laufender Um- und Zubauten erwiesen sich die Hofstallungen jedoch bald als zu klein für den anwachsenden Marstall. Ab 1764 wurden das Palais Haugwitz und einige angrenzende Gebäudekomplexe erworben und eingegliedert, dennoch musste man etliche Wagen und Pferde in Notquartieren in der Hofburg unterbringen, so auch im Erdgeschoß der Hofbibliothek. 1809 diente der Gebäudekomplex den angreifenden Franzosen als Gefechtsstand, wurde von Wien aus unter Feuer genommen und von 578 Treffern schwer beschädigt. Als dann der Kongress „tanzte" und man einen enormen Bedarf an Kutschen hatte, beschloss man die völlige Restaurierung des Komplexes in allen seinen Teilen, was letztlich fast 30 Jahre in Anspruch nahm. 1829 wurde erneut an einen großzügigen Ausbau der Hofstallungen gedacht, wofür vier verschiedene Pläne erhalten sind, von denen aber vorerst keiner realisiert wurde – man behalf sich weiterhin mit den für Wien typischen Provisorien.

Erst in der zweiten Hälfte des 19. Jahrhunderts erhielt der Komplex unter der Leitung von Hofarchitekt Ortner und Hofbaumeister Mayer seine heutige Gestalt, in engster Anlehnung an den alten Haupttrakt der beiden Fischer von Erlach, welcher dabei renoviert wurde. Hierbei ließ man dem Hofstallgebäudeinspektor Joseph Lang bei der Bauleitung 1853-1854 ziemlich freie Hand, sodass dieser nicht nur den Barocktrakt harmonisch in das Konzept einbezog und zugleich von allen hässlichen Zubauten befreien ließ, sondern auch an die barocken Pläne der Gesamtanlage anschloss. Auch der Genius des Architekten Paul Sprenger scheint Einfluss genommen zu haben, denn die Höfe und Durchfahrten verliehen der nunmehr beinahe biedermeierlich wirkenden Anlage ein fast ländliches Flair, das bestens zu den Pferden passte.

Das Vestibül der Reithalle, welche Kaiser Franz Joseph vermutlich für seine Gemahlin Elisabeth bauen ließ.

Die Errichtung der Reithalle im Zentrum der Anlage ermöglichte die konsequente reiterliche Ausbildung der Campagnepferde, die im Gegensatz zu den Hengsten des kaiserlichen Reitstalles in der Hofburg (Spanische Reitschule) dem militärischen und alltäglichen Gebrauch dienten.

Die Hofstallungen boten bis 1918 für über 600 Pferde und mehr als 400 Bedienstete einen optimalen Lebensraum und den notwendigen Hintergrund sowohl für die zeremonielle als auch für die offizielle bzw. private Verwendung von Pferden bei Hofe. Die Gebäude bedeckten ca. 44.000 Quadratmeter, die Querausdehnung lag bei 364 Metern, die größte Gebäudetiefe war 130 Meter. Die Hauptfront mit sieben Toren, 99 Fensterachsen und einer zentralen Eingangshalle besaß palastartigen Charakter. Carl Graf Wrangel, der große schwedische Hippologe, beschrieb 1890 den Wiener Marstall als in Europa einmalige Sehenswürdigkeit; er stellte fest, dass die Paradezüge des Kaiserhofes zu Wien wahre Musterbilder waren, die in allen Details den höchsten Ansprüchen der Etikette entsprachen. Laut Wrangel gab es außer dem österreichischen keinen anderen Hof, welcher bei großen Anlässen einen so imponierenden historischen Pomp hätte entfalten können, und dabei so viel Sinn für schöne Ausstattung und guten Geschmack bewies. Aber nicht nur Großereignisse erregten mit ihrer Pracht oft Aufsehen, sondern auch die Leib- und Suite-Wagen des Hofes, die das tägliche Stadtbild mitprägten und in ihrer noblen Eleganz unübertrefflich waren. 200 bis 250 Fahrzeuge von insgesamt rund 400 wurden im Marstall täglich fahrbereit gemacht, einschließlich aller Wirtschaftsfuhren sowie Kulissentransporte für die Hoftheater. Während der öffentlichen Besuchsstunden in den Stallungen, täglich von 12 bis 15 Uhr, musste eine musterhafte Ordnung herrschen und das Personal im für das Publikum zugänglichen Bereich tadellos adjustiert sein. Für die Livreen und Monturen sorgte eine eigene Livree-Schneiderei. In den Remisen und Schauräumen des ersten Stockes konnten bereits damals einige

Detail vom Vestibül der Reithalle des Campagne-Stalles in den Hofstallungen.

der historischen Prunkwagen, Sänften und Geschirre der Reichen Sattel- und Geschirrkammer bewundert werden; einige sind heute in der sogenannten Wagenburg von Schönbrunn zu besichtigen.

Die eigentlichen Stallungen waren bis zum Ende der Monarchie wie folgt eingeteilt:

1) Die Rapp- und Schimmelhengsten-Ovalställe beherbergten die Hengste der schweren Altkladruber Rasse, welche für zeremonielle Auffahrten und Festlichkeiten des Hofes bestimmt waren. Bei besonders feierlichen Anlässen fuhr man einen Achterzug dieser Hengste; Schimmel für erfreuliche, Rappen für traurige Anlässe.

2) Der Große Schimmelzugstall beherbergte die Lipizzaner Wagenpferde, die dem Hofe für leichte Fuhrwerke im täglichen Gebrauch und für Überlandfahrten zur Verfügung standen. Sie waren besonders ausdauernd und flott und wurden im Volksmund Kaiserschimmel genannt.

3) Der Große Braunzugstall beherbergte die Wagenpferde englischen Schlages, welche vorwiegend zum Gebrauch in der Stadt bestimmt waren. Sie hatten züchterisch mit den so genannten Altkladrubern insofern zu tun, als sie ebenfalls im Hofgestüt Kladrub an der Elbe gezogen wurden.

Herrliche Lipizzaner, geschmackvolle Beschirrung und hohe Fahrkultur zeichneten die Hofgespanne aus – selbst die Ordinari-Wägen.

4) Der Campagne-Reitstall beherbergte mit dem Schulstall die Hofreitpferde, welche vornehmlich für den Gebrauch des Herrscherhauses und privilegierter Personen bestimmt waren. Sie kamen teilweise aus den Hof- und Staatsgestüten und Ungarn, aber vor allem aus England und Irland.

Seit der Auflösung des Wiener k. u. k. Hof-Marstalls durch das ehemalige Oberststallmeisteramt in den Jahren 1918 - 1924 gehören die Hofzugställe als solche der Vergangenheit an. Die sogenannten Ordinari-Wägen, also alle leichten Kutschen und einfachen Nutzfahrzeuge wurden entweder verkauft oder an andere Dienststellen zum Verbrauch abgegeben; somit ging weit über die Hälfte der Fahrzeuge unwiderruflich verloren. Einige der Wägen wurden nach den USA (Hollywood) an die Filmindustrie verkauft oder gingen in private Sammlungen. Auch die Gebäude der Hofstallungen erlitten ein wechselvolles Schicksal fernab jeglicher hippologischen Bedeutung und Verwendung. Heute ist die teilweise Demolierung und völlige Umgestaltung der Gebäude abgeschlossen. Man hat zugunsten einiger unpassender Projekte im Sinne der „modernen Kunst" das Alte, Schöne zweckentfremdet und nur mehr die äußere Kulisse des Marstalls teilweise bewahrt. Die Hofstallungen waren die kunsthistorisch bedeutendste und flächenmäßig größte Architekturanlage für Pferde, die seit den Ställen König Salomos je gebaut worden war.

Ihr historischer Stellenwert wurde jedoch nach dem Ende der Monarchie nie mehr richtig erfasst und die sich anbietenden, zeitgemäßen Möglichkeiten einer sinn- und stilvollen Nutzung (Berittene Polizei, Dependance der Spanischen Reitschule, Fiaker-Stallungen, Pferdemuseum, Kunstkabinett etc.) trotz Protesten der Bürger von der Politik abgelehnt. Heute sind nach umfassenden Um- und Zubauten die musealen Sammlungen Ludwig und Leopold hier beheimatet – moderne Kunst. Daneben findet man diverse gastronomische, touristische und kulturelle Einrichtungen und Begegnungsflächen, samt kontrastierender Bauten und Installationen aus modernen Materialien. Für Pferde ist dort kein Platz mehr und wird es nie wieder sein. Es ist schon an anderen Stellen festgehalten worden, dass Österreich oft ungeheuer sorglos mit seinem historischen – und da auch dem hippologischen – Erbe umgeht.

Ein Spaziergang durch die weitläufige Anlage lässt die einstige Grandezza erahnen; ein Hof in heutiger Ansicht.

Auszug aus dem „Dienstbetrieb im k. u. k. Hofmarstalle“:

„An die Verfügungen seiner Vorgesetzten gewiesen, hat jeder die erhaltenen Befehle mit unbedingtem Gehorsam, genau, pünktlich und so gut er es vermag, auszuführen. Es genügt nicht, wenn jeder nur seine persönlichen Dienstobliegenheiten, d. i. die ihm infolge seiner Stellung zufallenden Pflichten erfüllt; im Bedarfsfalle muss einer den anderen unterstützen und überall Hand anlegen, wo es notwendig ist, um Anstände zu verhüten und Versäumnissen vorzubeugen.

Die Sorge für die kostbaren Pferde und das teure Fahrmaterial ist eine der wichtigsten Obliegenheiten jedes Hofstallbediensteten. Es ist somit auch die Pflicht eines Jeden, etwa wahrgenommene Pferdekrankheiten, ebenso Verletzungen welch´ immer Art als auch Untugenden der Pferde oder Beschädigungen von Material sowie Wahrnehmungen welch´ immer Art unverzüglich zu melden, bzw. diese zur Anzeige zu bringen.

Es ist die Pflicht jedes Einzelnen, seine Vorgesetzten in der Ausübung ihres Dienstes kräftigst zu unterstützen und denselben jederzeit die schuldige Ehrfurcht zu erweisen.“

Die Wagenburg

Die als „Wagenburg“ des Schlosses Schönbrunn bekannte Halle einige hundert Meter neben dem Hauptgebäude, dient der Präsentation von historischen Gefährten nebst Zubehör aus der Ära vor dem Automobil. Sie war keine Remise oder Geschirrkammer, sondern bis 1918 die Reithalle der Schlossanlage und ist heute Nachfolgerin der Schauräume der Hofstallungen in der Wiener Innenstadt. Diese waren schon lange vor Beginn der Republik Österreich als „Reiche Sattel- und Geschirrkammern und Hofwagenburg“ dem Publikum zugänglich, ergänzt durch die Hof-, Jagd- und Gewehrkammern, welche aufgelöst wurden.

Hier ein Text von Hofrat Dr. Georg Kugler zum Thema der Fahrkultur am Hof von Wien: „Die seit der Regierungszeit Kaiser Franz I. gesammelten und aufbewahrten Kostbarkeiten aus mehreren Jahrhunderten waren nach Voranmeldung beim Oberststallmeisteramt zu besichtigen und stellten einen ungeheuren kulturellen Schatz dar. Zwar wurde ein Teil der Wagen und Gegenstände aus Pietät und historischem Interesse aufbewahrt und nicht mehr verwendet, ein großer Teil aber fand bis 1918 prak-

tische Verwendung im Alltag. Die Galawagen standen festlichen Auffahrten zur Verfügung und wurden daher eher selten verwendet, aber grundsätzlich immer fahrbereit gehalten. Die Wagenburg blieb daher bis zum Ende der Monarchie ein lebendiger Organismus, in dem die Blüte des Wagenbaus, des Sattlerhandwerks und vieler anderer Gewerbe eng verbunden waren. Die heutige Sammlung ist trotz ihrer Entstehung nach 1918 als legitime Nachfolgerin einer imperialen Einrichtung zu verstehen und bewahrt somit eine schöne Tradition. Die vorhandenen Exponate wurden nach dem Zusammenbruch der Monarchie zunächst erhalten, dann aber als zwecklos gewordene Institution aufgelöst. Ein Großteil der so genannten Ordinari-Wägen wurde verkauft oder an verschiedene Ämter zum Verbrauch verteilt. Alle leichten, sportlichen Wagen und die Nutzfahrzeuge – weit mehr als die Hälfte – gingen damit verloren. Nur die Prunkwagen und andere historisch bedeutsame Fahrzeuge und Textilien wurden aufbewahrt und den kaiserlichen Sammlungen angeschlossen. Im Sommer des Jahres 1922 wurden die rund 100 erhaltenen Wagen, Schlitten, Sänften und die zahlreichen Zug- und Reitgeschirre, Schabracken und Gemälde in der provisorisch adaptierten Reithalle von Schönbrunn untergebracht. Man darf nicht übersehen, dass die ältesten Wagen der Sammlung vom Beginn es 18. Jahrhunderts stammen und nur höfische Wagen vorhanden sind. Postkutschen oder Pferdeomnibusse sind hier ebensowenig zu finden wie Armeefahrzeuge oder Bauernwagen. Die Wiener Wagenburg ist eine gewachsene, das heißt an einem bestimmten Ort entstandene Sammlung, deren Zwecke jahrhundertelang gleich geblieben waren. Dieser Umstand macht sie zu einer Quelle kulturhistorischer Erkenntnisse und bietet die Möglichkeit, sich Anschauungen von der Lebensweise der Vergangenheit in diesem bedeutenden Bereich unserer Geschichte zu erwerben.“

Auch Schloss Schönbrunn war eine Schöpfung des Johann Bernhard Fischer von Erlach; die Fertigstellung um 1750 lag bei Nikolaus Pacassi.

Im Jahre 1931 kam der erste kleine Katalog heraus, 1939 wurde der sog. Englische Reitstall des Kaisers und der Kaiserin in die Ausstellung miteinbezogen. Der Zweite Weltkrieg brachte arge Schäden und Verwüstungen an Gebäude, Exponaten und Gerät, sowohl in der eigentlichen Wagenburg, als auch an den in diversen Depots eingelagerten Überbeständen. Die Halle wurde 1947 provisorisch renoviert, 1970 erfolgte eine umfassende Wiederherstellung des Komplexes, der heute alle Anforderungen an ein modernes museales Gebäude erfüllt.

Die höfische Reitkunst gehörte zur Ausbildung eines jeden Aristokraten des 18. Jahrhunderts.

Der Komplex der so genannten Wagenburg ist beinahe intim und etwas abseits der großen Touristenströme von Schloss Schönbrunn; die ehemalige Reithalle enthält einen Teil der Wagensammlung.

Einige interessante Wagen der Barock-Zeit seien kurz beschrieben:

Der goldene Imperialwagen ist ungeklärten Ursprungs, weshalb sich einige Legenden um ihn ranken. Aus Spanien soll er stammen und mit Karl VI. von dort gekommen sein, aber das ist unwahrscheinlich. Eher schon wurde er in Wien gefertigt, etwa um 1745, und anlässlich der Krönung Josephs II. zum römisch-deutschen Kaiser 1764 in Frankfurt restauriert. Die wundervollen Bildtafeln stammen vom Wiener Maler Franz Xaver Wagenschön – wenn das nicht ein Fall von „Nomen est omen" ist! Vier Tonnen Leergewicht, nur im Schritt zu fahren, gezogen von sechs, nach der Erhebung Österreichs zum Kaiserreich von acht Kladruber Schimmeln, gelenkt von zwei Reitern – das sind die Eckdaten. Weitgereist gelangte die Prachtkarosse nach Frankfurt, Mailand und öfter nach Ungarn, zuletzt 1916 – allerdings meist zerlegt auf dem Wasserwege. Wurde über Land gefahren, so steckte man Ersatzräder an, die Originale wurden in gepolsterten Koffern extra mitgeführt. Dieser wahrhaft „kaiserliche" Wagen gilt als Hauptstück der Sammlung und steht in seiner Konzeption ganz in der Tradition des Barock bzw. Rokoko. Trotz seiner enormen Größe – im Kasten kann man fast aufrecht stehen – wirkt der Wagen leicht, fast beschwingt. Der trapezförmige Kasten scheint zwischen dem Vorder- und Hintergestell zu schweben, nirgends schneiden die Räder die Silhouette des Kastens, der in breiten Lederriemen an mächtigen Kipfstöcken hängt. Ein Fülle von Dekoratio-

Der einzige erhaltene Karussell-Wagen aus der Ära Maria Theresias, in höfischer Prunkentfaltung wunderbar verziert und reich vergoldet.

nen umgibt den bekrönten Doppeladler mit dem Monogramm Kaiser Franz' I., des Gemahls Maria Theresias. Der Koloss wird möglicherweise für dessen Krönung im Jahr 1745 gebaut worden sein. Innen ist er mit rotem Samt und Seide ausgeschlagen und über und über mit Fransen, Quasten und Stickereien verziert, der Himmel sogar mit Schnitzereien.

Von Maria Theresia sind noch einige schöne Karussell- und Rennschlitten erhalten, ebenso wie ein niedriger, goldener Karussell-Wagen. Diesen gab sie 1742 mit sieben weiteren solcher Gefährte in Auftrag, um im Jahr 1743 damit das berühmte Damenkarussell in der Winterreitschule (Reitsaal der heutigen Spanischen Reitschule) zu bestreiten. Dieses grandiose Ereignis anlässlich des Abzugs der bayerischen und französischen Truppen aus Böhmen wurde von Martin van Meytens beeindruckend dargestellt – eines der berühmtesten Wiener Gemälde einer höfischen Galaveranstaltung unter Einbeziehung der Pferde. Die relativ niedrigen Muschelwagen – und ebenso die Schlitten – sind kunstvoll geschnitzt und teils matt, teils glänzend vergoldet. Die Form des Passagierraumes als Muschel(-halbschale) entspricht der Vorliebe der Zeit für diese Rocaillen (Französisch: Grotten- und Muschelwerk), häufige Ornamente und namensgebende Stilelemente des Rokokos. Solche kleinen Kaleschen hatten meist am Sitz Platz für höchstens zwei Personen, auf dem Vordergestellt war jedoch ein kleiner Kutschersitz angebracht. Der Kasten wird als äußerst ansprechend in der Form und ringsum reich verziert beschrieben; innen mit Samt ausgeschlagen und mit Kissen, goldenen Schnüren und Fransen besetzt. Es gab auch zweirädrige Formen, die als Jagdwagen auch einspännig gefahren wurden – oft ohne Kutscher von der Sitzbank aus (nach Johann Ginzrot).

Schloss Hof

Schloss Hof im Marchfeld war eine Schöpfung des Lukas von Hildebrandt, der für Prinz Eugen eine imposante Anlage schuf, die später Maria Theresia und Franz Stephan als Sommerresidenz diente.

Das barocke Lust- und Jagdschloss an der March zählte zu den barocken Kostbarkeiten der Ära von Eugen von Savoyen und Maria Theresia. Seine Geschichte wurde oft beschrieben, seine Sehenswürdigkeiten gerühmt – es gehörte zum unverzichtbaren Bestand barocken Zeitverständnisses. Dieses prachtvolle Anwesen im Marchfeld, auf einem der geschichtsträchtigsten Böden unseres Landes, muss hier Erwähnung finden; es gehört – wenigen bekannt oder bewusst – bis heute zu den hippologischen Kostbarkeiten Österreichs. Im Osten Niederösterreichs, unmittelbar an der Grenze zur Slowakei, liegt das rund 50 Hektar große Areal samt Hauptanlage, Stallungen, zwei Reithäusern und Meierhof. Das prächtige Ensemble, nach Osten übergehend in einen barocken Terrassengarten, wurde in den späten 1720er Jahren als repräsentativer Land- und Jagdsitz von Prinz Eugen von Savoyen angelegt.

Der Baumeister Johann Lukas von Hildebrandt konnte sich dabei entfalten – sein Auftraggeber war nicht nur einer der erfolgreichsten Feldherren, sondern auch einer der reichsten und feinsinnigsten Mäzene seiner Zeit. Hunderte Taglöhner, Handwerker und Gärtner wurden benötigt, um in jahrelangem Arbeitseinsatz Hildebrandts grandiose Pläne zu verwirklichen. Als die Arbeiten um 1730 weitgehend abgeschlossen waren, hatte eines der eindrucksvollsten Gesamtkunstwerke des österreichischen Barock Gestalt angenommen.

Schloss Hof besitzt sogar zwei spiegelgleiche Reithäuser, jedoch jünger als das Hauptgebäude. Fallweise werden sie hippologischer Verwendung zugeführt.

Die berückende Schönheit von Schloss Hof verfehlte daher ihre Wirkung auch auf Maria Theresia nicht. 1755 erwarb die Monarchin das Anwesen von den Erben Prinz Eugens und machte es ihrem Gemahl Franz Stephan zum Geschenk. Der neue Besitzer wusste die noble Gabe auch angemessen zu würdigen. Bis zu seinem Tod 1765 verbrachte der Kaiser alljährlich zwischen Frühling und Spätherbst etliche Wochen auf Schloss Hof, um auf der Jagd und im Familienkreis mit seiner Gemahlin und der großen Kinderschar „die Seele von der Last des Herrschens zu erleichtern", wie es auf einer Inschrift an der Schlossfassade heißt. Probleme ergaben sich mitunter bei der Unterbringung des Hofstaats: Selbst bei privaten Aufenthalten auf dem Land mussten dem Hofzeremoniell gemäß rund 200 Bedienstete zur Verfügung stehen. Also entschloss sich die mittlerweile verwitwete Maria Theresia um 1770, das Gebäude um eine Etage aufzustocken. Im Zuge dieser Arbeiten ergänzte man Fassade und Innenräume mit reichem klassizistischem Dekor und gab derart Schloss Hof sein heutiges Erscheinungsbild.

Bald nach dem Tode der beliebten Monarchin Maria Theresia begann die Geschichte des Besitztums einen anderen Verlauf zu nehmen. Die nächsten Generationen der Habsburger zeigten weniger Interesse an ihrer Sommerresidenz und überließen diese anderen Nutzungen. 1788 zog auf Befehl Kaiser Josephs II. das Beschäl-Department für Niederösterreich in die weitläufigen Stallungen des Meierhofes, wo es bis 1857 beinahe ohne Unterbrechungen verblieb.

Schloss Hof sollte erst mit der Einrichtung des Militär-Reit- und Fahrlehrerinstitutes 1899 wieder zu größerer Bedeutung finden. Der Vorläufer dieser der Artillerie und dem Train gewidmeten Institution war das 1851 gegründete und 1860 wieder aufgelöste Artillerie-Equitationsinstitut. Von 1870 bis 1875 wurde in Wien der Artillerie-Central-Equitationskurs abgehalten. Bis 1899 fand die zentrale Ausbildung im k. u. k. Militär-Reitlehrerinstitut Wien in der Bahngasse statt. Als Kaiser Franz Joseph die Anlage im Marchfeld gegen Ende des 19. Jahrhunderts zur militärischen Ausbildungsstätte machte, verlosch der imperiale Glanz gänzlich. Immerhin war der Kaiser umsichtig – oder sparsam – genug gewesen, das gesamte Mobiliar vorher abtransportieren zu lassen. 200 Wagen mit Einrichtungs- und Kunstgegenständen rollten damals in die kaiserlichen Depots nach Wien und bildeten in den kommenden zwei Jahrzehnten einen reichen Fundus für die Ausstattung anderer kaiserlicher Schlösser.

Die Verlegung der Reit- und Fahrausbildung nach Schloss Hof erforderte umfassende Restaurierungen am desolaten Gebäudekomplex, der abgenützt und devastiert war. Die Arbeiten scheinen jedoch zügig vorangegangen zu sein, denn beim Einzug der Schüler des ersten Jahrgangs präsentierte sich die Anlage in gutem Zustand. Im Kriegsjahr 1914 zogen erneut Zuchtpferde in die Stallungen ein, denn man musste das Hengstdepot von Ober-Wikow aus der gefährdeten Bukowina hierher verlegen. Nach dem Krieg, 1920, wurde erneut der Kurs für Reit- und Fahrausbildung hierher verlegt, der allerdings schon 1929 weiter nach Kaiserebersdorf übersiedelte. 1935 kam das Militär-Reit- und Fahrinstitut nach Schloss Hof; dem damaligen Kommandanten Oberst Friedrich Angerer war ein gewisser Rittmeister Alois Podhajsky zugeteilt. Dieser sollte später als Leiter der Spanischen Reitschule zu Wien Geschichte schreiben...

Nach dem Ende der Monarchie nützte die Republik die kostbaren Bestände zur repräsentativen Ausstattung von Regierungsgebäuden und Botschaften im In- und Ausland. Schloss Hof selbst blieb unter Militärverwaltung, lediglich die Uniformen der Soldaten wechselten. Nach der k. k. Kavallerie zogen österreichisches Bundesheer, dann die deutsche Wehrmacht und 1945 schließlich auf zehn Jahre Besatzungssoldaten der Roten Armee ein. Die weithin erkennbaren Wunden, welche Desinteresse, zweckfremde Nutzung und zwei Weltkriege dem Schloss geschlagen hatten, konnten auch nach 1955 vorerst nur unzureichend geschlossen werden. Zwar fehlte es für eine vollständige Sanierung weder an guten Ideen noch an gutem Willen, wohl aber am Geld.

2002 wurde eine eigens zu diesem Zweck gegründete Gesellschaft mit der Revitalisierung des kostbaren Kulturerbes beauftragt und konnte mit dem Wiederaufbau beginnen. Im Mai 2005 waren die Restaurierungsarbeiten so weit abgeschlossen, dass das Ensemble für Besucher geöffnet werden konnte. Österreichs größte Schlossanlage auf dem Lande hatte ihren alten Glanz, ihre ursprüngliche Würde und ihre einstige Bestimmung als Ort prachtvoll inszenierter Feste wieder zurückerhalten. Seit 2012 ist die 2002 gegründete Marchfeldschlösser Revitalisierungs- und Betriebsgesellschaft eine Tochter der Schloss Schönbrunn Kultur- und Betriebsgesellschaft. Mit 31. Juli 2015 kam es zur Verschmelzung der beiden Unternehmen. Schloss Hof und Schloss Niederweiden sind damit Standorte der Schloss Schönbrunn GmbH. Durch den gemeinsamen Auftritt mit Schloss Schönbrunn sollen für Schloss Hof und Schloss Niederweiden neue Attraktionen erschlossen werden. Heute ist die großartige Anlage des Prinzen Eugen und der Maria Theresia wieder in gutem Zustand und kann als ein Juwel des Marchfelds gelten, das traditionsgemäß auch immer wieder hippologischen Veranstaltungen Raum bietet. Mit der Aufstallung von Pferden im Besitz der Traditionsregimenter und privater Personen, aber auch im Dienste der Betreibergesellschaft zu touristischen Aufgaben hat hier das Pferd wieder Einzug gehalten. Man findet hier Vertreter einiger altösterreichischer Rassen, wie z. B. Gidran, Lipizzaner, Noriker und Nonius, man kann aber auch die charmanten „weißen“ Barock-Esel bewundern, für deren Zucht dieser Standort quasi berühmt ist. Diese cremeweißen Langohren mit den auffällig blauen Augen sind Pseudo-Albinos und wirken sehr exotisch. Das mag auch der Grund gewesen sein, dass sie im Barock als Parktiere und Spielgefährten der Kinder hoch geschätzt waren. In Schloss Hof werden sie gefahren und beleben mit ihren Auftritten den Tierpark und das barocke Gartenambiente.

Salzburg, Stadt der Pferde

Die Salzburger Altstadt und besonders der heutige Festspielbezirk waren besonders durch die Verwendung von Pferden geprägt. Hier fanden festliche Spiele und Turniere statt, hier wurden Adelige in der Reitkunst unterrichtet und hier wird deutlich, dass es kaum einen Erzbischof gab, der nicht pferdebegeistert war. Ab der Renaissance verfeinerten der Adel, die Reichen und auch der hohe Klerus nicht nur Kleidung, Manieren, Hofhaltung und Architektur, sondern auch die Reitkunst. Ab den 16. Jahrhundert wurde mit der Verbesserung und Zunahme der Kutschen der Personenverkehr ständig ausgeweitet. Das pulsierende Herz der Pferdestadt Salzburg war der heutige Festspielbezirk mit dem Hofmarstall und den Reitschulen. Unter diesen ist die Felsenreitschule, die sommerliche oder ungedeckte, mit ihren in den Granit gemeißelten Arkaden eine architektonische Glanzleistung. Zwischen Mönchsberg und heutiger Hofstallgasse entstand unter Wolf Dietrich der markanteste Bau des entstehenden Stadtteils – der fürstbischöfliche Pferdestall. Am linken Tor wurde 1607 dieser Monumentalbau mit einer lateinischen Inschrift verewigt: „Der Raitenauer Fürst baute diesen Pferdestall von so großer Ausdehnung als Erster in so kurzer Zeit".

Die eigentlichen Ställe waren von Nebengebäuden umgeben, in denen Schmiede, Wagnerei, Sattlerei, Futterlager, Pferdearzneikammer und Wohnungen für Stallpersonal waren. Inmitten der Pferdeschwemme finden wir eine wunderschöne barocke Statue eines Rossebändigers und die Abbildungen zeittypischer Hengste. Graf Thun ließ den Hofmarstall erneuern, zugleich erweitern und zugleich einen Marmorbrunnen im Stall errichten. Bei dieser Renovierung wurde ein bemerkenswertes Detail eingebaut. Ein Zweig des sogenannten Almkanals wurde direkt durch den Stall geleitet um diesen sauber und „ohne bösen Dampf" zu erhalten. Er fließt heute als Hofstallarm unterirdisch und speist die Pferdeschwemme, ehe er in der Salzach mündet. 1662 ließ Graf Thun einen der Steinbrüche am Mönchsberg in die gedeckte Winterreitschule verwandeln, woran noch heute eine Tafel im Karl Böhm-Saal erinnert. Der Residenzbrunnen ist von allen Salzburger Brunnen des Grafen Thun der prächtigste. Ein weiterer Graf Thun ließ die Winterreitschule mit einem Deckenfresko verzieren sowie je eine Pferdeschwemme am Kapitel- und am späteren Herbert von Karajan-Platz errichten. Dazu wurde 1693 der Grazer Baumeister Johann Bernhard Fischer von Erlach geholt; dessen bedeutendes Schaffen in Salzburg beginnt also eigentlich mit den Pferden. Zudem förderte Johann Graf Thun die Pferdezucht maßgeblich, indem er 1688 das erste Körgesetz erließ. Er löste damit einen Aufschwung der Salzburger Pferdezucht aus und schuf beinahe moderne Qualitätsstandards. Das Zentrum der erzbischöflichen Zucht war der Hofstall mit Platz für 150 – 200 Pferde; doch die großen Gestütsanlagen waren außerhalb der Stadt, z. B. im Nonntal, wo noch ein barocker Stall aus dem 16. Jahrhundert daran erinnert. In dieser Gegend hatten auch das Stift Nonnberg und der Bischof von Chiemsee je einen Stall. So wurde Salzburg zu einem hervorragenden Pferdezuchtgebiet, von dem der berühmte Wolfenbütteler Hofreitmeister Georg Löhneysen

Die Salzburger Altstadt besitzt eine Vielfalt an bekannten Pferdedarstellungen, so auch am Residenzbrunnen.

1799 schreibt: „Unter anderem ist auch das erzbischöfliche Salzburgische Gestüt besonders wegen allerhand kurioser und seltener Farben berühmt. Zu diesem Zweck wurden Pferde aus Italien, Spanien, Portugal, Böhmen und Mähren importiert." Salzburg als Stadt der Rösser ist heute ein Anachronismus – aber zwischen 1600 und 1800 war es wohl genau das. Heute ist mit den Darbietungen der Versailler Reitakademie in Verbindung mit den Festspielen die glückselige Verbindung zwischen Kunst und Pferd in der Mozart-Stadt wieder hergestellt. Die hervorragenden französischen Schulreiter zeigen alljährlich zu konzertanter Musik in der Felsenreitschule wieder klassische Reitkunst – ganz wie in den Tagen der Fürst-Erzbischöfe… (gekürzt nach einem Aufsatz von Hedwig Kainberger).

Zur Erläuterung der Salzburger Pferdezucht im frühen Barock soll hier Thomas Druml zu Wort kommen, der in einem Buch über die Noriker-Rasse auch auf die Salzburger Geschichte und ihre Verbindungen zum nahen Italien eingeht: „Betrachten wir das erzbischöfliche Pferdewesen eingehender, bemerkt man einige interessante Eckpunkte: Das Gestüt bei Rief wurde 1575 gegründet, um eine ausreichende Pferdeproduktion für das Bistum zu gewährleisten, während die berühmten kaiserlichen Hofgestüte der Habsburger Kladrub an der Elbe 1579 und Lipizza 1580 aus der Wiege gehoben wurden. Im Sinne einer modernen Freizeitbeschäftigung wurde die Salzburger Winterreitschule schon 1607, lange vor der Kopenhagener Reitschule von 1680 und ca. 130 Jahre vor der Wiener Winterreitschule von 1735, erbaut. Durch Johann Jakob von Khuen-Bellasy (1560-1586), den Gründer des Gestüts Rief, wurde das Zeitalter starker Kirchenfürsten in Salzburg eingeleitet. Dessen Nachfolger, Wolf Dietrich von Raitenau (1587-1612), wird als der erste „weltliche Herrscher" unter den Erzbischöfen bezeichnet. Durch seinen Italienaufenthalt von italienischer Architektur und Lebensart inspiriert, veränderte er das Stadtbild Salzburgs durch Bauten nach italienischem Vorbild. Wolf Dietrich lebte bis zum 28. Lebensjahr im Rom des Rinascimentos, wo er den kulturellen Aufschwung, Lebensgeist und päpstlich-höfischen Prunk erleben konnte. Diese italienische Epoche war Voraussetzung für den kulturellen Aufschwung in Salzburg, zu welchem auch das Pferdewesen und die Reitkunst gehörten." (Gekürzt)

Noriker Pferde sind oft auffallende Tigerschecken, eine im Barock sehr gesuchte Fellfarbe. Zwar sind Tiger eigentlich gestreift – doch dürfte der Name sich wohl vom spanischen ‚el tigre' herleiten: So bezeichnet man in Lateinamerika den Jaguar – und der ist bekanntlich gefleckt.

Würde und Wahn – in Erz gegossen

Je wichtiger ein Mensch zu sein glaubt, desto dauernder möchte er in Erinnerung bleiben. Seit den Tagen von Stonehenge und den Pyramiden setzt die Menschheit ihren hervorragenden Vertretern Denkmäler verschiedenster Art und Form. Oberstes Ziel ist eine gewisse Dauerhaftigkeit, welche durch haltbare Materialien erzielt wird; die würdige Darstellung des verherrlichten Menschen ist auch klar; ebenso eine möglichst künstlerische Ausführung, denn der Schöpfer des Denkmals setzt mit seinem Werk ja auch ein Zeichen seiner eigenen Kunst.

Warum in diesem Buch ausgerechnet auch Denkmäler beschrieben werden, ist leicht erklärt. Hier geht es um Reiterstandbilder, Abbilder von Persönlichkeiten, die direkt oder indirekt mit Pferden, Pferdezucht oder der Nutzung dieser Tiere zu tun hatten. Aus der Darstellung, die vielfach historisch recht getreu ist, lassen sich Schlüsse auf Reitweise, Pferdetypus und Sattelzeug ziehen. Da aus dem gegenständlichen Zeitraum keine Fotografien und nur relativ wenige Bilder (Ölgemälde, Kupferstiche, Fresken etc.) existieren – die zudem „nur" zweidimensional sind – geben zeitgenössische Plastiken bzw. Großplastiken oft interessante Hinweise, selbst wenn sie erst Jahrzehnte später entstanden.

Wien besitzt eine Reihe von bemerkenswerten Denkmälern, die entweder Reiterstandbilder sind oder solche enthalten, wie z. B. jenes der Maria Theresia. Die österreichischen Bildhauer waren erstklassige Künstler und zum Teil selbst originelle Persönlichkeiten. Vor allem im Bereich der Inneren Stadt (Erster Bezirk) und entlang der Ringstraße findet man schöne, auch dynamische und stets interessante Plastiken, an denen die Qualität der Pferdedarstellung stets überzeugt. Hier kann keine Wertung der historischen Bedeutung der dargestellten Persönlichkeiten vorgenommen werden; auch eine Reihung nach künstlerischen Gesichtspunkten steht uns nicht zu. Daher gehen wir nach dem zeitlichen Ablauf vor und reihen die Monumente nach der Lebenszeit bzw. Wirkungsperiode der Dargestellten.

Das Denkmal des Prinz Eugen von Savoyen am Heldenplatz.

Das Denkmal des Prinzen Eugen

(Wien, Heldenplatz)

Dieses ist wohl eines der schönsten Reiterdenkmäler der Welt, voll Kraft und gezügelter Dynamik, dabei auch souveräne Ruhe im Sinne der klassischen Reitkunst ausstrahlend. Es ist durchdrungen vom Zeitgeist des Barock, wenn auch viel später geschaffen. Prinz Eugen von Savoyen trat in österreichische Dienste, weil er für die französische Armee als zu klein befunden wurde. Der schöngeistige Kunstmäzen wurde „zum Schwert des Hauses Habsburg und zum weisen Ratgeber dreier Kaiser". Seine strategisch-militärischen Leistungen in den Türkenkriegen waren Legion, sein politisches Geschick unbestritten und sein feiner Kunstsinn erbrachte wunderbare Blüten.

Der Schöpfer des Denkmals war Anton Dominik Fernkorn, der sich zur Zeit der Errichtung bereits in geistiger Umnachtung befand und daher unter der Aufsicht eines Wärters arbeitete. Um die fünfjährige Aufstellungszeit zu verkürzen, ließ Kaiser Franz Joseph 448 Zentner Kanonenmetall aus dem Arsenal beisteuern; die Enthüllung fand 1865 statt.

Das Denkmal der Kaiserin Maria Theresia

(Wien, Maria-Theresien-Platz)

Von 1874 bis 1888 dauerte es, ehe der erste Entwurf des Caspar Zumbusch vom Architekten Carl Hasenauer verwirklicht werden konnte, und zuletzt kostete das Monument der beliebten Kaiserin die Unsumme von 820.000 Gulden. Dafür ist es auch wahrhaft monumental, denn „die Reserl" grüßt den Betrachter aus stolzen

20 Metern Höhe. Sie ist auch nicht allein, denn allerhand bedeutende Feldherrn und Staatsmänner flankieren sie. Vier sind zu Pferd: Graf Khevenhüller (er verfasste die Observationspuncte, sein Vorfahre brachte die ersten Pferde nach Lipizza), Graf Daun (Reformer der Armee), Freiherr von Laudon und Graf Traun-Abensberg. Staatskanzler Kaunitz, der in den Schwindel um den Hengst Turcmain Atti verwickelt war, steht an der Stirnseite; General Andreas Hadik, der mit seinen Husaren Berlin eroberte, ist ebenfalls zu sehen – also ist die Kaiserin von zahlreichen Hinweisen auf die Bedeutung des Pferdes umgeben.

Das Denkmal der Kaiserin Maria Theresia samt Reiterstandbildern.

Das Denkmal Kaiser Franz I.

(Wien, Burggarten)

Ein eher schlichtes Monument, eigentlich wenig monumental, wie auch der Herrscher selbst. Schon als Teenager kam der lothringische Prinz Franz Stephan nach Wien und wurde auf eine „gute Partie" vorbereitet. 1729 wurde er Herzog von Lothringen, 1737 Großherzog der Toskana und ab 1740 war er Mitregent seiner Gemahlin Maria Theresia. 1745 wurde er zum römisch-deutschen Kaiser gewählt, gab jedoch freiwillig die Regierungsgeschäfte an seine energische Gemahlin ab, die damit als nominelle Kaiserin und faktische Regentin gilt.

Franz war ein großer Freund der Kunst, der für etliche Entwicklungen zeichnet, unter anderem auch für die erste Mozart-Oper, La finta semplice, die auf seine Anregung vom 11-jährigen Wolferl 1767 komponiert wurde. Er war auch begabt in Sachen Finanzen und vermehrte das Familienvermögen beträchtlich. Seine Gemahlin gebar ihm 16 Kinder, führte widerwillig die notwendigen Kriege Habsburgs und warf einen gewaltigen historischen Schatten, in dem er sich ganz wohl fühlte. So schaut auch das Reiterstandbild aus, das eher unbeachtet im Burggarten steht und mit dem viele Touristen wenig anfangen können. Brav erinnert die Pose an die weit bekannteren Reiterstatuen Italiens, etwa an den Colleoni oder Marc Aurel, ohne deren Monumentalität und Kraft zu erreichen. Dieser barocke Kavalier passagiert auf einem beliebigen Schulpferd dahin und hat – es muss gesagt sein – viel zu kurze, verbogene Beine. Ein zu groß geratener Spielzeug-Soldat mit Feldherrn-Stab und Goldenem Vlies, zu mehr konnte sich der Bildhauer Balthasar Ferdinand Moll (es gibt eine Moll-Gasse in Währing) nicht aufschwingen. Das Bildnis entstand zu Lebzeiten des Kaisers, wurde aber erst 1797 im Paradeisgartl der Burg aufgestellt. Erst nach 22 Jahren wurde es in den damals Kaisergarten genannten späteren Burggarten übersiedelt, der ja erst 100 Jahre später öffentlich zugänglich wurde. Moll schuf übrigens auch den Doppel-Sarkophag für Franz Stephan und Maria Theresia in der Kapuzinergruft.

Das Reiterdenkmal Kaiser Franz I. Stephan im Burggarten.

Kaiser Joseph II. hoch zu Ross am Josephsplatz, neben der Hofreitschule.

Das Denkmal des Kaisers Joseph II.

(Wien, Josephsplatz)

Im Jahre 1806 enthüllte man das Denkmal des vermutlich unterschätzten Reformkaisers, der alles zum Wohle seiner Völker tun wollte und dennoch unverstanden und ungeliebt blieb. Die in zwei Teilen gegossene Statue wurde in der kaiserlichen Kanonengießerei auf der Wieden nach einer Idee des Malers Friedrich Füger und nach Plänen des Bildhauers Franz Anton Zauner gefertigt. Als Vorbild hat Künstler und Ausführenden offenbar die berühmte Statue des römischen Kaisers Marc Aurel auf dem Römischen Kapitol gedient, die als Urbild aller streng klassisch-antiken Reitermonumente gelten kann. Ross und Reiter zeigen sich deshalb in antik-römischer Aufmachung, also geprägt vom Zeitgeist des Empire, welches sich vielfach am klassischen Altertum orientierte. Das Material ist Bronze, der Sockel aus poliertem Granit. Die Reliefs und Plaketten am Sockel zeigen den Herrscher als Reformator von Handel und Landwirtschaft sowie wichtige Stationen aus seinem Leben. Das Monument steht an einer eindrucksvollen Stelle in der Wiener Altstadt, auf einem quadratischen Platz zwischen Nationalbibliothek und Spanischer Reitschule. Die thematische Verbindung Reiterstatue-Reitschule höht die Wirkung des Kunstwerks und gibt quasi eine Blaupause für ein perfekt passagierendes Pferd ab, wie es dann im Reitsaal in natura bewundert werden kann.

Das Denkmal des Fürsten Karl Schwarzenberg

(Wien, Schwarzenbergplatz)

Kein besonders originelles Denkmal eines Heerführers und Mitglieds einer der ersten Familien des Landes, deren Stadtpalais gleich nebenan steht. Der Fürst (1771-1820) war Herzog von Krumau und österreichischer Heerführer, so 1813-1814 Oberbefehlshaber der Verbündeten u. a. in der Völkerschlacht von Leipzig. Nach der insgesamt verlustreichen Schlacht (rund 100.000 Todesopfer aller beteiligten Armeen) war Schwarzenberg als Sieger ein gefeierter Held, dem Kaiser Franz I. ein Denkmal versprach, ohne dies halten zu können. Erst sein Enkel Franz Joseph erfüllte das Versprechen und stiftete dazu 200 Tonnen Kanonenmetall aus dem Weiner Arsenal. 1867, zum 50. Jahrestag des Sieges, war der Guss fertig, den Bildhauer Ernst Julius Hähnel ausführte. Das Denkmal steht auf einem hohen Sockel inmitten des geschäftigen, langgestreckten Platzes und wirkt – umtost vom Verkehr – etwas verloren. Die Schwarzenbergs hatten ein berühmtes Gestüt bei Murau in der Steiermark, das an anderer Stelle beschrieben ist. Der Feldherr gehört deshalb auch hierher, weil in seine Ära die große Umstellung von barocker auf „englische“ Zucht und Reitweise fiel. Er hatte unmittelbar mit der modernen Kavallerie napoleonischer Art zu kämpfen.

Das Denkmal Erzherzog Karls

(Wien, Heldenplatz)

Diese Statue wurde im Revolutionsjahr 1848 entworfen, jedoch stellte man das besonders dynamische Reiterdenkmal erst 1860 fertig. Sein Schöpfer war Anton Dominik Fernkorn, der damit eine statische Meisterleistung zuwege brachte, denn das

Erzherzog Karl schwingt am Heldenplatz die Siegesfahne von Aspern.

schwere Monument ruht einzig auf den beiden Hinterhufen des sich aufbäumenden Pferdes. Der überaus schwierige Gussvorgang erforderte acht Einzelteile und nahm sieben Jahre in Anspruch, der Preis lag bei unglaublichen 295.000 Gulden. Das Wiener Arsenal steuerte 350 Zentner Kanonenmetall bei. Der Erzherzog, Sieger zahlreicher Schlachten, schwingt die Fahne des Regiments Zach, mit der er die zurückweichenden Truppen anfeuerte und zum Sieg über Napoleon bei Aspern führte. Es wird überliefert, dass Karl die traditionelle Heldenpose mit eigenen Worten etwas relativierte: „Wie kann so ein Manderl wie ich so eine schwere Fahne schwingen? Nachgeschliffen hab ich sie, an einem Zipfel." Immerhin war das „Manderl" als Stratege tüchtig genug, um dem bis dahin als fast unbesiegbar geltenden Korsen die erste große Schlappe zu Lande beizufügen. Damals vollzog sich die Umstellung von der barocken Individual-Kavallerie auf die moderne Massen-Kavallerie, welche einen neuen Typus Pferd erforderte. Der Erzherzog wird auf einem solchen Tier dargestellt, das man unschwer als edles Halbblut erkennt.

Die Schöpfer der Wiener Denkmäler

Es wäre schier unmöglich, hier eine umfassende Beschreibung aller themenrelevanten Künstler und ihrer Werke zu liefern – und würde auch den Rahmen und das Thema dieses Buches sprengen. Ich möchte jedoch versuchen, das Sachgebiet insofern abzurunden, als einige Hauptwerke mit einem Bezug zu Pferden und Pferdezucht kurz genannt werden. Dass man dabei auch ihre Schöpfer kurz vorstellt, versteht sich von selbst. Es sind unglaublich interessante Biografien darunter, die beinahe die Züge von Schicksals-Romanen haben.

Anton Dominik Fernkorn (ab 1860 Anton Dominik Ritter von Fernkorn). Geboren 17. März 1813 in Erfurt; gestorben 16. November 1878 in Wien. Deutsch-österreichischer Bildhauer und Bildgießer.

Nach einer teilweise autodidaktischen Ausbildung studierte Fernkorn in München bei Johann Baptist Stiglmaier und Ludwig Schwanthaler. Ab etwa 1850 war er in Wien, wo er ab 1861 eine alte Kanonengießerei (heute Institutsgebäude der TU Wien) in der Gußhausstraße als Werkstatt verwendete und mit Johann Preleuthner und Hanns Gasser künstlerisch kooperierte. Fernkorn ist für die österreichische Plastik von eminenter Bedeutung, seine monumentalen Werke leiteten in Wien einen Aufschwung der Bildhauerei ein. Seine bekanntesten Werke sind vor allem die Reiterstatuen von Erzherzog Karl (1853–1859) und Prinz Eugen (1860–1865) auf dem Wiener Heldenplatz. Von ihm stammt auch der Löwe von Aspern, Erinnerung an

Anton Fernkorn schuf mit dem Erzherzog Karl-Denkmal eine statische Meisterleistung.

den Sieg über Napoleon in der Schlacht bei Aspern (Heldenplatz in Aspern, Wien-Donaustadt). Sein Erzherzog Karl, nach einem Gemälde von Johann Peter Krafft, ist ein technisches Meisterwerk, denn das Pferd steht nur auf den Hinterhufen. Dieses Kunststück konnte beim Prinzen Eugen nicht mehr wiederholt werden; hier dient der Schweif des Pferdes als Stütze.

Nach mehreren Schlaganfällen wurde Fernkorn 1867 wegen „landesgerichtlich erhobenem Wahnsinn" in die Heilanstalt Oberdöbling aufgenommen. Das Denkmal des Prinzen Eugen wurde von Fernkorns Schülern fertiggestellt; er selbst blieb in stationärer Behandlung, konnte jedoch in Begleitung zeitweise ausgehen. Im August 1874 gab es Gerüchte, dass er geheilt sei, seine Entlassung erfolgte nicht, vielmehr wurde unheilbarer Größenwahn konstatiert. Am 18. Mai 1905 widmete die Stadt Wien dem bereits auf dem Wiener Zentralfriedhof ruhenden Künstler ein Ehrengrab samt Grabdenkmal auf Kosten der Gemeinde (Grabstelle: Gruppe 14 A, Nummer 18). Im Jahr 1880 wurde in Wien Favoriten (10. Bezirk) die Fernkorngasse nach ihm benannt.

Balthasar Ferdinand Moll, geboren am 4. Januar 1717 in Innsbruck; gestorben am 3. März 1785 in Wien; war ein österreichischer Bildhauer.

Moll stammte aus einer Tiroler Bildhauerfamilie und erhielt seine Ausbildung vom Vater. Er studierte bei Georg Raphael Donners Bruder an der Akademie, wo er ab 1738 nachgewiesen ist und 1751–1765 Professor war.

Während der Regierungszeit Maria Theresias erhielt er zahlreiche Aufträge bei Hof. Er wurde hier hauptsächlich für die Erzeugung von Repräsentationsgegenständen wie Prunkwagen oder Prunkschlitten eingesetzt, daneben schuf er Rokoko-Sarkophage für die Herrscherfamilie, die in der Kapuzinergruft stehen; der Sarkophag für Karl VI. ist bedeutend.

Seine erste Arbeit für Maria Theresia war 1748 der Prunksarkophag für Erzherzogin Karoline. Sein eigentliches Hauptwerk ist aber der Doppelsarkophag für Maria Theresia und Kaiser Franz I. Stephan in der Kapuzinergruft aus dem Jahr 1754. Er ist über drei Meter lang und rund zwei Meter breit. Auf den Seiten ist er mit Reliefs ausgestattet, die Szenen aus dem Leben des Herrscherpaares zeigen: Der Einzug in Florenz als Großherzog der Toskana und der Einzug zur Krönung in Frankfurt für Franz Stephan sowie die Krönung zum König von Böhmen in Prag und der Krönungsritt in Preßburg für Maria Theresia. Zur selben Zeit wie der Doppelsarkophag für Maria Theresia und Franz Stephan wurden auch die Sarkophage von Kaiser Karl VI., seiner Frau Kaiserin Elisabeth Christine und Kaiser Joseph I. von ihm gestaltet. Sie zeigen hauptsächlich Szenen des Spanischen Erbfolgekrieges.

1768 schuf er für die Innsbrucker Hofkirche die Bleistatuen des Hl. Franz von Assisi und der Hl. Theresia von Avila. Weitere Bleistatuen stellte er für den Altarraum im Dom zu Gurk her. Von ihm stammen auch die Reiterstatuen Josephs II. (1778, in Laxenburg) und Kaiser Franz I. Stephan von Lothringen (1781, im Burggarten). Auch das Standbild Kaiser Franz II. in der Österreichischen Galerie (Schloss Belvedere) wird ihm zugeschrieben. Im Jahr 1894 wurde die Mollgasse in Wien-Währing (18. Bezirk) nach ihm benannt.

Franz Anton Zauner (Ab 1807 Edler von Falpetan), geb.5. Juli 1746 in Falpetan, Tirol; gestorben 3. März 1822 in Wien. österr. Bildhauer u. Vertreter des Frühklassizismus.

Wurde nach dem Tod des Vaters (1747) von seiner Mutter, einer Schwester des Bildhauers Joseph Deutschmann, unter Förderung seines künstlerischen Talents erzogen und ab 1756 in Passau handwerklich ausgebildet. 1766 kam Zauner nach Wien, wo er bei einem Schüler Donners arbeitete und wohl auch die Akademie besuchte, wenngleich er in den Schülerlisten nicht geführt ist...

Ab 1773 half er bei der Gestaltung des Schönbrunner Park-Parterres mit Statuen, 1775 wurde er von Kaunitz mit der Schaffung eines Modells für einen Brunnen in Schönbrunn beauftragt; wurde 1781 Lehrer, 1796 Professor und Rat der Akademie in Wien. Am 27. Juli 1784 zum Professor der Bildhauerei bestellt. Im selben Jahr erhielt Zauner einen Auftrag des Hofes, die Ausschmückung des Altaraufbaus der Augustinerkirche (von Maulbertsch). 1806 wurde Zauner Direktor der Maler- und Bildhauerakademie zu Sankt Anna, wo er auch sein Atelier hatte. Danach widmete er sich ausschließlich der Lehrtätigkeit, bis zur Pensionierung 1815. Er wurde 1784 in die Freimaurerloge „Zur wahren Eintracht" aufgenommen und trat nach dem Freimaurerpatent Kaiser Josephs II. der Loge „Zur Wahrheit" bei.

Seine Hauptwerke sind die Reiterstatue Josephs II.; das Modell wurde 1808 im Schönbrunner Botanischen Garten aufgestellt. Weiters der Kenotaph Leopolds II. (1799) in der Georgs-Kapelle der Augustinerkirche.

Zauner wandte sich gegen den manierierten Stil in der Plastik seiner Zeit und suchte eine Anlehnung an die klassische Antike. Er wurde auf dem katholischen Friedhof Wien Matzleinsdorf (heute: Waldmüllerpark) beerdigt. Im Jahr 1894 wurde in Wien Landstraße (3. Bezirk) die Zaunergasse nach ihm benannt.

Caspar Clemens Zumbusch (ab 1888 Ritter von Zumbusch), geb. am 23. Nov. 1830 in Herzebrock; gest. 26. Sep. 1915 am Chiemsee; deutscher Bildhauer und Medailleur.

Zumbusch ging im Alter von 18 Jahren nach München, um an der Akademie zu studieren. Nach verfehlter Aufnahmeprüfung ging er an die Polytechnische Schule und lernte dort unter Johann von Halbig. Nach einer Studienreise nach Rom schuf er 1866–1872 das Bronzedenkmal von König Maximilian II. von Bayern in der Münchener Maximilianstraße.

1873 ging er nach Wien und wurde der wichtigste Monumentalplastiker der Gründerzeit in Österreich. Seine Hauptwerke sind das Beethoven-Denkmal (1873–1880) und das 1888 geschaffene Denkmal für Maria Theresia zwischen den Hofmuseen (Naturhistorisches und Kunsthistorisches Museum). Ebenfalls in Wien stehen seine Reiterstandbilder für die Feldherren Joseph Graf Radetzky (1891) und Erzherzog Albrecht (1898–1899). Bedeutendstes deutsches Werk ist das Kaiser Wilhelm-Standbild für das Westfälische Provinzialdenkmal an der Porta Westfalica.

Von 1873 bis zu seiner Emeritierung 1901 war Zumbusch Professor an der Akademie der bildenden Künste in Wien, wo er die Meisterklasse für höhere Bildhauerei leitete. Zumbusch wurde 1888 in den Ritterstand erhoben. Im Jahr 1908 zog er sich in den Chiemgau zurück, wo er 1915 mit 84 Jahren starb. In einem Ehrengrab am Wiener Zentralfriedhof beigesetzt. 1956 wurde die Zumbusch-Gasse in Simmering nach ihm benannt. Im Heimatort Herzebrock tragen eine Straße und eine Schule seinen Namen; im Geburtshaus seit 2011 das Caspar Ritter von Zumbusch-Museum.

Teil 6: Die Entwicklung des Gestütswesens

Die österreichischen Staatsgestüte waren Radautz und Piber, die ungarischen waren Bábolna, Fogaras, Kisbér und vor 1918 Mezöhegyes, die königlich kroatisch-slawonischen waren Sarajevo und Gorazda.

Pferdezüchterisch hat Ungarn, als wichtigstes Land im Südosten Mitteleuropas, seit jeher das größte Interesse erregt. Bis in die jüngste Vergangenheit ist die dortige Entwicklung vorbildlich für die gesamte Region. Die Pferdezucht hatte seit jeher bis zum Einsetzen der totalen Motorisierung von Landwirtschaft und Verkehr sowie Armee eine große Bedeutung für die ungarische Volkswirtschaft. Während der Doppelmonarchie war Ungarn der größte Pferdelieferant des Reiches, hier lagen seine wichtigsten Zuchtzentren.

Die Lage der Hof- und Staatsgestüte innerhalb der Monarchie.

Das erste Gestüt Ungarns wurde angeblich um 857 im Auftrag von Árpád auf einer Insel im heutigen Budapester Stadtgebiet gegründet. Die Donauinsel Csepel bekam ihren Namen vom magyarischen Unterhäuptling Csepel. Dort wurden die besten, mit persischem und turkmenischem Blut veredelten Pferde zu Zuchtzwecken gesammelt und vermehrt. Diese Pferde hatten ein Stockmaß von nur ca. 140 cm, waren aber schnell und hart – ideale Kriegsrösser für ein Volk wilder Steppenreiter.

Die Insel Csepel

Csepel liegt südlich an Budapest anschließend im südlich verlaufenden Abschnitt der Donau, ziemlich genau im Zentrum des modernen Ungarn. Ihr Name stammt vom ersten Beherrscher der Insel, der hier auf Befehl Arpads (ca. 845 bis 907) das erste ungarische Gestüt leitete. Einige Ortsnamen weisen auf die Pferdezucht hin. Die Insel hat bei einer Länge von rund 48 km und einer Breite von durchschnittlich ca. 5 km eine Fläche von 257 Quadratkilometern und teilt die Donau in einen Haupt- und einen Nebenarm, die „Große Donau" (Ungarisch: Nagy-Duna) und die „Kleine Donau" (Kis-Duna). Der nördliche Teil der Insel gehört seit Anfang der 1950er Jahre zu Budapest.

Prinz Eugen von Savoyen erwarb 1698 die Insel und beauftragte den jungen Johann Lukas von Hildebrandt mit dem Entwurf für ein Maison de plaisance, ein ländliches Herrenhaus oder Lustschloss. Die Pläne entstanden Ende 1701 oder Anfang 1702, der

Bau wurde zwischen 1720 und 1722 fertiggestellt. Allerdings residierte der Prinz nie in diesem Schloss, und nach seinem Tod wurde das Anwesen zum Eigentum der Krone. Unter Maria Theresia wurden das Herrenhaus und das dazugehörige Land von der ungarischen Botschaftskanzlei verwaltet. 1814 fiel der Mittelteil des Herrenhauses mitsamt barocker Kuppel einem Feuer zum Opfer; dieser Teil wurde wieder aufgebaut. Bis zur Renovierung in den 1980er Jahren war es dem Verfall preisgegeben. Heute ist es wieder ein beliebtes Ausflugsziel.

Kaiser Joseph II. bewunderte den genialen Erzfeind seiner Mutter, König Friedrich von Preußen. Er baute Trakehnen zu einem Mustergestüt aus.

Maria Theresia war eine weitblickende Herrscherin, die sich durch diverse Maßnahmen als Förderin der Pferdezucht erwies. Ihr berühmtes Patent zu diesem Zweck ist ein Meilenstein europäischer Hippologie; sie verstand es auch, die geeigneten Personen an die wichtigen Positionen zu setzen. Gegen Ende des 18. Jahrhunderts ließ Joseph II. im Zuge seiner durchgreifenden Modernisierungen die ungarischen Staatsgestüte Bábolna und Mezőhegyes sowie das österreichische Gestüt Radautz (zunächst in Wazskouz) errichten. Die Pferdezucht verdankt Joseph II. viel; außer den Gestütsgründungen verfügte er zahlreiche wichtige Maßnahmen und Reformen zur Förderung des staatlichen Zuchtwesens, wie Hengst- und Stutenprämierungen, Einrichtung von Hengst- und Remontedepots, staatliche Deckstationen, Importe wertvollen Zuchtmaterials etc. In den Jahren 1780 bis 1790 wurden etwa 500 Zuchthengste aus dem Ausland importiert. Sein Berater dabei, zugleich erster Planer und erster Gestütsleiter von Mezőhegyes (1784-1806) und Bábolna (1789-1806), war der damals noch recht junge Rittmeister und spätere General Joseph Csekonics (1757-1824).

Ein zeitgenössischer Bericht erzählt:

„Die Einsetzung einer einheitlichen Leitung, die Beschaffung und Herausgabe tauglicher Hengste zum Beschäldienst, die Aufnahme der zur Zucht tauglichen Stuten in ein Register, die Sorge, dass denselben nur conforme Deckhengste zugeführt wurden und endlich die Eintheilung der Länder der Monarchie in Gestütsdistricte bewiesen, mit welcher Umsicht die Sache in die Hand genommen wurde. Bis 1780 wurden bei den einzelnen Cavallerie-Regimentern eigene Beschäler gehalten, die jeweils 30 bis 40 der besten und schönsten Stuten im März zugeführt wurden, dann bis zum zehnten Monat trächtig im Dienst belassen. Die Trennung der Fohlen von den Mutterstuten erfolgte mit einem halben Jahr, bis zu einem Jahr verblieben sie bei den Regimentern anschließend wurden sie gesammelt nach Enyed in Ungarn verbracht. Die schönsten Hengste teilte man im dritten Lebensjahr in die Landgestüte ein, die besten Stuten und Wallachen gelangten in die Regimenter, die schlechteren wurden verkauft. Diese als „Militärgestüte" oder auch „Pferdezucht bei den Cavallerie-Regimentern" bezeichnete Institution wurde im Jahr 1780 wieder aufgehoben. Grund waren die häufig kranken Fohlen, mangels geeigneter Stallungen und Pflege."

Es wird sichtbar, dass die große Masse der benötigten Pferde (Remonten) kaum zu beschaffen war und Notlösungen benützt wurden. Man war wie selten zuvor in der Geschichte offen für Neuerungen, zumal mit dem Regierungsantritt Kaiser Joseph II. ein durchaus vorgebildeter Mann auf dem Thron saß; Joseph hatte als Mitregent seiner Mutter, Maria Theresia, bereits Einblick in die prekäre Lage der Kavallerie bekommen und war zudem – eigentlich pikant – ein Bewunderer Friedrichs des Großen, des großen Gegenspielers seiner Mutter. Friedrich hatte im Gestüt Trakehnen ein Gestüt geerbt, das durchaus als Vorbild zur Neuschaffung habsburgischer Zuchtstätten gedient haben mag.

Eine typische Trakehner Stute, ein blutbetontes Halbblutpferd von enormer Leistungskraft, dabei oft recht temperamentvoll – dem ungarischen Gidran sehr ähnlich.

Man kann nicht umhin, dessen Geschichte hier kurz zu umreißen, um den Gründungsvorgang unserer Gestüte besser nachvollziehen zu können. Immerhin waren die Remonten-Einkäufer Friedrichs II. in denselben Gebieten tätig wie jene des Kaisers, nämlich Polen, der Wallachei und Moldau und der Ukraine. Man darf also schließen, dass Berichte an beiden Höfen über die Aktionen der jeweils anderen Armee mit Interesse verfolgt wurden.

Ein Gestüt von Weltruf

Trakehnen bestand von 1731 bis 1944 und lag in Ostpreußen. Die Anfänge der Trakehner Zucht gehen ins 13. Jahrhundert zurück, in die Zeit des Deutschen Ritterordens. Die Ordensritter züchteten auf Grundlage des Schweiken ihre leistungsfähigen Militärpferde (Sweyki = Pflugpferd). Am 11. Juli 1731 gab Preußens „Soldatenkönig" Friedrich Wilhelm I. den Befehl zur Vereinigung aller Zuchtpferde Ostpreußens in einem einzigen großen Gestüt, das Königliches Stutamt Trakehnen hieß. Es lag am Fluss Pissa nahe der Rominter Heide, einem Sumpfgebiet, das jahrhundertelang litauischen Großfürsten als Jagdgebiet gedient hatte. Mit der Gründung des Gestüts verwirklichte der König seine Absicht, den Anteil der Kavalleriepferde aus eigener Zucht zu erhöhen.

Nach insgesamt sechsjähriger Rodung und Drainage durch rund 600 Soldaten aus Memel war es betriebsbereit. Preußen siedelte außerdem protestantische Glaubensflüchtlinge aus Salzburg an. Bei seiner Eröffnung im Mai 1732 wurde es mit 1.101 Pferden, davon 513 Mutterstuten belegt. Am Anfang umfasste das Königliche Stutamt Trakehnen die Vorwerke (Gutshöfe) Trakehnen, Jonasthal, Bajohrgallen, Gurdszen,

Kalpakin, Guddin, Birkenwalde und Jodszlauken mit einer Gesamtgröße von 10.000 Morgen. Er schenkte es 1739 seinem Sohn Friedrich, später der Große. Dieser schrieb an seine Frau Elisabeth Christine: „Der König war sehr freigiebig und schenkte mir das Gestüt (Trakehnen), das sehr prächtigen Gewinn abwirft. Das ist ein sehr schönes Geschenk und erweist mir die größte Gunst der Welt." Nach seinem Tod 1786 ging das Gestüt in preußischen Staatsbesitz über und wurde Hauptgestüt (Königlich Preußisches Hauptgestüt Trakehnen). Brandzeichen des Hauptgestüts Trakehnen war ab 1782 die berühmte siebenzackige Elchschaufel auf dem rechten Hinterschenkel des Pferdes. Dem Hauptgestüt waren die Landgestüte in Rastenburg, Marienwerder, Braunsberg und Georgenburg zugestellt.

Wegen des Preußischen Zusammenbruchs wurde Trakehnen 1806 evakuiert; 1807 brachte man die überlebenden Pferde zurück. Ähnliches wiederholte sich 1812/13. 1875 erschien erstmals das Stutbuch für Pferde Trakehner Abstammung. Dem Hauptgestüt Trakehnen waren im Ostpreußischen Stutbuch das Hauptgestüt Graditz, das Hauptgestüt Neustadt (Dosse), das Hauptregister, das „Vorregister I.", das „Vorregister II." und das Ostpreußische Stutbuch für schwere Arbeitspferde angegliedert. Es umfasste in den 1940er Jahren rund 6.000 ha, davon 2.427 ha Wiesen und Weiden, und umfasste neben dem Hauptgestüt noch 15 Vorwerke. Im 19. Jahrhundert wurden zur Veredelung der Rasse Araber und englische Vollblüter eingesetzt. Das führte dazu, dass Anfang des 20. Jahrhunderts der Trakehner einen etwa 50-prozentigen Vollblutanteil hatte.

Die Zucht in Ostpreußen brach 1945 mit dem Ende des Zweiten Weltkrieges vollständig zusammen. Lediglich ein kleiner Teil der ostpreußischen Pferde – 575 Stuten und 45 Hengste aus Privatzuchten – erreichte mit Flüchtlingstrecks nach monatelanger Flucht das Gebiet der späteren westlichen Besatzungszonen. Seit 1945 wird die Trakehner-Zucht in allen deutschen Bundesländern und in zahlreichen anderen Ländern der ganzen Erde betrieben. Seit seiner Übernahme durch Friedrich II. hatte das Gestüt wertvolle Hengste erzeugt, die viele Gestüte, Zuchten und Rassen positiv beeinflussten. Der Trakehner war stets ein Veredler und erstklassiges Leistungspferd mit zahlreichen sportlichen Erfolgen.

Unter dem Oberbegriff Staatspferdezuchtanstalten wurden die einzelnen Staatsgestüte und Staatshengstdepots zusammengefasst. Ab 1788 wurden in den Ländern der Monarchie „Beschäl- und Remontierungsdepots" errichtet. 1789 für Böhmen in Schlosshof und Eckartsau, 1790 Kollnitz in Kärnten, 1793 in Hatschein bei Olmütz, 1807 in Meschen für Siebenbürgen, 1812 in Olchowce für Galizien. Für die italienischen Provinzen wurde in Crema ein Beschäldepartment mit nahezu 100 Hengsten gegründet. Gleichzeitig wurden in den österreichischen Erbländern und Böhmen, Mähren und Schlesien sogenannte „Militär-Zugbeschäler Divisionen" geschaffen und der Hengstbestand dieser Divisionen wurde aus dem In- und Ausland ergänzt. Die Beschälstationen wurden von Landgestüts- und Remontierungsoffizieren überwacht. Gleichzeitig wurde angeordnet, dass bei Strafe von zehn Reichsthalern für die Belegung durch k. k. Hengste kein Sprunggeld angenommen werde dürfe. Diese Staatshengste verblieben bei den privaten Gestüten aufgestellt, wofür eine jährliche Vergütung von 30 Gulden bezahlt wurde.

Wir sehen also, dass sich die kaiserliche Armee bis dahin nicht aus Staatsgestüten ihre Remonten bezog, sondern diese größtenteils aus der bäuerlichen und herrschaftlich adeligen Zucht angekauft wurden, aber bereits oft erzeugt durch staatliche Deckhengste in privater Hengsthaltung. Im Jahr 1787 waren bereits 400 Staatshengste in den Ländern der Monarchie aufgestellt. 1783 wurde der Sammelplatz Kotzman in der Bukowina für aus der Wallachei, der Moldau und auch Bessarabien und der Ukraine angekaufte Remonten nach Waschkoutz und 1792 nach Radautz verlegt. Die offizielle Bezeichnung lautete nunmehr „Landgestüts- und Remontierungsdepartement in der Bukowina zu Radautz".

Spanische Stuten waren nicht nur in Lipizza, sondern auch allen anderen Gestüten am Aufbau der Zuchtherden beteiligt.

1789 wurde das Gestüt zu Bábolna in Ungarn mit vornehmlich spanischer Rasse und den Kavallerie-Regimentern entnommenen Stuten der Moldauer Rasse gegründet. 1790 wurde das Gestüt zu Kollnitz in Kärnten gegründet. Hier gaben die schweren Kavallerie-Regimenter Mutterstuten ab und von 1816 bis zur Auflösung 1862 in Ossiach die Zucht schwerer Kladruber Stämme und der Burgunder Rasse betrieben. 1784 begann sich das Gestüt Mezöhegyes mit 500 Bukowiner Stuten und 150 ausgewählten Kürassier-Stuten zu etablieren. 1795 wurde das Gestüt Hawransko in Böhmen gegründet, es wurden Lipizzaner gezüchtet, jedoch 1816 nach den napoleonischen Kriegen wieder aufgelöst. Ebenfalls 1795 wurde das Gestüt Nemoschitz in Böhmen gegründet, das 1830 aufgelöst wurde. 1798 wurde das Gestüt zu Piber bei Köflach in der Steiermark gegründet. 1853 wurde im ungarischen Kisbér ein Gestüt begründet, hier wurde englisches Halb- und Vollblut gezüchtet. Die Gestüte Berky, Bábolna, Piber, Mezöhegyes und Lippiza (Lipizza) gaben Stuten und Hengste ab. Bei dieser Fülle an Neugründungen von Gestüten wurde größtmögliches Augenmerk auf Exterieur und Leistungsfähigkeit gelegt.

Die Organisation des Gestütswesens

Staatliche Zuchtanstalten und die die Verbesserung der Landeszucht sorgten für die Ausstattung der österreich-ungarischen Streitkräfte mit den benötigten Reit- und Zugtieren. Ihre Zielsetzung war es, den Staat in Bezug auf den Ankauf von Pferden für militärische Zwecke so weit wie möglich unabhängig zu machen. Dies bezog sich auf die Abhängigkeit von – oft ausländischen – Händlern und Züchtern, aber auch auf die enormen Ausgaben, die mit einer schnellen Ergänzung im Kriegsfalle verbunden waren. Alle Gestüte waren demnach in erster Linie Militärgestüte, doch ihre vornehmste Aufgabe bestand in der Produktion von Hengsten zur Zuteilung an die privaten und mittlerweile auch staatlichen Landes-Beschälanstalten. Über die Landeszucht sollte genug Pferdematerial bezogen werden, um sich regelmäßig aus dem eigenen Land „remontieren" zu können. Nur der zur Zucht nicht geeignete Nachwuchs und das überzählige Material der Staatsgestüte gelangten als Remonten in die Reihen der kaiserlichen Armee. Die Bezeichnung Militärgestüt rührte von der militärischen Organisation und der Leitung durch die oberste Militärbehörde her. Nach den napoleonischen Kriegen 1815, in denen 1411 Staatshengste als Beschäler eingesetzt waren, war eine Reorganisation der k. k. Militärgestüte unumgänglich.

Verwendet wurden Deckhengste aus den Hofgestüten Kladrub und Lipizza, den renommiertesten Zuchten Ungarns und Siebenbürgens, Holsteiner, Mecklenburger, Hannoveraner, aus Böhmen, Mähren, Dänemark, Russland, Türkei, Spanien, aus Neapel und England. Diese ließen zwar einen weiten Genpool zu, die Sichtung des Zuchtmaterials und eine einheitliche Zuchtrichtung waren aber umso schwieriger.

Die Aufgaben staatlicher Pferdezucht

Oberstes Ziel der Staatsgestüte war es allgemein, gute Hengste für die Landespferdezucht zu erzeugen, um über deren Nachzucht stets geeignete Remonten für die Armee zur Verfügung zu haben. Der Hengstnachwuchs wurde in vier Garnituren eingeteilt: erste Garnitur – Pepinierehengste für die Staatsgestüte; zweite Garnitur – Landesbeschäler für die Hengstdepots; dritte Garnitur – lizenzierte Hengste für private Gestüte oder Gemeinden; vierte Garnitur – Gebrauchspferde für den Verkauf.

Die Pferdezuchtanstalten standen inklusive totem und lebendem Inventar im Eigentum des k. k. oder des k. u. Ackerbauministeriums. Die Aufgaben der Gestüte teilten sich in zwei Bereiche: Der theoretische Teil, z. B. Anpaarungspläne, An- oder Verkäufe, Importe, Hengstverteilung etc. oblag einem Organ des jeweiligen Ackerbauministeriums. Der praktische Teil, z. B. Ausbildung, Pflege, allgemeiner Dienst etc. oblag der sogenannten Gestütsbranche, einer eigenen Waffengattung des Heeres.

Die Gestütsangestellten von Bábolna tragen zu besonderen Anlässen ihre bestickten Uniformen, die an Husaren erinnern.

Den beiden Gestütsbranchen in Österreich und Ungarn stand ab dem Ausgleich von 1867 jeweils ein Inspektor im Generalsrang vor; sein Titel war Inspektor der k. k. respektive k. u. Gestütsbranche. Dieser überwachte den gesamten militärischen Dienst in allen Betrieben. In jeder Anstalt gab es einen Kommandanten der Gestütsbranche, welcher den täglichen Dienst im Gestütsbereich leitete, etwa das Reiten, die Pflege und Ausbildung, das Belegen und Abfohlen etc. In beiden Reichshälften gab es auch einen landwirtschaftlichen Betriebsleiter, der ein Beamter des jeweiligen Ackerbauministeriums war. Er war für die Arbeits- und Reitpferde der beamteten Angestellten, die gesamte Futterbeschaffung, die Viehwirtschaft, die Zäune und Weidepflege etc. zuständig. Die gesamten Gestütspferde wurden von der militärischen Gestütsbranche für das jeweilige Ackerbauministerium betreut, inklusive Ausbildung, Reiten, Pflege, Fütterung etc. Man kann also von einer frühen Form von Leihpersonal sprechen.

In der österreichischen Reichshälfte waren die beiden Funktionen des Gestütsleiters und des landwirtschaftlichen Betriebsleiters immer in Personalunion dem Gestütskommandanten übertragen. In Ungarn war dies nach 1867 jedoch nicht mehr der Fall, was mitunter zu Problemen führte, wenn die Erfordernisse nicht übereinstimmend gesehen wurden. Weil damit der österreichische Gestütskommandant, der in Personalunion auch Betriebsleiter war, damit theoretisch einem zivilen Beamten des österreichischen Ackerbauministeriums unterstellt war, wurden 1909 die Gestütsbranchen der beiden Reichshälften in die Landwehr (Österreich) bzw. Honved (Ungarn) überstellt.

Die Remontierung erfolgte im Land, auch auf Gestüten und Privatbetrieben, im Rahmen sogenannter Assentierungen durch eine Assentierungs-Kommission. Alle so erworbenen Fohlen, Jungpferde und Remonten kamen auf die Heeresfohlenhöfe zur weiteren Aufzucht und Verteilung. Vierjährig wurden sie an die Truppe abgegeben, welche selbst nicht remontierte. Die meisten Fohlenhöfe befanden sich in Ungarn und Galizien, aber auch in der Steiermark (Kranichsfeld, heute Slowenien); es gab eigene Assentierungs-Kommissionen in beiden Reichshälften. Die angekauften Pferde mussten gesund und kriegstauglich sein.

Jeder Kavallerie-Offizier – vom Einjährig-Freiwilligen aufwärts – musste neben dem ärarischen Chargenpferd auch über ein eigenes Privatpferd verfügen. Grund hierfür war, dass man nur Söhne begüterter Familien für die Kavallerie haben wollte. Die Söhne weniger gut situierter Familien traten den anderen, weniger prestigereichen Waffengattungen bei.

Die Leistungsprüfung der Zuchtpferde erfolgte später im Wiener Reitlehrer-Institut in der Bahngasse, 3. Wiener Bezirk, und mitunter über die Herbstjagden hinter der Meute in Holic; auch im Rahmen von Rennen, Distanzfahrten und Geländeprüfungen o. ä. Es gab keine besonderen Bestimmungen dafür, sondern man stellte an die Pferde geeignete Anforderungen und beschrieb verbal ihre Eigenschaften über längere Zeiträume. Eine gute Leistungsbeschreibung konnte bei einem Hengst die Aufstellung als Pepiniere oder bei einer Stute die Eingliederung in die Mutterstutenherde in einem Staatsgestüt bedeuten. Eine Eigen- bzw. Zuchtleistung unter den Erwartungen führte zum Ausscheiden aus den staatlichen Zuchtbetrieben und zu Verkauf oder Verbrauch.

Die Zuchtbetriebe

Die ungarische Reichshälfte

Über den Ursprung der ungarischen Landpferde (nur mehr als Székler erhalten) kann man leider nur Vermutungen aufstellen. Man nimmt an, dass sie mit den Magyaren vom Osten her ins Land gekommen sind. In der Zeit der türkischen Besetzung Ungarns (1526-1695) erfolgte eine ausgedehnte Einkreuzung orientalischen Blutes. Ihr folgten spanische und italienische Hengste. Seit Anfang des 19. Jahrhunderts verstärkte sich der Vollblut-Einfluss, doch ging die Population immer mehr zugunsten der veredelten, größeren ungarischen Kulturrassen zurück. 1940 gründete man in Alsó Zsuk in Siebenbürgen ein Gestüt, um die wertvolle Székler Rasse zu erhalten. 1944, vor dem Einmarsch der Sowjetarmee, umfasste das Gestüt 230 Székler und Siebenbürger Pferde. In letzter Minute verteilte der letzte Gestütskommandant die

Stuten an die Bauern der Umgebung, um ihnen so eine Chance zum Überleben zu geben. Die heutigen Székler Pferde sind meist mit Kaltblütern verkreuzt. Ungarische und Siebenbürger Hippologen und Pferdezüchter versuchen erneut, die Rasse vor dem Aussterben zu bewahren bzw. zu rekonstruieren.

Das Gestüt Bábolna

Das zweitälteste Staatsgestüt Ungarns liegt etwa 15 Kilometer südlich der Bezirksstadt Komarom. Ausgrabungen brachten zutage, dass es hier schon zu Römerzeit eine Siedlung gab, doch wurde diese vermutlich durch die Tataren zerstört. Der Name Bábolna-Puszta wird erstmals in der Urkunde aus dem Jahr 1268 erwähnt. Hier wurden die von der Ungarischen Tiefebene nach Wien getriebenen, berühmten „magyar szürkemarha" (ungarische Grauvieh-Rinder) nach einem langen Weg zum letzten Mal aussortiert, beziehungsweise eine Rast eingelegt, bis Regensburg weiter getrieben oder an die Metzger von Komárom und Győr verkauft. Noch heute erinnert in Bábolna die Hauptstraße daran: „Mészáros út" (Straße der Metzger). 1662 ging der Besitz an die Grafen Szapáry. 1789 wurden die Ländereien dann von Kaiser Joseph II., auf Gesuch von Joseph von Csekonics – Leiter des Gestüts Mezöhegyes – zwecks Gründung eines neuen Gestüts gekauft. Die eigentlichen Zuchtarbeiten begannen erst im Jahre 1807, nachdem Bábolna durch ein kaiserliches Dekret vom 29. Oktober 1806 zu einem selbstständigen Gestüt erhoben wurde. Der Kürassier-Hauptmann, der sich der ungarischen Pferdezucht verpflichtet fühlte und daneben auch über gute Verbindungen verfügte, hatte mit sicherem Auge das Gebiet zur Gründung des Militärgestüts ausgewählt, das gleichzeitig auch Station der militärischen Eilboten war. Nach der Schlacht von Győr (1809) brannten die napoleonischen Truppen das Anwesen nieder, das zwischen 1810-1820 neu aufgebaut wurde.

Der älteste Teil der Anlage von Bábolna mit dem berühmten Torhaus, das die weiten Höfe erschließt. Nebenan sind die Hengste untergebracht.

Als der Napoleonische Krieg zu Ende war, wurde die Zucht wieder aufgenommen. Man schrieb die Zucht von arabisch typierten Halbblütern vor und holte aus Frankreich dafür unter anderen die Hengste Thibon, Ulysso, Mustaphe und Tharax. Durch die Vermittlung von Baron Fechtig kamen die Hengste Siglavy, Gidran, Ebchen sowie die Stute Tiffle direkt aus Arabien hinzu. 1833 brach eine Beschälseuche in Bábolna aus, welcher in kurzer Zeit 52 Mutterstuten zum Opfer fielen. Im Jahre 1836 kam aus Syrien der weltberühmte Hengst Shagya nach Bábolna, dessen Nachkommen auch heute noch in vielen Ländern sehr geschätzt sind.

Unter den Kommandanten von Bábolna ist die Geschichte von Mihály Fadlallah el Hedad die merkwürdigste. Seine Liebe zu den Pferden brachte ihn im Jahr 1857 mit

Das Hauptgebäude liegt malerisch in einer Parkanlage und wird hofseitig von hohen Bäumen beschattet.

einem Pferdetransport aus Syrien nach Bábolna, wo er eine neue Heimat fand und später Leiter des Gestüts wurde. Einer der späteren Kommandanten von Bábolna, Tibor Pettkó-Szandtner, der Begründer der modernen ungarischen Fahrweise, war nach dem Zweiten Weltkrieg auch Leiter des königlichen Araber-Gestüts in Ägypten. In den zwanziger und dreißiger Jahren galt Bábolna als eines der bedeutendsten Arabergestüte weltweit. Kuhaylan-Zaid und der aus Weil (Württemberg) stammende Hengst Sven-Hedin, in Ungarn als Kemir bekannt, waren die berühmtesten Deckhengste dieser Epoche.

Shagya – ein edler Araberhengst – wurde Stammvater der nach ihm benannten Rasse.

Nach einigen Rückschlägen erkannte man erst in den sechziger Jahren den Wert der Wüstenpferde wieder. Die wichtigsten Hengste in den folgenden Jahren waren Gazal VII, der Rappe O'Bajan XIII, Kemir II, Jussuf VII und Shagya XXXVI. Der Silberschimmel Farag wurde aus dem ägyptischen Staatsgestüt El Zahraa eingeführt. Sein Vater Morafic stand in den USA und galt dort als bedeutender Vererber. Die typischen Merkmale der Shagya-Rasse Eleganz, harmonische Bewegungen, Gutmütigkeit und Lernfähigkeit, gepaart mit großer Leistungsfähigkeit und ansprechendem Exterieur.

Im Gestüt Dióspuszta der Nationalgestüt Bábolna GmbH werden Englische Vollblüter gezüchtet. Die Rennpferde aus Bábolna haben mit ihren ausgezeichneten Ergebnissen in Ungarn und auf anderen europäischen Rennplätzen den guten Ruf des Gestütes gefestigt.

Die wirtschaftlichen Veränderungen 2001 erforderten organisatorisch eine Zweiteilung der herkömmlichen Tätigkeiten der Bábolna AG. So wurde die Pferdezucht und das Gestüt mit dem zum nationalen kulturellen Erbe gehörenden Schlosskomplex von den Betriebszweigen Geflügelzucht- und Lebensmittelindustrie getrennt. Am 01. August 2001 wurde die zu 100 % im

Typvoller Shagya-Araber Hengst mit viel Substanz; „Shagya Burla“ (Raon a. d. 355 Shagya LVI-9) im Besitz von Josef Weiß.

Staatsbesitz stehende Nationalgestüt Bábolna GmbH gegründet. Zu deren Aufgaben gehört die Bewahrung des Schlosskomplexes, des Gestüts und des Pferdebestandes gehört sowie die Weiterführung des ideellen Erbes seit der Gründung im Jahre 1789.

Bei der Besichtigung des Gestütshofes werden folgende Sehenswürdigkeiten vorgestellt: die Kutschen- und Geschirrsammlung; die Ställe des weltberühmten Arabergestütes; die Reithalle und der älteste Akazienbaum von Ungarn (gepflanzt im Jahre 1710); die Gedenktafeln und Büsten der Gestütskommandanten sowie eine kleine Ausstellung über die Geschichte der Pferdezucht. Als Rahmenprogramm bietet das Gestüt Vorführungen u. a. mit Gespannen in landestypischer Anschirrung.

Shagyas geben prachtvolle Gespanne ab und werden in Ungarn sehr häufig eingespannt.

Das Gestüt Mezöhegyes

Im äußersten Südosten der ungarischen Tiefebene, nur wenige Kilometer von Rumänien entfernt und weit abseits der Touristenstrecke, liegt das älteste und bedeutendste Staatsgestüt Ungarns. Das Gestüt Mezöhegyes, (Grdg. 20. Dezember 1784), ist eines der ältesten Gestüte Europas. Seine königliche Hoheit Joseph II, römisch-deutscher Kaiser und König von Ungarn, deklarierte 1784 die Errichtung einer militärischen Pferdezucht in Ungarn, deren hauptsächliche Aufgabe es war, die Armee mit Remonten zu beliefern. Das Management des militärischen Gestüts wurde zu einer Remonten-Basis, einem Handelsplatz und zu einem Basis-Lager für Konsumgüter für die Armee.

Eine alte Fotografie von Mezöhegyes, dem ältesten ungarischen Staatsgestüt.

Der Offizier Joseph von Csekonics, ein in der Armee als glänzender Organisator bekannter Pferdekenner, leitete 20 Jahre lang die Geschicke von Mezöhegyes.

Die Entwicklung der drei Rassen Gidran, Nonius und Englisches Halbblut waren das Resultat eines überlegten Zuchtprozesses. Leider hatte das Gestüt aufgrund der damals mangelnden Hygiene häufig mit Krankheiten zu kämpfen. Im Jahre 1809 verstarben innerhalb weniger Wochen rund 1.000 Pferde an einer Epidemie.

Nach dem Ausgleich zwischen Österreich und Ungarn 1867 wurde Mezöhegyes dem ungarischen Schatzamt unterstellt, so dass es für die österreichische Pferdezucht weiterhin gesichert war. Das Anwesen war zu dieser Zeit mehr als 100 Jahre alt und es gehörten mehr als 16.040 ha dazu. Nach der Bewirtschaftung der Felder, der Vergrößerung des Rinderbestands und der Produktion von Schweinen entwickelte sich ein dynamisches Wachstum. Um die Jahrhundertwende wurde Mezöhegyes zu einer der größten und modernsten landwirtschaftlichen Anwesen in Europa.

Es entwickelte sich bis zum Zweiten Weltkrieg ununterbrochen weiter, doch verlor Mezöhegyes den großen Viehbestand, Maschinen und Materialien. Mit dem Anschluss der staatlichen Betriebe Dombegyház und Bánkút in den Siebzigern und dem

Die Gebäude sind sämtlich im Stil der Zeit und Region erbaut und haben ihren antiquierten Charme bis heute erhalten können.

Zusammenschluss mit der Zuckerfabrik Mezöhegyes 1981 entwickelte es sich als typischer sozialistischer landwirtschaftlicher Betrieb.

Nach dem Systemwechsel war das Kombinat, ähnlich wie die meisten landwirtschaftlichen Betriebe in Ungarn, in einer schlechten finanziellen Situation. Der Betrieb machte in den Jahren 1991 und 1992 die größten Verluste seit seiner Gründung. 1991 spaltete sich die Zuckerfabrik ab, und 1992 wurde man zu einer Kapitalgesellschaft im staatlichen Eigentum. Zum neuen Ziel gehörten der Getreideanbau, die Korn- und Milchproduktion; die Pferdezucht spielte eine untergeordnete Rolle. Dieser Prozess dauerte bis 2004, dann wurde das Unternehmen durch die Regierung privatisiert und in einen landwirtschaftlichen Betrieb und Gestüt aufgeteilt. Es wurde die Mezöhegyes Ltd. gegründet, die nur für die Pferdezucht stand, unabhängig von jeglicher Unterstützung. Die wichtigste Aufgabe ist es bis heute, das Gestüt mit seinen historischen Gebäuden als einzigartigen Kulturschatz sowie die Nonius-Rasse als die erste ungarische Pferderasse zu bewahren und für die Zukunft zu sichern. Das Staatsgestüt ist eines der wenigen Gestüte der Welt, wo vier unterschiedliche Pferderassen gezüchtet wurden.

Ein prachtvolles Nonius-Gespann in Mezöhegyes in vornehmer, zurückhaltender Herausbringung vor dem Jagdwagen.

Nonius-Hengste werden stolz den Besuchern präsentiert, gerne vor dem historischen Hauptgebäude in militärischer Tradition.

Die Rasse Gidran – ein anglo-arabisches Halbblut, dem Trakehner ähnlich – entstand ebenfalls im Gestüt Mezöhegyes.

Die ungarische Olympia-Mannschaft im Springen gewann 1980 den vierten Platz in Moskau. Alle drei Pferde der Mannschaft waren Mezöhegyeser Sportpferde; im Nationalgestüt werden heute nur noch Nonius und Mezöhegyeser Sportpferde gezüchtet, die beiden anderen Rassen wurden 1961 ausgelagert. In der Mitte des Anwesens liegt die bemerkenswerte Reithalle, die 1806 errichtet wurde und seitdem in ihrer Ursprünglichkeit erhalten blieb. In der ehemaligen, umgebauten Kaserne befindet sich heute ein Hotel, weiters gibt es ein Museum mit historischen Gerätschaften und Kutschen.

Die österreichische Reichshälfte

Unwillkürlich denkt man bei österreichischen Pferden an Haflinger, Lipizzaner und Noriker. Die eigentlichen Hauptzuchtgebiete lagen nicht auf dem heutigen Staatsgebiet, sondern in klimatisch und geologisch besser geeigneten, großräumigen Zonen weiter im Osten des Reiches. Der Lipizzaner wurde schon besprochen; der Haflinger ist eine Schöpfung des späten 19. Jahrhunderts und der alte Noriker – er geht vermutlich auf das Mittelalter zurück – war ein eher regionales Produkt des alpinen Raumes. Das berühmte Gestüt Radautz zählt deshalb als „österreichisches" Gestüt, weil es nicht in der ungarischen Reichshälfte lag, sondern in der Bukowina und damit eben in der österreichischen.

Das Gestüt Piber

Ein kleiner Ort bei Köflach, im ehemaligen steirischen Kohlerevier, etwa 30 km westlich der Landeshauptstadt Graz gelegen, ist das letzte bedeutende „Staatsgestüt" Österreichs. Das Dorf Piber, dessen Name vermutlich auf ein gotisches Wort zurückgeht, besitzt eine lange Geschichte. Schon vor der Zeitenwende siedelten hier die keltischen Taurisker, denen norische Völker und schließlich die Römer und Goten folgten. Früh christianisiert, wurde die Gegend zu einem Zentrum des neuen Glaubens und erhielt um 1060 den Status einer Pfarre. Die 900-jährige romanische, später

Das Schloss Piber liegt malerisch auf einer Anhöhe im weststeirischen Alpenvorland. Es ist die Heimat der österreichischen Lipizzaner.

gotisierte Kirche mit dem im Barock aufgesetzten Zwiebelturm ist übrigens die älteste auf weststeirischem Boden. Ursprünglich den Herren von Eppenstein gehörig, wurde Piber mit seinem Umland im Jahre 1103 der Abtei St. Lambrecht überantwortet. Es folgten Jahrhunderte des Streites zwischen den Benediktinern von St. Lambrecht und den Seckauer Bischöfen, die beide Piber für sich beanspruchten und sich erst 1492 aussöhnten. Die Reformation erfasste um 1520 die Steiermark, und die Region um Piber wurde eines der Zentren der Bewegung. Es ist wenigen bekannt, dass die Steiermark – damals regiert von Herzog Karl II. von Innerösterreich und seinem Sohn und Nachfolger Ferdinand, ein Zentrum der Gegenreformation war und Ausgangspunkt der schweren Repressalien gegen die Prädikanten, die mit dem Prager Fenstersturz im 30jährigen Krieg mündeten…

Die Gestütspferde werden unter dem Sattel ausgebildet. Die Uniformen sind an jene der Kavallerie angelehnt.

Später wurde der berühmte italienische Architekt Domenico Sciassia mit dem Bau eines Schlosses beauftragt, welcher zwischen 1696 und 1728 ausgeführt wurde. Doch das Kloster von Piber entsprach nicht den Vorstellungen des Reformkaisers Joseph II., der es 1786 auflösen ließ und dem steirischen Religionsfonds unterstellte. Kurz nach dem Tod Josephs wurde die Domäne Piber zum Militärgestüt gemacht, das nun in relativer Bedeutungslosigkeit einen Remontenjahrgang nach dem anderen an die Armee ablieferte. 1858 wurde es zum Staatsgestüt und züchtet fortan Lipizzaner vom Wirtschaftstyp

Die Kirche von Piber zählt zu den ältesten des Landes und ist ein bauliches Juwel. Sie liegt mitten im Gestüt.

für die Landeszucht in der östlichen Reichshälfte. Piber kam 1867 unter eine vom österreichischen Ackerbauministerium gelenkte Zivilverwaltung. Diese warf die Lipizzaner sofort aus dem Stall und setzte stattdessen Anglo-Normänner und Norfolker ein, die sich im rauen steirischen Bergland nicht bewähren konnten. Man beging mit Eifer jeden nur erdenklichen Fehler, der in der Pferdezucht überhaupt gemacht werden konnte, wechselte nahezu ständig das Zuchtziel und den Bestand, ließ unqualifiziertes Zivilpersonal unter erbärmlichen Bedingungen werken und gab verwirrende Anweisungen.

Der berühmte Graf Carl Wrangel konnte nur mehr resigniert den Kopf schütteln:

„Piber ist das Experimentierfeld der in Wien am grünen Tisch sitzenden Herren Zuchtgelehrten... Ich gestehe, dass der Stutenstamm in Piber keinen günstigen Eindruck auf mich machte. Nur wenige Individuen zeigten korrekte und harmonische Formen, bei der Mehrzahl trat ein so unedler Typ zutage, dass sich ein günstiges Ergebnis nicht erwarten ließ. Du lieber Himmel – wo soll in dieser mehr als zulässig gemischten Gesellschaft die vertrauenerweckende Herkunft herkommen? Unter den Beschälern sind einige so unedle und schlaffe Hengste, dass es mir schlaflose Nächte bereiten würde, hätte ich das Unglück, Kommandant in Piber zu sein...

Vom Gestütsdirektor bis hinunter zum letzten Stalljungen trägt alles den bürgerlichen Rock. Dass dieser ein stark geflicktes, wenn nicht geradezu zerlumptes Gewand darstellt, muss den landesüblichen Lohnverhältnissen zugeschrieben werden. Mit 75 Kreuzern per Tag ist es schwer, den verfluchten Kerl zu spielen. Die zerlumpten, kecken Knechte, die wissen, dass sie gehen können, wann immer es beliebt und die vom Recht des freien Mannes Gebrauch machen, sobald sie etwas gelernt – oder angestellt – haben, müssen als Mitarbeiter einiges zu wünschen übrig lassen.“

Zeitweilige züchterische Lichtblicke (etwa der Hengst Przedswit), durch Glück, Zufall oder momentane Tüchtigkeit errungen, wurden umgehend von unverständigen Beamten in Wien zunichte gemacht; das Gestüt wurde schließlich 1879 in ein Remontendepot umgewandelt, also der Zuchtbetrieb aufgelöst. Ab 1890 wurde es wieder als Pferdezuchtanstalt geführt und lieferte nach Radautzer Vorbild und mit von dort übernommenem Material englisch-orientalisches Halbblut für den Militärbedarf – mit mehr Erfolg als zuvor. So blieb es bis zum ersten großen Krieg 1914, in dessen Nachfeld man die Reste der altösterreichischen Lipizzanerzucht hierher verlegte, neben einigen Restbeständen anderer Rassen.

Klimatisch hat sich die Region als besonders günstig erwiesen, denn es bestehen gewisse Ähnlichkeiten zu Lipizza. Auch in Piber findet man im Muttergestein reiche Kalkeinlagerungen, die tatsächlich vom Karst bis hierher reichen und die zur optimalen Skelettbildung der Pferde beitragen. Der Ort selbst liegt auf rund 450 m Seehöhe, die Gestütsweiden reichen bis rund 600 m hinauf und die Almen gehen gar bis auf 1600 m; hier geht das Weststeirische Hügelland in die Alpen über. Der Lipizzaner gedeiht am besten unter solchen Bedingungen, die ihm viel abverlangen, ihn abhärten. Die ganze Gegend ist hügelig bis bergig; besonders während der sommerlichen Weideperiode in den Alpen müssen sich die jungen Lipizzaner auf felsigen Hängen tummeln, was den Bewegungsapparat kräftigt. Rund 350 ha Weiden und Wiesen, davon rund 150 ha Almweiden, und weitere 70 ha Ackerfläche zum Futteranbau stehen in Piber und seinen Außenhöfen zur Verfügung. Allerdings ist man kürzlich von der Eigenproduktion abgegangen und hat die Ökonomie verpachtet. Die Mutterstuten werden hier, wie auch in fast allen anderen Staatsgestüten der ehemaligen Doppelmonarchie, in großen Laufställen gehalten und kommen erst wenige Tage vor dem Abfohlen in eigene Abfohlboxen, danach aber bald wieder in den Herdenverband zurück. Zum Füttern werden sie an den langen Trögen angebunden, damit kein Futterneid aufkommt. Von April bis Ende Oktober weiden die Mutterstuten täglich mit ihren Fohlen auf üppigeren Talweiden des Hauptgestütes, in dem auch die Beschäler im Hengststall untergebracht sind.

Piber verfügt über enorm große Gebäude und bewahrt die Tradition der Laufstall-Haltung, die der Gesundheit und Sozialisierung der Pferde besonders förderlich ist.

Ein perfektes Pferd ist selten, doch bei diesem Vollblut-Fuchshengst hat die Natur nicht gegeizt; so ähnlich mag der Hengst Przedswit ausgesehen haben.

Das Gestüt Radautz

Im Herzogtum Bukowina, dem östlichsten Kronland der Monarchie, lag mit Radautz das größte Staatsgestüt. Die weitläufigen Gestütsanlagen befanden sich größtenteils im ausladenden Tal der Suczawa und erstreckten sich über eine Gesamtausdehnung von rund 120 km. Sie umfassten zum Teil auch die Bergregionen der Karpaten, wo man auf Hochweiden die Jungpferde und nicht trächtigen Stuten sowie die Tragtiere der Huzulenrasse in freilebenden Herden hielt.

Vom Gestütshof Milleschoutz auf 300 m Seehöhe bis zur Sommerweide Luczina auf 1600 m Seehöhe ergab sich somit eine bemerkenswerte Höhendifferenz, die sich natürlich auf Pflanzenwuchs und Klima auswirkte. In den relativ milden und feuchten Tälern konnten empfindlichere Pferde gehalten werden, während auf den rauen Bergweiden die harten Huzulen – halbe Wildpferde – bestens gediehen. Insgesamt ist das Klima der Bukowina ausgeprägt kontinental, mit heißen Sommern und kalten, schneereichen Wintern, also bestens geeignet, um Pferde abzuhärten. So standen auch die Radautzer Produkte stets im Ruf, besonders widerstandsfähig und ausdauernd zu sein. Die Gesamtgröße des Besitztums lag bei 10.000 Hektar, davon allein 2.250 ha Weideland; Eigentümer war der griechisch-orientalische Religionsfonds, von dem das k. k. Ackerbauministerium die Liegenschaft in Pacht hatte.

Radautz entstand aus einer bukowinischen Pferdesammelstelle, wo halbwilde Remonten aus dem Osten aufgetrieben und für ihre zukünftige Verwendung beim Militär vorbereitet wurden. Aus solch einem Sammelplatz namens Kotzman – ehemalige türkische Bukowina – entwickelte sich im Laufe der Zeit ein halbwildes Gestüt, denn manche der angekauften Stuten waren trächtig und konnten nicht umgehend an die Armee abgegeben werden. Ab 1774 bestand also auf der Domäne Waschkoutz eine Art Zuchtbetrieb, der 1792 zum bukowinischen Landgestüt und Remontierungsdepot erweitert wurde. Langsam entwickelte sich aus dem anfänglich primitiven Weidebetrieb ohne Stallungen ein geregelter Zuchtbetrieb, welcher gewissen Richtlinien folg-

Stolz lassen sich die Gestütsangestellten im blitzsauberen Stall fotografieren; alles wurde für die Aufnahme um 1900 auf Hochglanz gebracht.

te. Verantwortlich für die Entwicklung war der Sekondrittmeister Joseph Cavallar, der als Pferdefachmann eine kometenhafte Laufbahn in der Armee durchlief und für seine Verdienste um Remontierungswesen und Pferdezucht von Kaiser Franz I. später in den erblichen Freiherrnstand erhoben wurde.

1802 wurden aus Siebenbürgen zwei Gründerhengste angekauft, die sich gut bewährten. Zwar bestand die halbwilde Herdenzucht noch einige Jahre fort, doch 1816 wurden 100 ausgewählte Stuten diesen Beschälern planmäßig zugeführt und die Zucht auf orientalische Basis gestellt. Die beiden halbwilden Herden zu je 100 Stuten wurden 1824 auf Planzucht umgestellt, im Jahr darauf gab es schon vier Herden. Das nunmehrige Militärgestüt entwickelte sich prächtig. Waren es anfänglich Hengste sehr bunter Herkunft, so konnten sich in Radautz bald Beschäler der orientalischen Rassen durchsetzen. Berühmt wurden Siglavi, Shagya, Gidran, Dahoman und El Bedavi – alles Araberhengste, die bedeutende Stämme begründen konnten, welche weit über das Gestüt hinaus strahlen sollten. Ab 1842 verwendete

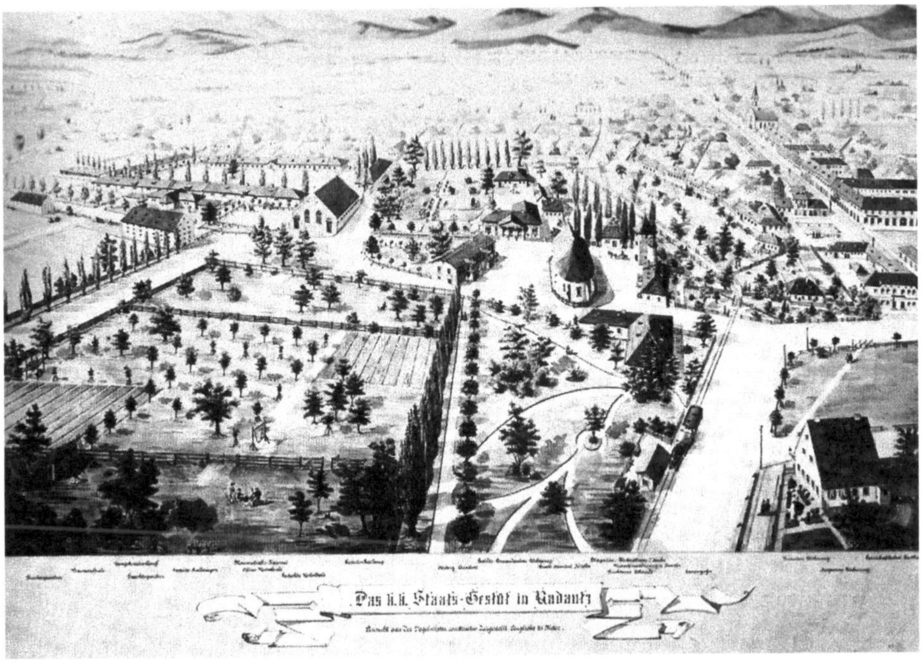

Die Vogelschau auf die Gestütszentrale von Radautz zeigt, wie weitläufig die Anlage war; die Weideflächen waren auf rund 120 Kilometer verteilt.

Ein Huzulen-Hengst mit typischem Ausdruck, verschmitzt und rustikal. Diese Rasse wurde in Radautz zur Perfektion gebracht.

man mit wachsendem Erfolg auch Hengste englischer Abstammung, deren Blut man in Radautz ab 1905 mit besonderem Geschick mit dem der orientalischen Pferde zu verbinden wusste.

Zu jener Zeit belief sich der Bestand auf etwa 600 Mutterstuten und war in quantitativer und qualitativer Hinsicht im Steigen begriffen; das Revolutionsjahr 1848 brachte jedoch herbe Verluste, die man mit Material aus anderen Gestüten ausgleichen musste. Die sich erhebende Bevölkerung lieferte den europäischen Monarchien und ihren Heeren teils schwere Gefechte, denen viele Pferde erlagen. Schließlich erfolgte 1856 die Einrichtung des Huzulen-Gestütes auf der Luczina, der höchstgelegenen Weide des Betriebes. Die karge Bergregion eignete sich bestens zur Zucht der kleinen Bergpferde, die man als unermüdliche Trag- und Zugtiere schätzte und die in Osteuropa noch heute gerne in der Landwirtschaft verwendet werden.

Bis 1857 war die Zucht in Radautz zwar sorgfältig und nach gewissen Kriterien betrieben worden, jedoch war sie keinesfalls eine nach heutigen Begriffen sinnvolle und gezielte gewesen. Man teilte die Stuten einfach nach Farbe, Größe und Typ den jeweiligen Herden zu, ihre Erbmerkmale blieben jedoch weitgehend unberücksichtigt. Das änderte sich nun und man begann, die Rassen oder Stämme systematisch nach Herkunft und Erbtreue zu vermehren, was zur Ausbildung der berühmten Radautzer Zuchtlinien führte, von denen Gidran, Furioso, Lipizzaner, Huzule und Araberrasse genannt seien. Die resultierenden Deckhengste für die Landeszucht gingen in die österreichische Reichshälfte.

1869 wurde das bisherige Militärgestüt in ein Zivilgestüt umgewandelt und somit als Staatsgestüt bezeichnet; wegen personeller Probleme wurde schon zehn Jahre darauf die Gestütsmannschaft wieder aus dem militärischen Bereich rekrutiert, allerdings blieb die Verwaltung beim k. k. Ackerbauministerium. Kaiser Franz Joseph und Kronprinz Rudolf statteten dem Gestüt in den 80er Jahren Besuche ab, Pferde aus Radautz nahmen erfolgreich an diversen Zuchtausstellungen teil und erfreuten sich eines erstklassigen internationalen Rufes, sowohl beim Militär, wie auch beim Zivil.

Auf der Hochfläche Luczina weiden bis heute graufalbe Huzulen-Stuten mit ihren Fohlen das karge Almgras.

Die Zuchtarbeit wurde in den folgenden Jahrzehnten, wie auch andernorts in der riesigen Doppelmonarchie, durch unvernünftige Anordnungen von oben behindert, erlitt wegen der hohen Qualität und Erbkonstanz des Materials aber kaum Schaden. Die Landesbeschäler bewährten sich in der gesamten österreichischen Reichshälfte und beeinflussten andere Bestände zum Guten; mit der Verlegung des Bestandes infolge des Kriegsausbruches 1914 war eigentlich das Ende des Gestütes erreicht. Obwohl in einigen der 16 Fluchtorte in Innerösterreich noch einige Zeit mit Radautzer Material gezüchtet wurde, war die alte Tradition gebrochen, der Bestand zersplittert, die restlichen Jahre blieben ein Schwanengesang. Die offizielle Auflösung erfolgte 1919, nachdem die letzten Pferde entweder an die Nachfolgestaaten der Monarchie oder an die Staatsgestüte Wieselburg und Piber abgegeben worden waren. Dazu ein Zitat aus dem Artikel „Zur Auflösung des österreichischen Staatsgestütes Radautz“ (Magazin St. Georg, 1919) von Gustav Rau: „Hat Österreich gar keine hippologischen Aspirationen mehr, dass es ein solches Zuchtmaterial in alle Winde zerstreut? Es muss doch ein Landwirtschaftsminister vorhanden sein, der

Der Radautzer Hengststall mit den herrlichen Orientalen in ihren Boxen unter den Hirschgeweihen – Hauptbeschäler bester Güte, die großen genetischen Einfluss hatten.

Die Hochweiden des Gestüts Radautz waren und sind sein Kapital. Hier konnten harte, ausdauernde Pferde gezogen werden, die als Armee-Remonten ihresgleichen suchten.

weiß, dass die Pferdezucht ein wichtiger landwirtschaftlicher Produktionszweig ist, und dass man Pferde wie die Radautzer überall gebrauchen kann. Mit der Radautzer Zucht sinkt ein schönes Stück Pferdezucht dahin. Wer kann verstehen, dass Deutsch-Österreich diese altösterreichische Institution, die eine der besten war, nicht übernommen hat?"

Das Gestüt selbst war bei Kriegsende ein Tragtiergestüt (Huzulen), dem schon bald wieder halbblütige Zuchtpferde und ein Hengstdepot zugesellt wurden. 1921 umfasste es rund 5.000 Hektar, die alten Anlagen waren z. T. reaktiviert worden und auf der Luczina weideten wieder Pferde – nun allerdings auf rumänischen Boden, denn die Bukowina war nicht mehr österreichisch. Dazu Hans Brabenetz: „Im Zeitraum von 1920 bis 1942 wurde das züchterische Geschehen der Bukowina über das Gestüt Radautz und die Zuchtvereine für Araber in Radautz und für Huzulen in Seletin gesteuert. Somit erlangte das Radautzer Pferd erneut seinen vor dem Ersten Weltkrieg innegehabten Ruf bezüglich Härte, Ausdauer und Schönheit… Der rumänische Staat unterstützte die breite Landeszucht vorbildlich nach altösterreichischem Muster. 1944 wurde das gesamte Gestüt in das Banater Hengstdepot Izvin bei Temesvár (Timisoara) evakuiert. Teile des Gestüts gelangten auch in das Staatsgestüt Bontida bei Klausenburg (Cluj) in Siebenbürgen… 1951 erfolgte eine neuerliche Änderung, der Betrieb wurde wieder Staatsgut und mit der Neuerrichtung der Gidranzucht betraut. Das altösterreichische Staatsgestüt Radautz wurde also auch für die heutige rumänische Pferdezucht ein wesentlicher Ausgangspunkt. Generationen von rumänischen

Hippologen haben die jetzige Zucht dieses pferdereichen Landes erfolgreich gestaltet und auf ein beachtliches Niveau gebracht. Die Orientalen und auch die Huzulen aus Radautz haben einen wesentlichen Anteil daran... So wie in der Gidran-Zucht durch Gidran XIV nahm in der rumänischen Furioso-Zucht, die ebenfalls auf Mezöhegyes zurückgeht, ein Furioso Altradautzer Herkunft Einfluss, der 1953 im slowakischen Staatsgestüt Motesice gezogene, rumänische Furioso XLVI."

Der eigentliche Nachfolger von Radautz war auf einige Jahrzehnte der junge österreichische Staat mit seinen nunmehrigen Bundesgestüten Piber, Wieselburg und Perwarth. Die Piberer Warmblutherde, die man als letzte, wenn auch modernisierte Population mit relativ hohem Genanteil altösterreichischen Blutes (Nonius, Furioso, Przedswit) bezeichnen hatte können, wurde im Nachgang der so genannten Lipizzaner-Seuche 1982-83 aufgelöst und damit die staatliche Warmblutzucht Österreichs faktisch beendet. Radautz ist heute ein Zuchtbetrieb erstklassiger Shagya-Araber, der im Vorwerk Luczina in den Karpaten auch die robusten Huzulen und das neu geschaffene, so genannte Bukowina-Pferd (ein regionales Klein-Kaltblut) vermehrt. Der Bestand kann auf ca. 300 Pferde im Gestüt geschätzt werden; auf der Hochfläche Luczina weiden rund 100 Huzulen.

Ein älterer Stall der heutigen, im Umfang stark reduzierten Anlage von Mittoka/Mitoc am Fluss Suceava. Der einstige Glanz von Radautz scheint verloren zu sein...

Hans Brabenetz zur gegenwärtigen Situation des Gestüts aus seiner Sicht: „1951 erfolgte die neuerliche Änderung in ein Staatsgut und des Staatsgestüts für Gidrans. Die Zuchtleitung erfolgt durch die Direktion für Pferdezucht im Landwirtschaftsministerium. Die Gestütsfläche liegt bei rund 2.500 ha, mit Brodina im Westen in 500 m Seehöhe als Aufzucht der Hengstfohlen. In Radautz selbst liegt die Gestütsleitung mit Büros, Stallungen für Remonten und Trainingseinrichtungen für deren Prüfung im Herbst. In Mitoc (früher Mittoka; Kapelle) am Fluss Suceava liegen alte Stallungen, trotz ihrer rund 150 Jahre noch in gutem Zustand, wo auf rund 700 ha Hauptbeschäler, Mutterstuten und Stutfohlen stehen. Das alte Radautz wurde für die heutige rumänische Pferdezucht ein wesentlicher Ausgangspunkt. Generationen von rumänischen Hippologen haben die Zucht dieses pferdereichen Landes erfolgreich gestaltet. Die Araber und Huzulen von Radautz haben einen erheblichen Anteil daran."

Teil 7: Literaturzitate

„Allerhöchste Resolution zur Anhebung der Pferdezucht“

Kaiser Joseph II, 1784/85

(Der hier wiedergegebene Text ist im Original in der Sprache und Schrift des Spätbarocks verfasst und enthält einige Passagen und Ausdrücke, welche dem heutigen Leser unverständlich bleiben müssen. Dazu sind manche Schreibweisen sehr ungewöhnlich; um dem Verständnis entgegenzukommen, haben wir diese Teile etwas vereinfacht oder angepasst, immer im Rahmen einer „sanften“ Anpassung, wie sie durchaus auch zur Entstehungszeit hätte von einem Beamten ausgeführt werden können. An der Satzstellung wurde nichts geändert, sie sollte in der originalen Komplexität erhalten bleiben und ist ein gutes Beispiel für „frühes Beamtendeutsch“.)

Die Seine Majestät der Kaiser und König Joseph II. um künftig in dem Königreich Ungarn und den damit verbundenen Staaten einen gewissen Fortgang in der Fortpflanzung der Pferde von besseren Schlag zu machen, mittelst einer allerhöchsten Resolution von 20. Dezember 1784 allergnädigst heraus zu geben, und zur künftigen Richtschnur festzusetzen geruhet haben; und welche nachher auf allerhöchsten Befehl im Monate November 1785 zum Drucke befördert ward.

Wie sehr sich Seine Majestät die Fortpflanzung der Pferde einer besseren Gattung und höheren Wuchses in Ungarn und den damit verbundenen Staaten einzuführen und fortdauernd zu machen angelegen ließen, ist jedem wohl bewusst, der sich auf die vielen, seit dem Jahre 1776 im Betreff der Pferdezucht erlassenen, teils allgemein, teils auf besondere Fälle eingeleiteten königlichen Verordnungen zurückerinnern will.

Gleichwie aber diese Anstalten und Bemühungen unstreitig einen vortrefflichen Grund zur Erreichung des einer solchen Einrichtung angemessenen Endes legten, und schon in ihrem Umfange einen erwünschten Fortschritt zu versprechen schienen, so hat man nach Verlauf einer geraumen Zeit, die seit der ersten Einrichtung verstrich, auch ferner auf solche Mittel Bedacht nehmen müssen, welche wirksam genug wären, diese Verordnungen behände und auf eine zuverlässige Art, wo nicht zur höchsten Vollkommenheit, doch gewiss zu einer ersprießlichen und merklichen Verbesserung gelangen zu machen.

Aus diesem Beweggrunde haben Seine Majestät zum allgemeinen besten Wohl, als zum Nutzen ihrer einzelnen Untertanen, die sich mit Pferden oder Stutereien (Gestüten) abgeben oder in Zukunft abgeben werden, folgende, auf unsere Zeitumstände vornehmlich abgefasste Maßregeln, zur Fortsetzung der hierin schon vormals allerhöchst verfügten Normalen allergnädigst fest zu setzen, und solche in folgenden Punkten öffentlich bekannt zu machen geruhet.

§ 1

Weil es die Erfahrung bestätigt, dass die meisten Gerichtsbarkeiten Ungarns zum Teile Hengsten von einer mit der Stute in keinem Verhältnisse stehenden Größe, zum Teile aber von einem hohen Alter, oder mit anderen Mängeln behaftet, durch Leute, die oft eine schwache, eben gar keine Kenntnis von Pferden hatten, auswählen und um einen übertriebenen Preis behandeln ließen: ja dass sogar jene Hengsten, die aus allerhöchster Freigebigkeit den Gespanschaften gratis zugeliefert wurden, wegen ihrer ferneren Beförderung und Übersetzung an Ort und Stelle, so kostspielig geworden, als wenn selbe um breites Geld beigeschafft worden wären. Aus dieser Rücksicht wollen Seine Majestät in Hinkunft seinem Komitate, seinen Städten, oder…

dem Königreich Ungarn die willkürliche Beschaffung der Hengsten gestatten, sondern

Landesbeschäler 124 Amurath-21 aus einer Shagyastute, vor 1916 im k.k. Staatsgestüt Radautz gezogen

Das System der Brände war in Österreich-Ungarn genial, denn es erlaubte auch ohne Abstammungspapiere, ein „unbekanntes" Pferd durch Vergleichen der Brände und Zuchtbücher zu identifizieren.

allerhöchst dieselben geruhten gnädigst zu verordnen, die erwähnten Gerichtsbarkeiten sollen künftiger Zeit, wenn sie eines Hengsten benötigt wären, bei jedem sich ergebenden Falle, jedoch einige Monate bevor die Belegung vorgenommen wurde, eine genaue und umständliche Anzeige von der Beschaffenheit der in ihrem Bezirke vorhandenen Stuten an die königliche ungarischen Statthalter einsenden.

§ 2

Solchermaßen wird die eingesendete Anzeige Seiner Majestät alleruntertänigst vorgestellt werden, wonach allerhöchst dieselben die Verfügung zu treffen geruhen werden, jeder solchen Gerichtsbarkeit, die eines frischen Hengsten bedürftig wäre, mit neuen, von bestem Schlage gewählten und mit dem Schlage dortiger Stuten übereinstimmenden Hengsten gegen einen gemäßigten Preis zu versehen, und solche, um die Transportauslagen der Cassa domestica zu ersparen, bis an Ort und Stelle, woselbst die Stutteryen der einen solchen Hengsten anverlangenden Gerichtsbarkeit sich befänden, abliefern zu lassen, in welchen Fällen wollen Seine Majestät bloß jene Unkosten dem Ärar ersetzen lassen, die, vermöge an alle öffentliche Gerichtsbarkeiten des Königreichs in Betreff der einzurichtenden Pferdezucht unter den am 16. August 1785 und 13. September 1785 ergangenen Verordnungen näher aufgeklärt worden, und im genauen Verstande unmittelbar unter den Transportunkosten begriffen sind.

§ 3

Sollte es jedoch in der Zeit geschehen, dass einige Gerichtsbarkeiten mit den ihnen übersendeten Hengsten sich aus gründlichen Ursachen nicht begnügen könnten, so werden dieselben allezeit berechtiget sein, nach gemachter genauer unparteiischer Untersuchung der mangelhaften Hengsten, ihre diesfällige Vorstellung mittelst der königlichen ungarischen Statthalter an Seine Majestät gelangen zu lassen.

§ 4

Um aber die brauchbaren Hengsten von den unbrauchbaren gehörig unterscheiden zu können, soll eine Zivile Gerichtsbarkeit mittelst Zuziehung einiger hierzu gebetenen Kriegsoffiziere, die ohnehin die Remonten zu besorgen haben, in Gegenwart einiger aus dem Gremio politico gewählten Deputirten die Besichtigung vornehmen lassen, und nach befundenen Umständen die noch brauchbaren von den unbrauchbaren absondern, die ersteren zum ferneren Gebrauch beibehalten, diese aber um einen möglichst besten Preis zur Schadloshaltung der Cassa domestica zu veräußern trachten, wonach an der verkauften Stelle die besagte Gerichtsbarkeit andere, mit allen im §. 1. angedeuteten Eigenschaften versehene Hengste zum Ersatz abzuverlangen befugt sein wird.

§ 5

Was die Verbesserung der Stutereien und die Besorgnis der Hengsten belangt, weil diese besonders davon abhängt, dass man Leute anwende, die in der Pferdezucht vorzüglich bewandert sind, so werden alle Gerichtsbarkeiten, gleichwie es die in vorigen Jahren durch das Königreich Ungarn, und die damit verbundenen Staaten und gemachte Normalresolutionen in mehreren Erläuterungen zu erkennen geben, auch gegenwärtig kraft eines allerhöchsten Befehls dahin angewiesen, dass in jenem Falle, wo die erwähnten Gerichtsbarkeiten mit keinen zur Verpflegung und Besorgnis der Hengsten und Stutteryen tüchtigen Leuten bisher versehen waren, sie dieses unverzüglich an die Stutereien ungarische Statthalter zu berichten verbunden seien, wonach dann einige aus den k. k. Regimentern ausgehobene halb invalide Gemeine, die noch zu einem solchen Geschäfte hinlänglich Kräfte und Tätigkeit besaßen und sowohl zu den allgemein gebräuchlichen und den der Stutereien erforderlichen Verrichtungen wohl zu brauchen, wie auch in der deutschen, gewöhnlichen Art der Handbeschälung wohl geübt wären, verlangt und nach dem Orte ihrer Bestimmung abgeschickt werden könnten.

§ 6

Diese Invalidensoldaten aber werden, so lange sie einen Dienst einer Stuterei oder so zu sagen eines Stallknechtes irgend einer Gespanschaft, königlichen Freistadt oder Distrikte zu verrichten haben, zugleich den besagten Gerichtsbarkeiten unmittelbar untergeordnet sein müssen, wie auch ihre Löhne aus der Kassa ihrer Gerichtsbarkeit zu holen haben.

§ 7

Sollte sich aber unter den abgeschickten und bei den Reit- und Stalldiensten neu angestellten Invaliden einer oder der andere finden, der zu seinem angewiesenen Dienste unbrauchbar befunden worden wäre, so muss dieser Fall, damit solche unbrauchbare Leute den Gerichtsbarkeiten nicht lange zur Last fallen, also bald angezeigt werden, um hernach solche zurück berufen und in ihre Regimenter wieder einteilen zu können.

§ 8

Und da über dies zu genauerer Verfolgung dieses Instituts auch notwendig ist, dass außerdem der Stutterey angestellten Subalternen auch einige seien, denen die Oberaufsicht anvertrauet werde, und die aus dem Mittel der Komitatsbeamten zu wählen sind, so ist dies falls allen Gerichtsbarkeiten die aller gnädigste und endlich aller höchste Willenserklärung bekannt gemacht werden, ein der gleichen Individuum, die erst gemeldet worden, welches von allen gegenständigen dieses Instituts die erforderlichen Kenntnisse besitzt, und die dabei nötigen Anstalten füglich zu treffen im Stande sein wird (wenn solches auf die diesfällig schon vorher ergangenen allerhöchsten Normalresolution noch nicht geschehen werde) zu ernennen.

§ 9

Diesen Inspektoren, unter anderen schon oft Circulariter zu befolgen aufgetragenen Gegenständen, besonders auch diese obliegen: Damit die Bauern ihre trächtigen Stuten, wenn sie solche anspannen, nicht zu sehr beschweren oder übertrieben laufen lassen, weil dadurch leicht eine unzeitige Geburt veranlasst werden könnte; auch muss es nicht gestattet werden, dass die abgesäugten Füllen in den Arbeiten und längeren Wegen ihren Müttern folgen sollen, dass die zwei oder drei jährigen Hengste unter den jungen Stuten vermenget stehen sollen. Über dies werden gedachte Oberaufseher auch darauf zu sorgen haben, dass die Weiden, um den Pferden ein besseres Futter zu beschaffen, bestens unterhalten werden, und sind demnach die diesfalls schon längstens allerhöchst vorgeschriebenen Maßregeln zu erneuern und auf das pünktlichste in Ausübung zu bringen. Die Gemeinschaften, welche mit Stutereien versehen sind, es mögen solche aus wilden oder zahmen Rossen bestehen, sind sodann verpflichtet, auf den Prädialgründen Schutzdächer jedoch auf das Sparsamste zu errichten, und sowohl im Winter wider die rauhe Witterung als auch im Sommer wider verschiedene stechende Insekten da selbst sein können; bei diesen Schutzdächern sind auch Brunnquellen aufzudecken und Zisternen anzulegen, um die Rosse gehörig tränken zu können; und dergleichen mehr, was für nützlich oder nötig erachtet wird zu tun.

§ 10

Nicht minder haben Seine Majestät zur Beförderung und einer mehreren Aufnahme dieses Institutes, und um solches ins Künftige an keinen Mitteln welche nur immer erforderlich oder vorteilhaft sein könnten, gebrechen zu lassen, allergnädigst beschlossen, in dem Königreich Ungarn eine eigene k. k. Stuterei, und sozusagen eine Pflanzschule einer schöneren, besseren und stärkeren Gattung Pferde baldigst errichten zu lassen, und zwar in dem dazu gewählten Landgut Mezöhegyes, welches in der Arader Gespanschaft liegt.

§ 11

Zu diesem Ende werden die k. k. Stuten, so aus der Bukowina herbeigeschafft werden sollen, ebenso wie jene die man wirklich schon vorhanden hat, nächstens besichtigt und jene, die nicht tüchtig genug zur Zeugung besserer Art Rosse befunden worden wären, abgeschafft, solche aber, die zur provinziellen Fortpflanzung auch in Hinkunft sich brauchen ließen, beibehalten und sofort unter jene Landleute, bei denen man sich einer hinlänglichen Bürgschaft versichern kann, nachdem sie vorher in der Verpflegung der ihnen anvertrauten Stuten gehörig unterrichtet worden, unter folgenden Bedingnissen ausgeteilt werden: besagte Landleute werden folgender Zeit als einen Ersatz der k. k. Stuten jedes dreijährige Füllen zur Remonte der k. k. Kavallerie abzuliefern schuldig sein. Sollte aber eine dem Landmann überlassene Stute zu Grunde gehen, lauter Stutenfüllen werfen oder unfruchtbar sein, so werden dem ungeachtet die Insassen, so der gleichen

Im 18. Jahrhundert begann man eifrig, die Stutenbasis sowohl in Zahl als auch Qualität enorm zu steigern, um genügend Remonten zur Verfügung zu haben.

Ärar-Stuten übernommen haben, immer hin verbunden sind, ein dreijähriges Füllen der Remonte zu leisten, weil in jedem solchen Falle die selbem übergebene Stute als ein demselben anvertrautes Gut betrachtet werden muss, dessen vormaliger Eigentümer das Recht hat, sich dafür gleichsam einen Ersatz leisten zu machen. Außerdem ist die Überlassung der Stuten im Allgemeinen betrachtet immer als eine Wohltat für den Landmann anzusehen, weil er solche ohne Barschaft erhält und durch die Ablieferung eines einzigen Füllens binnen drei bis vier Jahren zu dem eigentümlichen Besitze der Stute selbst gelangen kann. Demzufolge haben sich jene Landsleute, die dergleichen Stuten unter den oben angezeigten Bedingnissen zu übernehmen Lust hätten, bei ihren eigenen Gerichtsbarkeiten unverzüglich anzumelden.

§ 12

Übrigens versehen sich Seine Majestät im Betreff dieser Einrichtungen umso mehr eines gewünschten Erfolges, da allerhöchst dieselben den höchsten Entschluss zu fassen geruht haben, sechzig auserlesene Hengste von ausnehmenden Eigenschaften in das Königreich abzuschicken, um durch selbe alljährlich 2000 Stuten belegen zu lassen, durch diese Entschließung haben allerhöchst dieselben ihre väterliche Absicht vorzüglich dahin gerichtet, dass in Zukunft mittels solcher Springer bei allen privaten und provinziellen Stutereien des Königreiches in der jungen Zucht der Pferde ein gutes Geblüht, eine starke, dauerhafte Komplexion und Leibesbeschaffenheit sich fortpflanzen und erhalten möge; da man ohnehin durch die Erfahrung belehrt war, dass die in voriger Zeit gediehenen Nationalpferde bloß aus dieser Ursache in der Folge ausgeartet haben, weil die Stutereien mit sehr schwachen Hengsten versehen waren oder solche aus dem Ausland mit vieler Beschwerde und um einen hohen Preis angeschafft werden mussten, ohne dass selbe für die Nationalstuten anwendbar gewesen wären.

Aus allergnädigster Vorsicht ist auch wirklich eine große Anzahl der gleichen auserlesenen Hengste nach dem Pester Komitat teils schon abgeführt worden, teils ist solche noch auf dem Weg dahin. Was nun das System, welches den Gebrauch dieser Hengste vorschreibt betrifft, so ist folgendes in Betracht dessen festgesetzt worden.

§ 13

Der Rittmeister des Zeschwizischen Kürassier-Regimentes namens Csekonics hat den Auftrag bekommen, 2000 Stück der brauchbarsten Stuten, besonders im Pester, Bekescher und Sathmarer Komitat, im Jaziger und Kumaner Distrikt wie auch bei einem erforderlichen Falle in den Arader und Batschkaer Gespanschaften auszusuchen und vorzumerken, sodann aber mit den Ober- und Vizegespanen erwähnter Gespanschaften, im Jaszyger und Kumaner Distrikt hingegen mit dem dortigen Kapitän sich einverständlich zu halten, um mit derer gemeinschaftlichen Beratschlagung entscheiden zu können, wann und auf welche Art die zweckmäßige Auswahl der vorhandenen Stuten am zügigsten vorzunehmen wäre.

§ 14

Da aber allerhöchst Seine Majestät in diesem Institute allen mindesten Schein eines Zwanges sorgfältigst vermieden haben wollen, so wird gegenwärtig allen zu wissen gemacht, dass keiner von ihren provinziellen Insassen gebunden sei, seine Stuten dem oben gedachten Rittmeister Csekonics oder anderen hierzu kommissionierten Offizieren vorzuzeigen, sondern von der Willkür eines jeden abhänge, sich des mit diesem Systeme vereinbarten Vorteiles und der aus allerhöchster Milde zu dessen mehreren Vorschub gnädigst bewilligten Partikulär-Begünstigungen (wie solche gleich auch nachfolgen werden) teilhaftig zu machen, oder nicht.

§ 15

Gleichwie aber oft erwähnter Rittmeister Csekonics oder andere k. k. Offiziere, welchen diese Sorge aufgetragen werden wird, nur einzig solche Stuten auswählen und vormerken können, die ihnen zur Vermehrung einer ansehnlichen Gattung Pferde mit den nötigen Eigenschaften begabt zu sein scheinen werden, solche aber besonders in einer gerechten Maß, schicklichem Alter, in einer hinlänglichen Ausdehnung des Bauches, worin das Fohlen einen gemächlichen Raum haben kann, in der Fruchtbarkeit und anderen dergleichen Qualitäten bestehen, ebenso wollen Seine Majestät alles dieses allen Pferdeeigentümern mit gegenwärtigem Avertissement zu vorderst bekannt machen lassen, damit nicht etwa die Untertanen mit ihren Stuten, die vielleicht von allen oben angeführten Eigenschaften keine besäßen und überdies mit anderen Mängeln behaftet wären, vor dem kommissionierten Offizier (welches nur ein wahrer Zeitverlust wäre) vergebens erscheinen.

§ 16

Wenn nun der Rittmeister Csekonics und die übrigen dazu bestimmten k. k. Offiziere die Auswahl der Stuten werden getroffen haben, so ist noch übrig, dass nach gepflogener Einverständnis mit den Gerichtsbarkeiten wegen der Zahl, des Ortes und der Proportion der Stuten die Stationen, zu welchen die Hengste in der Belegungszeit abgeführt werden müssen, angemerkt und bestimmt werden. Wonach die Eigentümer die nach dieser Modalität ausgewählten Stuten mit Beilegung eines Zettels, welcher ihnen bei Gelegenheit der Auswahl ausgehändigt werden wird, in die dazu bestimmten Stationen zu seiner Zeit abführen werden. Für jede durch die Hilfe der Menschenhände von Hengsten belegte Stute bekommen dieselben (sobald die gedachte Stute sich von dem Hengst nicht mehr besteigen lässt und dadurch ein verlässliches Zeugnis der bereits geschehenen Empfängnis von sich geben wird) zur Belohnung der gehabten Mühe und Unkosten einen Gulden zum Geschenke.

§ 17

Das hierzu nötige Geld wird bei den Ortsrichtern oder Notaren nach Maß einer hinlänglichen Sicherheit und Bürgschaft deponiert werden, und von diesen müssen sie den militärischen Unteroffizieren, welche bei dieser Belegung angestellt sind, von Zeit zu Zeit nach Erfordernis einiges herausgeben, auch die von den Bauern, welche gedachter Maßen Belohnungsgelder empfangen haben, die richtig auszustellende Quittung besorgen.

§ 18

Von den Eigentümern dieser ausgewählten und nach oben angeführter Modalität belegten Stuten werden sonach die gefallenen Fohlen, wenn ein Jahr alt, mit 18 bis 24, wenn sie aber zweijährig wären mit 35 bis 40 und wenn sie dreijährig mit 65 bis 73 Gulden abgekauft werden, und überdies wird denen, welche bezeugen können, dass sie das vierte auf obgedachte Art gezeugte Fohlen zum Gebrauch der k. k. Reiterei verkauft haben, eine schon von dem Hengst belegte Stute aus der k. k. Stuterei (wie es oben in § 10 gemeldet wird) zum Geschenk gegeben. Übrigens wollen Seine Majestät gnädigst bemerkt haben, dass es…

§ 19

… den Eigentümern der Stuten immer frei stehen wird, die Fohlen, wenn sie auch von einem Staatshengst (Ärar-Hengsten) auf oben angeführte Art, nämlich in den dazu bestimmten Stationen erzeugt worden wären, wem immer und um was immer für einen Preis nach Belieben zu verkaufen oder mit selben nach ihrer Willkür zu disponieren; denn da alles, was von diesem Institut entspringt, bloß willkürlich (hier: freiwillig) zur Erreichung eines Gewinnes für jedermann und zur Aufmunterung des Fleißes ohne allen Zwang geschehen muss, so kann auch der Verkauf dieser Fohlen nicht bloß auf die k. k. Stuterei eingeschränkt werden.

§ 20

Da es aus der Sache selbst erhellt, dass für jene Fohlen, welche zum Verkauf als Remonten bestimmt sind, eine besondere Sorgfalt getragen und besonders gut erzogen werden müssen, so soll sich jeder Eigentümer der Stuten oder Fohlen, das was schon öfters oben gesagt worden, besonders angelegen sein lassen, damit sich etwa der Fall nicht ereigne, dass die militärischen Kollektanten (hier: Einsammler) der Remonten aus Mangel der erforderlichen Erziehung die verkäuflichen Füllen unbrauchbar fänden und folglich dieselben entweder zurückgeben oder wenigstens nicht um einen der oben bestimmten Preise käuflich an sich bringen wollten; denn einen solchen Schaden hätte nachher der Eigentümer einzig seiner eigenen Sorglosigkeit zuzuschreiben.

§ 21

Weil nun die Vorschrift, nach der die Pferdefohlen zu erziehen und in einem guten Stande zu erhalten wären, im Jahr 1780 einem k. k. Befehl zufolge durch ein Zirkularschreiben (hier: Rundschreiben) im Königreich kundgemacht ward und alles dies vollkommen enthält, dessen genaue Beobachtung und Ausübung uns den vorgehabten Zweck erreichen macht – dass nämlich so brauchbare und für die k. k. Küras-sierregimenter erforderliche Pferde ausgebildet werden –, so haben Seine Majestät, um die erwähnte Vorschrift allgemein bekannt und gemeinnützig zu machen, selbe in mehreren Exemplaren zum Druck zu befördern und gegenwärtig zwei ungarisch und deutsch verfasste Abdrucke, welche mit dem Buchstaben A bezeichnet wurden, hier beizufügen allergnädigst befohlen.

§ 22

Die Pflege und Unterhalt der Staatshengste wird sowohl in als außer der Belegungszeit in ihren Bestimmungsorten allzeit auf königliche Unkosten bestritten werden. Doch werden dabei die jeweiligen Gerichtsbarkeiten ihre Sorgfalt dahin zu wenden haben, dass selbe in Bestimmung der Orte die beste Auswahl machen und sowohl für die Hengste die erforderlichen Stallungen, wie auch für die bei dieser Manipulation zu gebrauchenden Militärindividuen (hier: Soldaten) unentgeltliche Quartiere vorbereiten lassen.

§ 23

Alle ärarischen, zu dem erwähnten Gebrauch bestimmten Hengste werden mit dem königlich ungarischen Wappen bezeichnet werden, um dadurch, wenn einer oder der andere derselben entlaufen wäre, ein zuverlässiges Zeichen an demselben zu finden und ihn nachher an seinen gehörigen Ort zurückbringen zu können.

§ 24

Was endlich die Belegungsmethode selbst betrifft, so hat solche der k. k. Rossarzt Scotti auf allerhöchsten k. k. Befehl, wie sie unter dem Buchstaben B im deutschen und ungarischen Exemplar hier beigefügt wird, zur Richtschnur derjenigen Militärindividuen, die zur Beschälung kommandiert werden, in bewährten, der Erfahrung angemessenen Grundsätzen verfasst; weil aber diese Methode wegen ihres nützlichen Einflusses auf die Fortpflanzung einer besseren Gattung Pferde allgemein bekannt zu werden verdient und zur Einrichtung einer guten Pferdezucht das Meiste beitragen kann, so haben Seine Majestät jene Herren und Besitzer der Gestüte, die sich in der Stutenbelegung nach der vorhin erwähnten Scottischen, systematischen Instruktion und überhaupt nach den hier allergnädigst vorgeschriebenen Maßregeln zu verhalten beflissen sein werden, nachdem sie ihres gemachten guten Fortgangs zuverlässige Beweise abgelegt haben werden, ihrer allerhöchsten Zufriedenheit, sowohl als eines mit auserlesenen Hengsten denselben zu machenden Geschenkes hiermit zu versichern geruhet. Zu diesem Ende…

Im 18. und 19. Jahrhundert war man von den Beduinen des Orients auf romantische Weise fasziniert. Deren Pferde wurden als älteste und vollkommenste Rasse angesehen.

§ 25

…ist bereits, um bei Ausfolgung dieses Geschenkes stets nach dem Maß des angewendeten Fleißes in Ansehung der Verbesserung und Fortpflanzung sämtlicher Gestüte vorzugehen, an alle Gespanschaften, königlichen Freistädte und jene Distrikte, die ihre eigene Gerichtsbarkeit haben, der allerhöchste Befehl ergangen, jene in ihrem Bezirk befindlichen Grundherren, die sich einer allerhöchsten Belohnung durch ihren diesbezüglich besonderen Fleiß würdig gemacht haben, und solche zu erhalten Lust hätten, treulich und unbefangen der königlich ungarischen Statthalterei mit beigesetztem Namen der Wohlverdienten zu berichten, wie auch vom wirklichen Zustand der dortigen Gestüte,

namentlich der Zahl und Eigenschaften der Stuten und Hengste, ein glaubwürdiges, von den militärischen Remontierungsoffizieren abverlangtes Zeugnis einzusenden.

§ 26

Welches zwar desto leichter bewerkstelligt werden kann, da Seine Majestät um den Zweck aller oben angeführten Einrichtungen und Verfügungen sicherer zu erreichen, allergnädigst verordnet haben, dass in jedem Jahr durch alle im Königreich befindlichen Gespanschaften, Städte und Distrikte, in denen man eine begründete Hoffnung der zu verbessernden Pferdezucht sich machen kann, mittels eines bei der Remonte beorderten Militäroffiziers eine Visitation (hier: Kontrollbesuch) vorgenommen werden solle, wobei die Hauptabsicht dahin gerichtet werden muss, dass die visitierenden Offiziere die auf eine verbesserte Pferdezucht sich beziehenden Lokalbeobachtungen und Mittel, den Eigentümern zum beliebigen Gebrauch anzudeuten, danach aber darüber auch höheren Ortes Bericht zu erstatten im Stande sein mögen.

§ 27

Diesem zur Besichtigung der Gestüte durch die jeweiligen Gerichtsbarkeiten reisenden Offizier muss allerorts ein unentgeltliches Quartier und in seinen Unternehmungen alle nötige Hilfe und Unterstützung geleistet werden. Im Gegenzug werden die oben genannten Gerichtsbarkeiten der königlich ungarischen Statthalterei alljährlich zu berichten haben, ob ein Offizier in erwähnter Absicht in ihrem Bezirk sich eingefunden habe? Man will aber hier nochmals zu jedermanns Wissen bemerken: Dass diese Bereisung der Gestüte im Lande zu keinem anderen Ziel und Zweck für sich zu geschehen habe, als dass ein solcher visitierender Offizier es in Acht nehmen möge, ob nicht die ein oder anderen, die Pferdezucht überhaupt und besonders die bessere Wartung der Gestüte betreffende Gegenstände sich anbieten, die er den Gestütsinhabern als einen empfehlenswerten Rat anzuempfehlen hätte, und die durch selben zu ihrem eigenen aus dem wohlbestellten Gestüt entspringenden Vorteil in Zukunft beachtet werden könnten; und dass überhaupt alle bisher erwähnten, zur Fortpflanzung einer besseren Gattung Pferde abzielenden Vorkehrungen und Veranstaltungen in Rücksicht auf die Privatgestüts-Inhaber keineswegs als eine eigentliche Pflicht und Schuldigkeit, der dieselben unausweichlich nachleben müssen, sondern bloß als ein guter Rat angesehen werden solle. Hingegen seien solche bei allen kontribuierenden (beitragenden) Gemeinden, die mit Gestüten versehen sind, und bei den öffentlichen Komitatsgestüten als eine unverbrüchliche Pflicht zu beachten und in eine genaue Ausübung zu bringen.

§ 28

Schließlich werden hier alle königlichen, in Betreff der zur Rossarznei anzuwendenden Jünglinge, widerholt im Königreich kundgemachten Verordnungen neuerdings in Erinnerung gebracht und die Gerichtsbarkeiten dazu verbindlich gemacht, alle in ihrem Bezirk sich befindenden Hufschmiede auf das Sorgfältigste und Ernsthafteste anzutreiben, dass selbe die mit dem Warenvorschub der guten Pferdezucht so genau verknüpfte Rossarznei nicht nur obenhin, sondern gründlich und vollkommen erlernen und sich eigen machen sollen.

Auszüge aus „Die Pferdezucht etc."

Von Hermann Gassebner

Dieses Buch bietet die Möglichkeit, dem interessierten Leser einen kleinen Auszug aus dem berühmten und unersetzlichen Werk des Rittmeisters und späteren Majors i. R. Hermann Gassebner, Die Pferdezucht in den im Reichrathe vertretenen Königreichen und Ländern der österreichisch-ungarischen Monarchie, zu bieten. Das zwischen 1894 und 1897 in der Hof- und Staatsdruckerei veröffentlichte vierbändige Werk (inklusive Supplement) ist die wohl umfassendste und genaueste Schilderung des gesamten Themas. Die sehr umfangreichen Bände – mit nur wenigen Bildern, aber etlichen Karten und Plänen – sind sehr gesucht, aber kaum jemals im antiquarischen Buchhandel erhältlich. Wenn sie auftauchen, so ist der Preis je nach Zustand und Vollständigkeit relativ hoch, daher bleibt der Wissensschatz Gassebners vielfach verborgen. Hier können wir kurze Zitate aus den jeweils allgemeinen historischen Einleitungen zu den wichtigsten Kapiteln anführen. Sie alleine sind schon eine recht umfassende Schilderung der thematischen Grundlagen und wichtige Zeugnisse, da relativ zeitnahe verfasst. Bemerkenswert: Gassebner schrieb sie fast genau 100 Jahre nach dem Tode der Kaiserin, am Höhepunkt der großen Ära unserer Pferdezucht. Die hier zitierten Stellen stammen im Wesentlichen aus dem Band II von 1894, Die Landespferdezucht in den im Reichsrathe vertretenen Königreichen und Ländern; Kapitel Erzherzogthum Österreich unter der Enns und ob der Enns; Herzogthum Salzburg; gefürstete Grafschaft Tirol und Vorarlberg; Herzogthum Steiermark, Kärnten, Krain; Küstenland; Königreich Dalmatien, Böhmen; Markgrafschaft Mähren; Herzogthum Schlesien, Bukowina; Königreich Galizien.

Das Erzherzogtum Österreich unter der Enns

Das Jahr 1764 bildet einen Markstein in der Geschichte der Landes-Pferdezucht Niederösterreichs. Der k. k . Hofkriegsrat ordnete nämlich in diesem Jahre die Abgabe von Zuchthengsten und Zuchtstuten an Gutsbesitzer, größere Pächter, Beamte und bemittelte Landleute an, welches Zuchtmaterial sowohl den kaiserlichen Anstalten, als auch den Fuhrwesens-Divisionen entnommen wurde. Der Anschaffungspreis der Stuten wurde hypothekisiert und eine bestimmte Anzahl von Jahren festgesetzt, nach deren Ablauf die Übernehmer solcher Revers-Stuten, wenn sie Hengste hatten, die gleiche Anzahl selbstgezogener Remonten zu liefern verpflichtet waren. Kamen sie dieser eingegangenen Verbindlichkeit nicht nach, so musste der hypothekisierte Anschaffungspreis von dem Betreffenden hereingebracht werden.

Die jeweilig in Wien stationierten Kürassier- und Dragoner-Regimenter hatten die in der Heumarkt-Kaserne in Wien stehenden Landesbeschäler vom Reitschlage, das Fuhrwesens-Corps jene vom Zuschlage in Stand zu nehmen und zu verpflegen; gleichzeitig wurde Lieutenant Benings vom Infanterie-Regimente Deutschmeister zum Kommandanten des Bechäldepartments ernannt und mit der Remontierung betraut.

In den Jahren 1781 – 1784 wurde der Beschäldienst ambulant betrieben, indem im März jeden Jahres die für jeden Kreis bestimmten Hengste unter Führung eines Offiziers in die erste Hauptstation abgingen. Daselbst wurde die Stutenbelegung vorgenommen, nach deren Beendigung die nächste Station bezogen und sofort, bis das ganze Land (auch Oberösterreich) bereist war.

Den Kreisämtern wurde vor Beginn des Beschäldienstes sowohl die Anzahl der für jeden Kreis bestimmten Beschäler, sowie die als Hauptstationen in Aussicht genommenen Orte bekannt gegeben und ihnen die entsprechende Verlautbarung aufgetragen.

Nach Beendigung der Beschälzeit mussten die Hengste auf Grasfutter gesetzt und der Befehl zum Einrücken nach Wien abgewartet werden.

Dieser ambulante Beschäldienst wurde im Jahre 1874 wegen zu großer Abnützung der Hengste aufgelassen und in Niederösterreich elf permanente Beschälstationen errichtet.

Indessen sah man sich durch den Mangel an kaiserlichen Beschälern veranlasst, auch inländische Privathengste nach vorhergegangener Konstatierung ihrer Zuchttauglichkeit zum Belegen zuzulassen. Diese Bewilligung wurde bei besonderen Situationsverhältnissen auch ausländischen Hengstbesitzern für ihre Hengste erteilt, es wurde ihnen, wie die Verordnung sagt, die Beschälerei gestattet.

Prämien wurden schon zu jener Zeit verteilt und scheint auch die Bewerbung um solche eine sehr rege gewesen zu sein, denn seitens des Departements wurde um eine Vermehrung der Prämien eingeschritten. Jene Pferdebesitzer, welche wegen Mangels an Preisen leer ausgingen, wurden in den öffentlichen Blättern belobt.

Blick durch eines der breiten Stalltore im Hofgestüt Kladrub an einem sonnigen Nachmittag. Alle Gestütsanlagen waren einander ähnlich.

Kaiser Joseph II, dieser mächtige und bahnbrechende Förderer des österreichischen Pferdezucht, überließ dem Beschäldepartement im Jahre 1788 die beiden kaiserlichen Familiengüter Schlosshof und Eckartsau zur Benützung; noch in diesem Jahre traf das Departement mit dem ganzen Stande an Hengsten in den beiden Orten ein.

Mittlerweile war Lieutenant Franz Benings zur Kavallerie übersetzt und zum Rittmeister befördert, gleichzeitig aber auch zum selbständigen Kommandanten für die Leitung der Pferdezucht in Niederösterreich ernannt worden (1808). Mit 1. Mai des genannten Jahres trat Oberstleutnant Jakob Chevalier de Haidt als Kommandant an die Spitze des Beschäldepartements.

Die Epoche von 1808 bis 1816 legte der Pferdezucht Niederösterreichs große Opfer auf. Umfangreiche Remontierungen, die Verlegung des Departements nach Ungarn (1808 bis 1809) und endlich die Besetzung des Landes durch die französische Armee (1809) vernichteten die Früchte langjährigen Fleißes, wenn auch die Leistungsfähigkeit Niederösterreichs in Bezug auf die Pferdeabstellung ein sehr erfreuliches Resultat zutage förderte.

Die Spuren der vorhergegangenen ungünstigen Einflüsse waren also verhältnismäßig schnell verwischt, wie die ansehnliche Zahl von 5017 gedeckten Stuten beweist.

Zur weiteren Belebung der Pferdezucht führte man in den Prämiierungs-Concursstationen Pferdemärkte ein (1819); von 1824 angefangen hatten sämtliche Pferdezüchter ihre von kaiserlichen Hengsten abstammenden Stuten zu den Prämienverteilungen mitzubringen, um aus diesen Stuten den Abgang von Pferden für die Armee zu decken.

Besonders gute und schöne Pferde fanden sich gelegentlich der Prämierung in St. Pölten, welcher auch seine k. k. Hoheit Herr Erzherzog Franz Karl beiwohnte und drei Pferdezüchter aus Eigenem mit je fünf Dukaten in Gold beteilte.

Die Remontierung wurde in der Gegend um Traiskirchen und St. Pölten mit sehr gutem Erfolge betrieben, und auch der Hengstankauf im Lande nahm einen befriedigenden Verlauf.

In den betreffenden Relationen wird besonders das Marchfeld mit seinem edlen und gängigen Pferdematerial gerühmt, in welchem sich deutlich der Rassencharakter der Elterntiere ausspreche (1832). Dieses Material fand meist seine Einteilung bei den Dragoner-Regimentern, während die oberen Donaugegenden bis zur Enns einen etwas schwereren Pferdeschlag züchteten, welcher zu den Kürassieren und schweren Dragonern assentiert wurde. Auch scheint die Pferdeprämierung reguliert worden zu sein, weil von diesem Zeitpunkte angefangen die konkurrierenden Pferde das Jahr vollendet haben mussten.

Das Jahr 1833 lieferte nur ein schwaches Ergebnis an Remonten; die ganze Assentierung umfasse nur 435 Stück. Diese Tatsache fand aber nicht in dem Rückgange der Pferdezucht, sondern in deren enormen Aufschwunge bezüglich der Qualität ihre Begründung. Während die Kriegsverwaltung mit Rücksicht auf die geringen ihr zu Gebote stehenden Geldmittel den Remontenpreis zu erhöhen nicht in der Lage war, bereisten namentlich ungarische Cavaliere das Land und bezahlten exorbitante Summen für die Nachkommen kaiserlicher Hengste, so dass auch die Ankaufskommission für Zuchthengste in ganz Niederösterreich nur fünf Stück erstehen konnte. Eine weitere Folge dieser massenhaften Ankäufe war der Umstand, dass die für das Jahr 1834 vom Lande abzustellenden 96 Remonten für das 3. Kürassier-Regiment nicht mehr beschafft werden konnten.

Eine vom 26. Dezember 1840 datierte Verordnung schloss den Ankauf von Schimmeln, Schecken, Falben und allen bizarren Farben für die Artillerie und das Fuhrwesen aus; die Kriegsjahre 1848/49 verleihen derselben indessen nur einen nominellen Charakter, denn Nieder- und Oberösterreich mussten mehr als 3000 Remonten abstellen, wobei natürlich auf die Farbe keine Rücksicht genommen werden konnte.

In den Gegenden ober St. Pölten erscheinen im Jahre 1850 die ersten Pinzgauerhengste in ärarischen Beschälstationen aufgestellt.

Wien wurde von der Regierung als Rennplatz bestimmt und demselben bezüglich der Prämierungen die Provinzen Nieder- und Oberösterreich, Salzburg, Tirol, Vorarlberg, Steiermark, Kärnten, Krain, dann das Küstenland und Triest zugewiesen.

All diese Maßnahmen regten die Pferdezucht Niederösterreichs in hoffungsvollster Weise an: insbesondere äußerte die Wiedererrichtung des Wiener Rennplatzes und die Gewährung von Staatsrennpreisen einen umso mächtigeren Einfluss, als seit dem Jahre 1853 in der Residenz keine Rennen mehr abgehalten worden waren.

Kaum war die Beschälperiode vorüber, so erfolgte die Verlegung des Beschäl- und Remontierungsdepartements von Schlosshof nach Stadl in Oberösterreich, so dass Niederösterreich seit diesem Zeitpunkt keinen eigenen Staats-Hengstposten mehr besitzt, sondern der ganze Hengstbestand für dieses Land in Stadl konzentriert ist.

Als im Jahre 1869 die Leitung der Pferdezucht an das Ackerbauministerium überging, wurde das Land zur Mitwirkung in allen die Landes-Pferdezucht betreffenden Angelegenheiten herangezogen und eine Landeskommission mit dem Sitze in Wien geschaffen, als deren von erster Präsident Prinz Alexander Croy fungierte.

Von diesem Zeitpunkte liegen umfangreiche Nachrichten vor, die umso eingehender lauten, als im Winter 1869/70 die Gründung der VI. Sektion (für Pferdezucht) der k. k. Landwirtschafts-Gesellschaft Wien erfolgte.

Die erste und wichtigste Aufgabe, welche an diese Gesellschaft herantrat, bestand darin, sich eine genaue Kenntnis des vorhandenen Pferdematerials zu verschaffen, zu welchem Zwecke von Seite des Vereins vielfache Pferdeschauen abgehalten wurden. Das Ergebnis derselben war kein besonders erfreuliches, denn es konnten weder ein einheitlicher Schlag noch eine einheitliche Rasse konstatiert werden.

Die ersten Anfänge ihrer Wirksamkeit verlegte die VI. Sektion in das Marchfeld, weil dort die Pferdezucht am meisten vorgeschritten war, die zu jener Zeit noch zahlreich vorhandenen Hutweiden die Aufzucht begünstigten und es vor allem darauf ankam, in kürzester Zeit auf Erfolge hinweisen zu können.

Der Stutenstamm bedurfte unbedingt einer Aufhilfe, welche allerdings in bescheidenstem Maße durch den Import guter zuchttauglicher Stuten zu erreichen gesucht wurde. Zu diesem Zwecke gelangte das System der Verlosungsstuten zur Einführung, indem durch ein eigenes Ankaufs-Komitee Muttertiere bekannter Abstammung akquiriert wurden; die erforderlichen Mittel hierzu bot Teils der Staat, teils beschaffte man sie im Wege von Sammlungen.

An die Übernahme solcher Stuten war für den Züchter die durch einen Revers zum Ausdrucke gebrachte Bedingung geknüpft, dieselben durch vier Jahre nicht zu verkaufen, sie zur Zucht zu verwenden und deren Fohlen bei Prämierungen, Pferdeschauen etc. vorzuführen. Nach Ablauf des vierjährigen Turnus gingen die Stuten in das freie Eigentum des Übernehmers über.

Auch die Gründung eines Stuten-Importvereines in dem IV. Zuchtdistrikte wurde seitens der Sektion angeregt und unterstützt, und zur Herausbildung eines konformen schweren Arbeitsschlages mit dem Import norischer Stuten in den IV. und V. Zuchtdistrikt begonnen.

Indessen bewogen die meist sehr zweifelhaften Resultate mit den angekauften Mutterstuten die Sektion, von diesem Modus abzugehen und die Einführung von Stutfohlen zu inszenieren, ein Vorgang, welcher sich nach den bis jetzt gemachten Erfahrungen sehr bewährt.

Durch Belehrung der Züchter mit Wort und Schrift, sowie durch konsequent durchgeführte Prämierungen guter und bewährter Mutterstuten sucht die die Sektion dem Lande das brauchbare Zuchtmaterial zu erhalten, während Ausstellungen, Pferdeschauen und die Anbahnung von Remontemärkten darauf hinzielten, den Züchtern einen lohnenden Absatz ihrer Produkte zu verschaffen.

Die in Wien im Jahre 1876 tagende Enquete reihte Niederösterreich bezüglich seines Pferdematerials in zwei Hauptzuchtgebiets-Gruppen ein, und zwar:

In die II. Gruppe schwerer Arbeitsschlag den politischen Bezirk Zwettl mit Ausnahme des Gerichtsbezirkes Allentsteig, vom politischen Bezirk Krems die Gerichtsbezirke Pöggstall, Spitz und Mautern, vom politischen Bezirk St. Pölten die Gerichtsbezirke Melk, Herzogenburg, St. Pölten und Kirchberg a. d. Pielach, die politischen Bezirke Amstetten, Neunkirchen und Scheibbs, endlich vom politischen Bezirke Wiener-Neustadt den Gerichtsbezirk Gutenstein.

In die III. Gruppe mittelschwerer Reit- und Wagenschlag alle übrigen Teile des Landes.

Demgemäß wurde auch die Zuweisung des entsprechenden Hengstmaterials vom Staats-Hengstdepot veranlasst.

Nach Auflösung der Landeskommission schloss das Ackerbauministerium (1879) mit der VI. Sektion ein Übereinkommen über deren Mitwirkung in den Landes-Pferdezuchtangelegenheiten ab.

Von weittragendem Einfluss auf die Gestaltung der Pferdezucht in Niederösterreich erwies sich die im Jahre 1880 erfolgte Einteilung der Zuchtgebiete (Zuchtdistrikte). Für jeden solchen Distrikt wurde von der Sektion eine Distriktsleitung bestimmt, in welche Sektionsmitglieder, bzw. Teilnehmer berufen wurden. Deren Zahl wurde nach der Größe und Ausdehnung, sowie der örtlichen Verhältnisse des Distriktes bestimmt.

Die Aufgaben dieser Distriktleitungen bestehen in der Kenntnisnahme und Beratung aller wichtigen, die Pferdezucht mittelbar oder unmittelbar berührenden Angelegenheiten, in der Durchführung der von der Sektion ausgehenden Aufträge, in der Erstattung von Anzeigen und Berichten, der Vorbringung von Wünschen und Abgabe von Gutachten.

Über die seitens der Distriktleitungen abgehaltenen Sitzungen sind an die VI. Sektion Berichte behufs Beschlussfassung einzusenden.

Jede Distriktsleitung wählt aus ihrer Mitte einen Vorstand, einen Vorstand-Stellverteter und einen Schriftführer; nach vorgenommener Wahl verstärkt sich dieselbe durch eine Anzahl von Züchtern, welche als Beiräte berufen werden. Die Wahl der Distriktleitungen ist auf eine dreijährige Funktionsdauer festgesetzt, doch können Ergänzungswahlen zu jeder Zeit die vorgenommen werden.

Die geographische Lage, sowie der Zuchtbetrieb im II. Distrikte Hohenau-Laa brachte es mit sich; dass eine Unterabteilung desselben in dem östlichen und westlichen Teile geschaffen wurde, wie sich auch die Notwendigkeit geltend machte, in den nächst gelegenen Gemeinden des I. Zuchtdistriktes das für den Lastentransport nach und aus der Residenz nötige schwere Lastenpferd selbst zu züchten, daher im Jahre 1883 zur Gründung der Zuchtoase Stadlau in diesem Distrikte geschritten wurde.

Als dann in der Gegend von Neunkirchen die Zucht des norischen Pferdes in Angriff gelangte, musste durch Abtrennung des Schneeberggebietes mit den Gehängen der Südbahn vom III. Zuchtdistrikt für diesen Landstrich eine Unterteilung, der Distrikt VB, mit einer eigenen Distriktleitung beschlossen werden.

An Privatgestüten war das Land ehedem ziemlich reich. In Schönkirchen-Raggendorf befand sich jenes Seiner k. k. Hoheit des Herrn Erzherzogs Ernst mit orientalischer Zucht; in Hohenau jenes seiner Durchlaucht des regierenden Fürsten Johann von und zu Liechtenstein, welches ursprünglich arabisches Blut züchtete, dann aber zum englischen Blute überging und namhaften Einfluss auf die Pferdezucht der Umgebung Hohenaus ausübte; die berühmten Hohenauer Pferde hatten auch sehr schöne Erfolge auf der Rennbahn auszuweisen.

Das Gestüt des Grafen August Breuner in Neuaigen-Grafenegg mit englischer Zucht; hauptsächlich Norfolker Blut, und jenes des Generals der Kavallerie Grafen zu Wartensleben in Emmersberg bei Wiener Neustadl und Rehhof bei Baden; dasselbe ging später in den Besitz des Grafen Viktor Wimpffen über und kultivierte nur die arabische Rasse.

Endlich wollen wir nicht unerwähnt lassen, dass der seinerzeit rühmlichst bekannte orientalische Züchter Baron Fechtig im Jahre 1821 in Kirschschlag bei Edlitz ein Versuchsgestüt von arabischen Pferden errichtet hatte; allein das kalte feuchte Klima und die intensiven Temperaturunterschiede bestimmten den Eigentümer im Jahre 1825, dieses Gestüt wieder aufzulassen und den ganzen Pferdestand nach Lengyeltóti am Plattensee zu transferieren.

Das Erzherzogtum Österreich ob der Enns

Die Entwicklung der oberösterreichischen Pferdezucht trägt genau dasselbe Gepräge wie jene in Niederösterreich, die gleichen Maßnahmen erzielten die gleichen Wirkungen und das enge Gefüge, welches diese beiden Länder verband, lässt uns daher zum größten Teile auf jene Schilderung hinweisen, welche in dem Abschnitt Niederösterreich enthalten ist.

Auch in Oberösterreich gelangten bei der Aufhebung des ambulanten Beschäldienstes (1784) sogenannte Hauptstationen unter Kommando je eines Offiziers zur Errichtung; es waren die Orte Grieskirchen, Ried und Windischgarsten mit zusammen 20 Beschälern. Privathengste durften nach vorher eingeholter Lizenz gleichfalls zum Belegen der Landesstuten verwendet werden. Das System der Reversstuten war auch in Oberösterreich eingeführt.

So günstig aber für die Entfaltung der Pferdezucht die Ende April 1808 erfolgte Ernennung eines selbstständigen Kommandanten für Oberösterreich in der Person des Rittmeisters Gerstmann und die Errichtung des Beschälpostens in Liechtenegg-Wels war, so gingen doch die vielen Kriegsjahre an diesem Zweige der volkswirtschaftlichen Produktion nicht spurlos vorüber. Der wiederholt von Westen gegen Wien vordringende Feind störte deren ruhige Entwicklung in dem gleichen Maße, wie die umfassenden Remontierungen den Pferdestand schwächten. Welche feste Wurzeln aber die Pferdezucht im Lande bereits erfasst hatte, ist daraus zu entnehmen, dass ungeachtet der vorhergegangenen großen Pferdeaushebungen noch eine so bedeutende Anzahl Pferde vorhanden war, dass die französische Armee, als sie nach ihrem Einmarsche in Linz (1809) einen Pferdemarkt ausschrieb, auf demselben noch zahlreiche Ankäufe vornehmen konnte.

Die Geldnot erreichte im Jahre 1810 einen bedenklichen Grad; dennoch waren die oberösterreichischen Stände opferwillig genug, alljährlich den Betrag von 1500 fl. zum Ankaufe von Zuchthengsten zu Händen des Departements zu erlegen und sich zu verpflichten, jährlich 100 Dukaten zur Prämienverteilung beizusteuern.

Die geringe Zahl von Stuten, welche von dem Jahre 1817 in den Beschälstationen von kaiserlichen Hengsten gedeckt wurden, gibt ein trauriges Bild von den Wunden, welche die Kriegsjahre der Pferdezucht geschlagen hatten.

Von diesem Zeitpunkt angefangen erschienen keine Reversstuten mehr im Lande. Einen wertvollen Zuwachs an Pferden erhielt Oberösterreich durch die Incorporierung des Inn- und Hausruckkreises (1817). Zahlreiche Prämiierungen, die Einführung von Pferdemärkten und der Ankauf tauglicher Hengste aus der Landeszucht sollten Lust und Liebe zur Zucht wieder erwecken. Die Beschälstationen Arbing, Freistadt, Schwarzenbach, Tillysburg und Windischgarsten wurden im Jahre 1820 aufgelassen. Altheim, Baumgarten, Neumarkt, Obernberg, Peuerbach, St. Georgen, St. Martin, Siegharting, Ried und Zell neu errichtet; sechs Jahre später übersiedelte der Welser Posten nach Stadl bei Lambach.

Nun trat eine Periode großen Aufschwunges ein. Berichte aus den Jahren 1820–1840 rühmen die vorzügliche Qualität der oberösterreichischen Pferde, die ausgezeichneten Remonten, die glänzenden Erfolge der Prämiierungen und den schwunghaft betriebenen Pferdehandel, welcher insbesondere im Jahre 1837 florierte. Gleich Niederösterreich wurden auch hier die von kaiserlichen Hengsten abstammenden Nachkommen um hohe Preise bezahlt und Agenten aus den benachbarten Ländern akquirierten Luxuspferde aller Gattung.

Doch wurde der bedeutenden Ausfuhr wegen seitens der Regierung ein Pferde-Ausfuhr- und Durchfuhrverbot erlassen (1840) und gleichzeitig dem Überhandnehmen unbefugter Privathengste durch strenge Maßregeln Einhalt geboten.

Im Innkreis verwendete man mit Vorliebe lizenzierte Privathengste. Mit den ersten Monaten des ereignisreichen Jahres 1848 traten vollständig geänderte Verhältnisse ein; in allen Pferdezucht treibenden Gegenden des Landes wurden Remontenankaufs-Kommissionen aufgestellt. Sensale und Lieferanten bereisten Oberösterreich nach allen Richtungen, und was irgend Tauglichkeit zum Kriegsdienste versprach, wanderte als Remonten in die Reihen der Armee. Da sich darunter viel wertvolles Zuchtmaterial befand, so war die Pferdezucht auf lange Zeit hinaus geschädigt.

Das aus Crema geflüchtete italienische Beschäldepartement fand im Jahre 1849 in den Ortschaften Vorchdorf und Kirchheim temporäre Unterkunft; ein Teil der Hengste fand in Oberösterreich Verwendung. Das Beschäldepartement nahm nach Ablauf der Beschälperiode seinen dauernden Standort in Stadl.

Die Glanzperiode der oberösterreichischen Pferdezucht lag somit in dieser Epoche hauptsächlich in der Produktion von Luxuspferden, Remonten und Zuchtmaterial warmblütiger Schläge.

Lipizzaner-Wallache im ungarischen Gestüt Szilvásvárad in den Bükk-Bergen; sie versehen treu ihren Dienst als Gespannpferde.

Mit der Übernahme der Pferdezuchtagenden durch das Ackerministerium trat in Oberösterreich eine Landeskommission unter dem Präsidium des Grafen Julius Falkenhayn ins Leben, welche im Verein mit dem Pferdezuchtsektion der k. k. Landwirtschafts-Gesellschaft in Linz auf die Neugestaltung der Pferdezucht in erster Linie dadurch Einfluss ausübte, dass sowohl die Zahl der Beschälstationen, als auch jene der Staatshengste bedeutend vermehrt wurde (1870).

Das Jahr 1876 ist durch zwei Momente charakterisiert; die Vornahme einer Stutenkonskription zu Zuchtzwecken und die Einreihung des Landes in zwei Hauptzuchtgebiets-Gruppen.

Nach Auflösung der Landeskommission schloss das Ackerbauministerium mit der schon erwähnten Pferdezuchtsektion ein Übereinkommen über die Mitwirkung bei den Angelegenheiten der Landes-Pferdezucht ab, doch führten verschiedene Motive schon nach eineinhalb Jahren zur Lösung desselben, worauf ein solches mit den beiden Herren Alfred Graf Harrach und Eduard Dosch zum Abschluss gelangte (1881). Nach dem Rücktritte des ersteren (1891) trat Herr Graf Maximilian Sprinzenstein an dessen Stelle.

Im Laufe des letzten Dezenniums erlitt die Zuchtrichtung im Lande mit Rücksicht auf die wirtschaftlichen Verhältnisse eine bemerkenswerte Änderung. Es erfolgte die Abgrenzung in Zuchtgebiete; der norischen Rasse wurde eine höhere Bedeutung zuerkannt und deren Zucht auf alle südlichen Bezirke des Landes ausgedehnt. Das ganze übrige Oberösterreich repräsentiert wohl den schweren Arbeitsschlag, allein es erfolgte eine Unterteilung in der Art, dass der im ehemaligen Innkreise gezüchtete schwere Gestütsschlag als ein abgegrenztes Gebiet betrachtet und demzufolge auch mit dem entsprechenden Hengstmaterial dotiert wurde.

Bezüglich der Rasse der Staatshengste ist die vorherrschende Verwendung des schweren englischen Halbblutes hervorzuheben. Auch einige Anglo-Normänner haben sich gut bewährt, so insbesondere der aus Frankreich importierte Anglo-Normanne Meteor, nach welchem viele und gute Remonten assentiert wurden.

Die hannoveranischen Hengste Weiler, Unnoble und Willibald lieferten gute Beschäler, sowie auch der ungarische Hengst Ossian und der in Radautz gezogene Forcinal recht befriedigten.

Der erste englische Vollbluthengst Alfort von Grimston aus der East Sheen von Kingston, wurde 1877, und zwar im Innkreise aufgestellt; er brachte in das schwere Gestütsschlagmaterial mehr Adel und Nerv. Im Jahre 1890 trat der Verneuil-Sohn Volpük an dessen Stelle. In der Traberzucht bewährte sich Medardus, ein englischer Halbbluthengst von Medardus (Celler Landgestüt) aus einer Norfolk-Stute (1882-1891). Die kaltblütigen Staatshengste gehörten zu gleichen Teilen der Pinzgauer und Walloner Rasse an. Die lizenzierten Privathengste erlitten im Jahre 1871 infolge der verschärften Anwendung der Körungsgesetze, in der Folge aber durch die Übergabe von Staatshengsten in Privatpflege eine beträchtliche Reduktion. Seit Auflassung der letzteren zeigt sich eine sukzessive Zunahme derselben; zwei Drittel gehören der Pinzgauer Rasse, ein Drittel dem englischen Halbblut an. Die Remontierung fand in Oberösterreich kein ergiebiges Feld; das Pferdematerial vom Gestütsschlage ist sehr wertvoll, daher es um die von der Kriegsverwaltung gebotenen Preise nicht abgegeben wird, sondern als Luxusware in den Handel kommt.

An Privatgestüten bestanden in Oberösterreich das Gestüt des Grafen O`Hegarthy in Tillysburg bei Enns mit englischer Voll- und Halbblutzucht; es wurde 1871 aufgelassen. Im Gmunden jenes des Herrn Johann Dierzer mit englisch-arabischer Zucht, teil zum eigenen Gebrauche, teils zur Produktion von Landesbeschälern; dieses beschloss seine Tätigkeit Ende der sechziger Jahre.

Endlich befand sich in dem Zeitraume von 1873 bis 1884 auf der Besitzung des Grafen Albert St. Julien in Wartenburg bei Vöcklabruck ein von Herrn Hektor Baltazzi gegründetes englisches Vollblutgestüt, die Alpine Stud-farm. Kurze Zeit nach der Errichtung wurde dieselbe von Graf St. Julien und Alexander Baltazzi übernommen. Der Zweck des Gestüts war die Zucht des besten Vollbluts, daher ein Stamm wertvoller Mutterstuten in England angekauft wurde. Einen eigenen Hengst besaß das Gestüt nur im Jahre 1887 (Count Zdenko); alle übrigen Jahre wurden die Stuten nach Graditz, Hohenau (Vollblutstation), Karlburg, Kisbér und Stadl (Vollblutstation) zum Belegen gesendet. Obwohl das Gestüt sehr gut geleitet war und die Jährlingsauktionen ein befriedigendes Ergebnis erbrachten, sahen sich die Eigentümer im Herbst 1884 dennoch veranlasst, an dessen Auflösung zu schreiten, da die Akquirierung des Stutenmaterials die teuren Unterhaltskosten (es war mit dem Gestüte keine eigene Wirtschaft verbunden) und die durch den weiten Transport von beträchtlichen Mutterstuten zum Belegen verursachten Verluste an lebendem Material einen enormen Kapitalaufwand erforderten. Zudem war die Aufstellung eines eigenen, der Stutenklasse entsprechenden Hengstes nicht zu denken, da ein Zuspruch fremder Stuten zu demselben bei der isolierten Lage des Gestütes nicht gewärtigt werden konnte.

Das Herzogtum Salzburg

Schon aus den Zeiten der Römer berichteten die Überlieferungen von dem prächtigen norischen Pferde, dessen Heimat Teile des alten Noricum waren. Das norische Pferd fand sich zu jener Zeit in ganz Salzburg, den nördlichen Gebirgsteilen von Tirol, Steiermark und Kärnten, in einigen Gegenden von Oberösterreich und Krain, und der in Salzburg einheimische Pinzgauer ist noch heute als die Elite des norischen Pferdes zu betrachten.

Salzburg gehörte ursprünglich nicht zu jenen Ländern, in welchen Ackerbau und Viehzucht besondere Pflege fanden; der Haupterwerbszweig der Bewohner lag bereits während der Epoche der römischen Herrschaft in der reichen Ausbeute an Gold, Silber und Salz, so dass noch im 15. und 16. Jahrhundert im Gasteiner Tale etwa 30 Bergwerke in Betrieb standen. Erst als deren Ergebnisse immer geringer wurden, die Edelmetalle ganz verschwanden und nur die Gewinnung von Salz übrig blieb, suchte man auf den zu Zwecken des Bergbaues devastierten großen Waldflächen Acker- und Wiesengründe zu ge-

winnen und verlegte den Schwerpunkt der Rohproduktion vom Bergbau auf die Landwirtschaft und Viehzucht. Das ehedem vorhandene, einheimische norische Pferd war ohne Zweifel groß und stark, massig in seinen Formen; aber die ihm allmählich zugewendete bessere Pflege, welche durch die erhöhte Kultur der Wiesen und Weiden ermöglicht wurde, und insbesondere die kräftige und gesunde Alpenweide trug wesentlich dazu bei, diese massige Entwicklung noch mehr zu fördern. Von anerkannten, mit den Eigenschaften und der Entwicklung des norischen Pferdes auf das beste vertrauten Fachmännern wird dasselbe nicht als vom friesischen Pferde abstammend bezeichnet, sondern es dürfte sich aus dem gewöhnlichen, alten deutschen Pferde durch den Einfluss der Bodengestaltung, des Klimas, Wassers, Futters zu seiner jetzigen Form allmählich herangebildet haben. Das Land stand unter der Regierung des in Salzburg residierenden Erzbischofs, welcher in der Residenz einen Marstall und in Riff bei Hallein, wo im Jahre 1575 ein Schloss erbaut worden war, ein Gestüt von Polesiner Rasse unterhielt.

Schon im Jahre 1652 wird in den alten Chroniken ein in Salzburg abgehaltener Markt mit Gebirgspferden erwähnt, auf welchem bairische Händler und sonstige Käufer die Pferde und Fohlen um gute Preise abnahmen. Auch das Hofgestüt Riff kaufte den Bauern ihre Pferde, wenn auch nur um geringe Preise, ab, und wurden dieselben dann in den erzbischöflichen Marstall eingestellt. Allein wegen ihres kalten, ruhigen Temperaments waren sie dort so wenig beliebt, dass die Regierung entschloss, zur Sicherung des eigenen Bedarfes Hengste der spanisch-neapolitanischen Rasse zum Belegen der Landesstuten zu verteilen. Da die Bauern die Nachkommen dieser Hengste wegen ihres feurigen Temperamentes im Gebirge nicht brauchen konnten und ihnen auch die aus Eigenem zu bestreitende Verpflegung der Beschäler sehr teuer kam, so zeigten sie sich mit dieser Anordnung nicht zufrieden: das anmaßende Wesen der Beschälwärter tat dann das Übrige, um die Bauern zu erbittern. Zudem war auch die Art und Weise sehr drückend, wie Hengste und Hengstfohlen in den Marstall zu Salzburg und in das Gestüt zu Riff abgeliefert werden mussten.

Nach der damals in Kraft stehenden landesherrlichen Verordnung waren nämlich die Bauern verpflichtet, sowohl die Hengste als auch die Hengstfohlen in die Residenz nach Salzburg zu bringen, wo dieselben von den erzbischöflichen Beamten untersucht und die tauglich befundenen um 14, 17 und 21 Gulden per Stück für den Marstall oder das Gestüt rückbehalten wurden; die nicht angenommenen mussten wieder den weiten Weg nach Hause antreten, ohne dass deren Eigentümern in irgendeiner Form eine Entschädigung geboten wurde. Erst auf einen sehr energisch gehaltenen Protest der Bauern sandte die Regierung eine Kommission der sogenannten Hofstallone von Zeit zu Zeit ins Gebirge ab, wo dieselbe an Ort und Stelle Hengste und Hengstfohlen ankaufte, und dadurch den Züchtern die Mühe und Kosten des Transportes, sowie die Ungewissheit des Verkaufs abnahm.

Die Verwendung zur Zucht gänzlich ungeeigneter Privathengste scheint übrigens zu jener Zeit im Lande arg überhandgenommen haben, denn die Landesregierung erließ am 17. Februar 1703 eine äußerst kategorische Generalverordnung des Inhaltes, dass die Pferdezüchter und Pferdebesitzer alljährlich mit ihren Beschälhengsten zum erzbischöflichen Gestüte (Marstall) nach Salzburg zu kommen hatten, damit letztere mit Bezug auf ihre Zuchttauglichkeit untersucht und die fehlerfreien mit einer Decklizenz versehen werden konnten; denn, so drückt sich diese Verordnung drastisch genug aus, es beschält heute schon jeder, unbekümmert, ob das Pferd einem Schwein oder einem Esel gleiche.

Beim Abschluss des Friedens zu Preßburg (1805) kam Salzburg an Österreich, wurde im Frieden zu Schönbrunn (1809) an Bayern abgetreten, im Frieden zu Paris (1815) aber bleibend der habsburgischen Monarchie einverleibt.

Während der Epoche der ersten österreichischen Herrschaft (1805-1809) sollen, und zwar im Jahre 1807, acht kaiserliche Beschäler von Oberösterreich nach Salzburg eingeteilt worden sein, wovon viele in Zell am See und je zwei in Goldegg im Pongau und in Laufen aufgestellt wurden. Über die Rasse und die Qualität dieser Beschäler verlautet nichts, wie denn diese Nachricht nach keiner Seite hin verbürgt werden kann.

Gelegentlich der ersten Inkorporation Salzburgs (1805) wurde jener Teil des erz-bischöflichen Hofgestütes Riff, auch Salzburger Gestüt genannt, welcher nachweislich von Polesiner Abkunft war, in die beiden kaiserlichen Hofgestüte Koptschan und Kladrub eingeteilt, in ersteres kamen die Schimmel, in letzteres die Rappen.

Von der iberischen Halbinsel stammt unsere Pferdezucht; attraktiver Steintrog im Laufstall der Mutterstuten des portugiesischen Staatsgestüts Altér Real.

Das Gestüt zu Riff erfreute sich im 16. und 17. Jahrhundert der eifrigsten Pflege der Salzburger Erzbischöfe und verwendeten insbesondere die dem fürstlichen Hause Colloredo angehörenden Inhaber der erzbischöflichen Würde bedeutende Summen auf die Verbesserung des Gestütsmaterials, welches ursprünglich nur die Polesiner Rasse, später auch die Pinzgauer Zucht umfasste. Von Riff soll die Konsolidierung der letzteren in Salzburg ausgegangen sein.

Außer dem Hofgestüte in Riff selbst waren dem Gestüt noch ein Hof im Nonntal und der von Salzburg drei Stunden entfernte Meierhof Weitwörth für die Aufzucht des Nachwuchses zugewiesen. Im Sommer wurden die Mutterstuten und Fohlen in das Blütenbacher Tal und auf zwei Alpen auf die Weide getrieben.

Die prächtigen, mit Marmorkrippen versehenen Hofstallungen, die in Felsen gehauene Sommer-Reitschule, sowie die in unmittelbarer Nähe derselben erbaute Winter-Reitschule in Salzburg geben noch heute beredtes Zeugnis von der Sorgfalt und den enormen Kosten, welche seitens der erzbischöflichen Regierung aufgewendet wurden, um die Zucht, Pflege und Abrichtung der Pferde in harmonischen Einklang zu bringen.

Während der Zeit der bayrischen Herrschaft (1809-1814) geschah für die Pferdezucht nichts, die kriegerischen Verhältnisse jener Epoche und wohl auch die Unsicherheit des erworbenen Besitzes mögen hierfür die maßgebenden Motive gewesen sein. Wieder in den österreichischen Staatsverband einverleibt, war der k. k. Hof-Kriegsrat bedacht, auch Salzburg an der Wohltat der Militär-Beschälanstalten teilnehmen zu lassen. Es ist die erste verbürgte Nachricht hierüber von 1819. Zu diesem Zwecke wurde dem Lande Oberösterreich für Salzburg eine Standesaugmentierung von 20 kaiserlichen Hengsten der Pinzgauer Rasse zugewiesen, welches Detachement im Jahre 1821 eine Wirksamkeit beginnen sollte.

Der bekannte Hippologe Graf Veltheim schreibt gelegentlich seiner im Jahre 1825 nach Österreich unternommenen Reise, dass die Pinzgauer Pferde zum schweren Frachtendienste in der Residenz überall verwendet wurden und diese den größten und stärksten Arbeitsschlägen angehören, welche ihm außer in England und den Niederlanden vorgekommen seien. Veltheim sagt weiters: Sie scheinen mir das, was ihnen gegen jene an

Größe und Knochenstärke etwa noch abgehen könnte, reichlich durch mehr Geist und Muskelkraft zu ersetzen und sind daher namentlich zum Ackerbau jenen wesentlich vorzuziehen; dies umso mehr, als sie bei ihrer größeren Lebhaftigkeit auch einen raschen Schritt gehen. Ich halte daher diese Pferderasse als Fracht- und auch als Ackerpferd in Gegenden mit schwerem Boden oder im Gebirge für die allerstärkste und zweckmäßigste, die mir auf meinen vielen Reisen vorgekommen ist. Die meisten dieser Pferde kommen aus Steiermark, Oberkärnten und Salzburg nach Wien. Doch stammen die allergrößten und schwersten aus Salzburg, und zwar dem Pinzgau. Im Salzburgischen werden mehrere bedeutende Pferdemärkte abgehalten, wohin vorzüglich aus dem Pinzgau Pferde gebracht werden, welche dort Käufer aus allen Gebirgsgegenden entweder zur weiteren Aufzucht oder zum sofortigen Gebrauche finden.

Die Stadt Salzburg wurde im Jahre 1836 zum Standorte des neu errichteten Militär-Equitationsinstitutes bestimmt, wo dasselbe bis zu seiner Verlegung nach Wiener-Neustadt verblieb.

Nach der Übernahme des Staats-Pferdezuchtwesens durch das Ackerbauministerium gelangte auch in Salzburg eine Landeskommission für Pferdezuchtangelegenheiten zur Aktivierung, als deren Präsident Graf Ernst Thun fungierte. Nach Auflösung dieser Körperschaft im Jahre 1878 schloss das Ackerbauministerium bei dem Umstande, als in Salzburg weder ein eigener Pferdezuchtverein bestand, noch die Bildung einer Pferdezuchtsektion seitens der dortigen Landwirtschafts-Gesellschaft zustande kam, mit Graf Ernst Thun und dem k. k. Landes-Tierarzte Dr. Jacob Lechner ein Übereinkommen ab (1879), nach dessen Inhalte diese beiden Herren als Delegierte des Ackerbauministeriums in allen Pferdezuchtangelegenheiten Salzburgs fungieren.

Nachdem Dr. Lechner im Jahre 1880 als Professor an das k. k. Militär-Tierarznei-Institut in Wien berufen wurde, trat am 18. März des genannten Jahres Landes-Tierarzt Dr. Franz Suchanka an seine Stelle.

Auch in Salzburg wurde beabsichtigt, im Jahre 1876 eine Stutenkonskription zu Zuchtzwecken vorzunehmen, aber mit Hinblick auf die großen Schwierigkeiten, welche sich in diesem Hochgebirgslande durch die Inanspruchnahme der bäuerlichen Züchter und den Abtrieb des bereits auf den hochgelegenen Alpenweiden befindlichen Zuchtmaterials zweifellos ergeben hätten, nicht durchgeführt. Zudem wird in Salzburg ausschließlich die norische Rasse gezüchtet, daher vollkommen einheitliche Zuchtverhältnisse vorliegen und eine Gliederung des Landes in Zuchtgebiete entfällt. Die im Jahre 1876 tagende Pferdezucht-Enquete reihte Salzburg in die I. Hauptzuchtgebiets-Gruppe norische Rasse ein.

Die Staatshengste gehörten nahezu ohne Ausnahme der Pinzgauer Rasse an. Von den früher im Lande aufgestellten fremden Rassen (Clydesdales und Wallonen) sind keine oder nur vereinzelte Spuren vorhanden. Beide Rassen wurden von den bäuerlichen Züchtern – und andere existierten im Lande nicht – nur dann für ihre Stuten verwendet, wenn kein anderer Hengst mehr zum Belegen vorhanden war; die von ihnen abstammenden Nachkommen wurden schon als Abspän-Fohlen in das Ausland verkauft, während die Nachkommen von Pinzgauer Hengste sorgsam gepflegt und im Lande zurückbehalten wurden.

Die Gründe dieser Erscheinung liegen nicht nur in dem für die einheimische Rasse so konservativen Sinne der Bevölkerung, sondern sind auch darin zu suchen, dass sich die Fohlen nach den fremden Hengsten nur langsam entwickelten und bei ihrer laschen Textur vielfachen Erkrankungen in diesem, eine energische Widerstandskraft erfordernden Lande ausgesetzt waren.

Das Herzogtum Steiermark

Über die Vergangenheit der steiermärkischen Pferdezucht liegen wenige Nachrichten vor; doch ist gewiss, dass mit Ausnahme der südlichen Teile im ganzen Lande die norische Rasse überwiegend vertreten war, und erst die zunehmende Kultur, die geänderte Lebensweise der Bewohner, die Verbreitung der industriellen Unternehmungen und endlich die Intelligenz der Menschen hat im Zentrum und im Süden der Steiermark jene Pferdeschläge geschaffen, welche sich gegenwärtig daselbst vorfinden.

Die erste, in ihren weiteren Folgen bedeutendste staatliche Einwirkung auf die Pferdezucht war die Errichtung des Militärgestüts in Piber (1798) und die gleichzeitig erfolgte Verlegung des illyrisch-innerösterreichischen Beschäldepartements von Kollnitz nach Graz. Der Beschäldienst wurde ambulant betrieben und erst am Beginn des zweiten Dezenniums in diesem Jahrhunderte standen die Beschäler in den Orten Graz, Lankowitz, Marburg, Murau und Pettau konzentriert, daher anzunehmen ist, dass diese Orte als Hauptstationen fungierten. Sukzessive gewann die Zucht an Ausdehnung.

Auch in der Steiermark machten sich die Kriegsjahre in hohem Grade fühlbar. Demungeachtet konstatierten die vorliegenden Berichte sehr bedeutende Fortschritte in der Pferdezucht der Untersteiermark, wo die aus Piber stammenden anglo-arabischen Gestütshengste einen konformen Schlag edler und tüchtiger Pferde geschaffen hatten, wofür auf den Märkten zu Luttenberg von den italienischen Händlern hohe Preise bewilligt wurden. In Obersteiermark waren es die weit und breit bekannten Märkte in Stainz, welche, mit vorzüglichen Exemplaren des schweren Zuschlages beschickt den Export nach Oberösterreich, Tirol und Bayern begünstigten.

Die im Jahre 1862 erfolgte Einführung des Sprunggeldes für die kaiserlichen Hengste führte einen quantitativen Rückgang der Pferdezucht herbei, hatte aber eine qualitative Verbesserung im Gefolge. Dagegen erlitt die Zucht der norischen Rasse eine bedauerliche Einbuße durch den Verkauf der norischen Staatshengste, in dem man dieselbe vollkommen der Privatindustrie überließ; in den südlichen Teilen des Landes aber trat infolge Auflassung der wertvollen angloarabischen Zucht im Militärgestüt Piber (1853) ein Mangel an Beschälern ein.

Die Rassenverhältnisse erlitten in der Epoche 1845 bis 1868 eine totale Umwandlung, indem die spanische Rasse ihre dominierende Stellung vollkommen verlor, wozu die Auflösung des Militärgestüts in Ossiach (1862) wesentlich beigetragen hatte.

Vorherrschend blieb in der Steiermark noch immer das norische Blut, welches mit geringen Ausnahmen im ganzen Lande, in Obersteiermark aber ohne fremde Beimischung gezüchtet wurde. Die reinsten Exemplare fanden sich im Ennstal in der Gegend zwischen Schladming und Admont, am Murboden in der Umgegend von Knittelfeld, Graz und Stainz. Im Osten und Süden der Steiermark war, mit Ausnahme von Mureck, die norische Rasse bereits in solchem Maße gekreuzt, dass der Originaltypus kaum mehr zu erkennen war, und so hatten sich in den verschiedenen Gegenden auch verschiedene Schläge gebildet, in welchen bald dieses, bald jenes Blut prävalierte.

So wurden im Raabtal die Normänner und Kladruber Hengste, erstere mit sehr günstigem Erfolge, um Luttenberg und Radkersburg englische, teilweise auch orientalische Hengste, in den Gegenden um Cilli, Pettau und Rann nahezu ausschließlich Orientalen zur Zucht verwendet. In der Umgebung von Luttenberg und Radkersburg hatten diese Veredlungsprodukte den höchsten Grad von Vollkommenheit erreicht, daher ein sehr lohnender Absatz derselben nach Italien stattfand.

Die zu jener Zeit im Lande errichteten Privatgestüte äußerten keinen Einfluss auf die Landes-Pferdezucht. Das Gestüt des Fürsten Schwarzenberg in Murau hatte ursprünglich einen Stamm norischer Stuten, allein bald ging man zur Kreuzung mit andalusischen und neapolitanischen Hengsten über, wodurch in dem einheitlich norischen Zuchtgebiete eine Zuchtinsel geschaffen wurde. Im Jahre 1843 übersiedelte das Gestüt nach Alt-Tiergarten in Böhmen. Die Abtei Admont besaß ursprünglich ein norisches, später aber ein Gestüt von kärntnerischen Stuten, welche mit einem Hengste aus dem Raabtale gepaart wurden; dasselbe wurde später aufgelassen.

Bevor wir diesen Abschnitt schließen, können wir nicht umhin, der Gründung des Vereins zur Hebung der Pferdezucht in Steiermark zu gedenken (1868), welchem es beschieden war, auf die weitere Gestaltung der Pferdezucht dieses Landes auf das Vorteilhafteste einzuwirken.

Unter diesen Auspizien vollzog sich der Übergang des Pferdezuchtwesens an das Ackerbauministerium (1869). Auch in Steiermark gelangte eine Landeskommission unter dem Präsidium des Herrn Geza Ritter von Wachtler zur Aktivierung, und es konnte den beabsichtigten Reformen nur förderlich sein, dass letzterer auch als Präsident des Vereines zur Hebung der Pferdezucht in Steiermark fungierte.

Im engen Kontakte mit dem Staats-Hengstdepot zu Graz suchte sich der Verein eingehende Kenntnis von dem vorhandenen Pferdematerial zu verschaffen, wozu sich bei den Prämienverteilungen, Lizenzierungen etc. entsprechende Gelegenheit bot. Auf Grundlage der gewonnen Erfahrungen wurde die Einteilung des Landes in vier Zuchtgebiete (das norische, anglo-normannische, englische, und gemischt orientalisch-norische) empfohlen, die geeignete Verteilung der Staatshengste eingeleitet, die strenge Einhaltung eines rationellen Zuchtplanes, Ankauf tauglicher Deckhengste aus der Landeszucht, Überlassung von Staathengsten an Züchter, die Einführung von Körkommissionen für Privathengste, Subventionierung letzterer und vieles andere angeregt.

Der Verein selbst organisierte sich in der Weise, dass in Graz eine Zentralleitung in Form eines ständigen Ausschusses eingesetzt und eine Teilung in Distrikte durchgeführt wurde, deren Vorsteher alle auf die Pferdezucht bezugnehmenden Erfahrungen der Zentralleitung bekannt zu geben und die gesetzlichen Normen zur Hebung der Pferdezucht zu überwachen und zu kontrollieren hatten. Allein je größer und umfangreicher sich die Tätigkeit des Vereins gestaltete, umso mehr machte sich der Mangel einer gründlichen Kenntnis des einheimischen Stutenmaterials geltend, und so war es der Steiermark vorbehalten, nicht nur das erste Land in der diesseitigen Reichshälfte zu sein, welches die Stutenkonskription zu Zuchtzwecken anregte, sondern auch das einzige Land zu bleiben, in welchem sie in vollkommen einheitlicher Weise durchgeführt wurde (1875).

Für jeden Bezirk wurde eine Kommission eingesetzt, welche immer aus einem Vertreter des Pferdezuchtvereines als Obmann für sämtliche in einem Zuchtgebiete amtierenden Kommissionen bestand.

Für das Feistritz-Raabtaler und Luttenberger Zuchtgebiet der Kommandant des Staats-Hengstdepots in Graz, Oberstleutnant Ernst Schwarzl, für das norische-orientalische Zuchtgebiet der Kommandant des Staats-Hengstdepots in Graz, Oberstleutnant Ernst Schwarzl; für das norische Zuchtgebiet der k. k. Landes Tierarzt der Steiermark Dr. Klingau.

Im Jahre 1878 erfolgte die Auflösung der Landeskommission, daher das Ackerbauministerium mit dem Vereine zu Hebung der Pferdezucht ein Übereinkommen abschloss, welches demselben einen bedeutend erweiterten Wirkungskreis eröffnete. In diesem Jahre wurde aus wirtschaftlichen Gründe die Zahl der Zuchtgebiete wieder auf vier reduziert.

Was nun die Rasse und den Schlag der im Jahre 1891 verwendeten Staatshengste betrifft, so ist seit dem Jahre 1868 eine totale Umwandlung vor sich gegangen. Das Klima, die Gestaltung des Bodens und die ganze Lage der wirtschaftlichen Verhältnisse verweisen den weitaus größeren Teil der Steiermark auf die Zucht schwerer Schläge, die kaltblütigen Hengste treten in der Vordergrund und betragen mehr als 72 Prozent des Gesamtbestandes an Staatshengsten.

Das Herzogtum Kärnten

Wie in allen österreichischen Alpenländern, so war auch in Kärnten von Alters her das norische Pferd heimisch. Der großen Kaiserin Maria Theresia blieb es aber auch hier vorbehalten, organisierend aufzutreten und durch weise Maßregeln auf die Hebung der Pferdezucht fördernd einzuwirken, indem die Regierung im Jahre 1763 eine Anzahl der Beschäler aufstellte, welche dem Stande der Militärpferde entnommen waren; es scheint daher, dass sich im Laufe der Zeit im Lande schon ein zweiter, edlerer Pferdeschlag herausgebildet hatte, welcher mit Erfolg zur Remontenzucht verwendet werden konnte. Großen Einfluss auf die Fortentwicklung der kärntnerischen Pferdezucht nahm auch die schon in diesem Jahre 1764 zu Klagenfurt gegründete k. k. Landwirtschaftsgesellschaft für Kärnten, welche somit die älteste der Monarchie ist. Gelegentlich der Errichtung des kärntnerischen Landesgestütes (1771) wurden den Hengstbesitzern von der Regierung die Hälfte des mit 400 fl. festgesetzten Ankaufspreises bar vergütet und denselben außerdem ein jährlicher Betrag an Futtergeld bewilligt. Auch stand ihnen das Recht zu, ein Sprunggeld einzuheben.

In Kollnitz wurden 1790 das Illyrisch-Innerösterreichische Beschäl- und Remontierungsdepartement und ein Militärgestüt errichtet, ersteres wurde 1798 nach Graz, letzteres 1816 nach Ossiach verlegt, 1814 aber in Klagenfurt ein eigener Beschälposten etabliert.

Von 1846 bis 1874 war Kärnten auch im Besitz eines englischen Vollblutgestütes. Graf Hugo von Henckel und Donnersmark kaufte nämlich in dem erstgenannten Jahre die mit reichen Naturschönheiten ausgestattete Herrschaft Wolfsberg; einer der ersten Vollblutzüchter Deutschlands, verlegt Graf Henckel sein zu diesem Zeitpunkte in Siemianowitz (Preußisch-Schlesien) etabliertes Gestüt nach Reideben bei Wolfsberg und 1865 nach dem von Wolfsberg fünf Km entfernten Orte Weißenau. Der Stand des Gestüts betrug zu jener Zeit zwei Beschäler, 12 Mutterstuten und die Fohlenjahrgänge und wurde ausschließlich für die Rennbahn gezüchtet. Als Graf Henckel im Jahre 1874 die Herrschaft Carlburg bei Preßburg erwarb, übersiedelte das Gestüt nach Ungarn, In die Epoche 1816 bis 1857 fällt der Aufschwung der Landes-Pferdezucht in Kärnten; es hatte sich das vielgerühmte Kärntner Pferd herangebildet, welches den bäuerlichen Züchtern namhafte Preise einbrachte und hauptsächlich nach Oberitalien ausgeführt wurde.

Indessen warf das Jahr 1857 seine Schatten auf die weitere Entwicklung der einheimischen Pferdezucht. Es war die Einführung der gemischten Stationen, indem in sämtlichen ärarischen Beschälstationen Hengste verschiedener Rassen, nämlich Gestütshengste und Pinzgauer oder Burgunder, aufgestellt wurden.

Schon nach wenigen Jahren machten sich die Folgen des verderblichen Systems der gemischten Stationen in äußerst nachteiliger Weise fühlbar, indem die Nachzucht deutlich das Gepräge der heterogensten Kreuzungen an sich trug. Die Auflösung des Militärgestüts in Ossiach und die Verlegung des Beschälpostens von Klagenfurt nach Graz taten das Übrige, um die bisher auf gesunder Basis ruhende Pferdezucht zu schädigen, und so muss die Epoche 1857-1869 als eine Periode steten Rückschrittes bezeichnet werden.

Als nun das Ackerbauministerium die Leitung der Pferdezucht übernahm (1869) und die Landeskommission ins Leben rief, fungierte als Präsieden derselben in Kärnten der k. k. Major Morhagen. Die erste Fürsorge dieser Kooperation war die Beseitigung der gemischten Stationen und eine möglichst genaue Abgrenzung der beiden früher bestandenen, auf natürlichen Verhältnissen basierenden Zuchtgebiete gerichtet, welches Bestreben im Jahre 1871 auch durchgeführt war. In Unterkärnten deckten nur Hengste des Gestütsschlages, in Oberkärnten nur Pinzgauer oder Burgunder. Auf diesem Wege schritten die beteiligen Faktoren unbeirrt fort, die Landeskommission und der Vertreter des Staats-Hengstdepots in Graz, Major von Wagner, arbeiteten in dem gleichen Sinne, und so zeigte sich denn bald wieder ein Aufschwung in der Pferdezucht, welcher sich hauptsächlich durch einen besseren Besuch der Pferdemärkte in Unterkärnten und eine bedeutende Steigerung der Preise für Pferde des Gestütsschlages kundgab; jene für die Pinzgauer in Oberkärnten blieben stationär und beschränkte sich der Handel meist auf Fohlen.

Etwa zeitgleich mit den Orientalen gelangten auch Englische Vollblüter von der Insel in die Gestüte der Monarchie und bewährten sich prächtig.

In Neudau bei Wolfsberg gelangte 1875 der erste Staats-Hengstfohlenhof zur Errichtung, sechs Jahre später erhielt Kärnten auch wieder in Neudau einen selbstständigen Hengstdepot-Posten. Bei Auflösung der Landeskommission trat die Pferdezuchtsektion der k. k. Landwirtschaftsgesellschaft in Klagenfurt an deren Stelle, daher das Ackerbauministerium mit derselben im Jahre 1879 ein Abkommen abschloss. Nach dem Ende 1880 erfolgten Abberufung des Majors von Wagner wurde die unter dem Präsidium des Grafen Fugger-Babenhausen stehende Sektion dahin schlüssig, einen definitiven Zuchtplan für Kärnten auszuarbeiten, um der Pferdezucht eine dauernde Stabilität zu verleihen. Zur endgültigen Regelung der Landes-Pferdezuchtverhältnisse setzte daher das Ackerbauministerium bei der k. k. Landesregierung in Klagenfurt ein beratendes Komitee für die Pferdezuchtangelegenheiten ein und regelte dessen Befugnisse durch besondere Bestimmungen.

Das Herzogtum Krain

Aus der Regierungszeit des Erzherzogs Karl von Österreich, welcher von seinem Vater Kaiser Ferdinand I. (1503–1564) mit Untersteiermark, Kärnten, Krain, Görz, Istrien und Triest belehnt wurde und gleichzeitig seine Residenz in Graz aufschlug, stammen die ersten zuverlässigen Nachrichten über die Pferdezucht Krains.

In dem nördlichen, mit Alpenweiden gesegneten Teile des Landes hatte sich schon längst das norische Pferd sesshaft gemacht; in den südlichen Gegenden jedoch wurde ein edler und flüchtiger Pferdeschlag gezüchtet, welcher in der Armee sehr geschätzt und gesucht war. Infolgedessen wurde im Jahre 1566 zur Sicherung des Bedarfes der kaiserlichen Truppen en Pferdeausfuhrverbot erlassen. Ein vorzügliches Gestüt der Karster Rasse befand sich schon vor dem Jahre 1580 in Prestranegg bei Adelsberg im Besitze des Freiherrn Edling, und ging später (1688) an den Landeshauptmann Valeri de Leo über.

Wolf Engelbrecht von Auersperg besaß ein Gestüt auf Schloss Pölland in Unterkrain, Freiherr von Engelshaus ein solches auf seinem Schloss Sonnegg. Alle diese Gestüte züchteten die spanische und neapolitanische Rasse und vielfach scheute man nicht die großen Kosten, um Hengste aus der Polesina zu erwerben, welche sich damals durch Schönheit, stattliche Haltung und ebenmäßigen Bau auszeichneten.

Angeeifert durch das mächtig emporstrebende Hofgestüt Lippiza, errichteten der hohe Adel und die Städte große Stutereien, hohe Summen wurden für die Anlage von Marställen und Reitschulen verwendet, die Pferdezucht florierte, die Pferdemärkte gewannen an Ausdehnung.

Nachdem Adelsberg im Jahre 1718 in den Besitz des Hofäras übergegangen wurde und eine Dependenz von Lippiza bildete, wurde den Untertanen das Jurisdiction Adelsberg gestattet, ihre Stuten von den kaiserlichen Hofgestüthengsten unentgeltlich decken zu lassen.

Die Gegend um Laas trieb damals eine weit und berühmte Pferdezucht, die Pferdemärkte in Krainburg; St. Bartholmä und Bischoflak waren von Käufern aus aller Herren Länder besucht.

Ob auch in Krain seitens des Staates etwas veranlasst wurde, um die Pferdezucht zu fördern, darüber herrscht vollständiges Dunkel; erst im Jahre 1816 verlautet die Errichtung des Hengstenpostens zu Laibach, welcher 1821 nach Selo verlegt wurde.

Ein vorliegender Bericht aus dem Jahre 1852 konstatiert die Fortschritte der Zucht des schweren Pferdes und die große Anzahl guter Mutterstuten in Oberkrain, aber zugleich den Umstand, dass die besten einjährigen Fohlen, wenn auch um hohes Geld, außer Landes gingen. 1856 erschienen auf dem Pferdemarkte zu Laibach italienische Händler, welche Pferde und Fohlen um bedeutende Preise ankauften.

Als das Ackerbauministerium die Leitung der Pferdezuchtagenden in sein Ressort übernahm, wurde kurze Zeit darauf in Krain eine Landeskommission mit dem Sitze in Laibach errichtet, zu deren Präsidenten Freiherr von Zois ernannt wurde. Der Betrieb und die Intensität der Pferdezucht hielt sich in den ersten Jahren der neu geschaffenen Verhältnisse auf dem gleichen Niveau; erst vom Jahre 1871 an ist eine größere Ausdehnung derselben ersichtlich, welcher sich in der steten Vergrößerung der Zahl der gedeckten Stuten, sowie den günstigen Exportverhältnissen dokumentiert. Nach Auflösung der Landeskommission schloss das Ackerbauministerium mit der Pferdezuchtsektion der k. k. Landwirtschafts-Gesellschaft in Krain ein Übereinkommen über deren Mitwirkung in den Landes-Pferdezuchtangelegenheiten ab.

Das Küstenland

Schon im hohen Altertume war die Pferdezucht um Aquilea berühmt; deren Produkte zeichneten sich durch Kraft, Ausdauer und Gewandtheit aus und waren als Kriegspferde sehr gesucht. Im Mittelalter, besonders im Laufe des 16. Jahrhunderts, fanden die Hengste der Karster Rasse Verwendung als Turnierpferde, die kleinen Karster aber wurden mit Vorliebe als Saumpferde zum Weintransport von Triest nach Wien benützt.

Ursprünglich fand die einheimische Pferdezucht eine Stütze in dem Hofgestüte Lippiza (1580); von Seite des Staates erst von dem Zeitpunkte der Errichtung des Hengstpostens in Laibach (1816), welcher alljährlich eine Anzahl kaiserlicher Beschäler zum Belegen der Landesstuten in die küstenländischen Orte sandte. In allen Berichten wurde die Vorliebe der Bewohner für die orientalischen Hengste hervorgehoben, deren Nachkommen sich durch Schönheit, Gang und Temperament auszeichneten. Wartung und Pflege der

Pferde war zu jener Zeit gut, aber die herrschende Armut und der beständige Futtermangel dämmten die Ausbreitung der Pferdezucht ein. Unter der Leitung des Ackerbauministeriums wurde nun eine Landeskommission errichtet, zu deren ersten Präsidenten Herr Hector Ritter von Zahony ernannt worden war. Eine Stutenkonskription zu Zuchtzwecken fand im Küstenlande nicht statt. Nach der Auflösung der Landeskommissionen schloss das Ackerbauministerium bei dem Umstande als im Küstenlande kein Pferdezuchtverein bestand, mit den Herren Gaudenzio Tosi in Savogna und Jakob Nacinvic in Santa Domenica di Albona in Istrien ein Übereinkommen bezüglich der Mitwirkung in allen Pferdezuchtangelegenheiten des Landes ab.

Das Königreich Dalmatien

Der enge Anschluss Dalmatiens an die östlich gelegenen türkischen Provinzen brachte es mit sich, dass von frühester Zeit angefangen die orientalische Rasse einheimisch war; welche viel Typus und Temperament besaß durch den Einfluss der Bodengestaltung und der dürftigen Ernährungsverhältnisse sowie den rücksichtslosen Gebrauch zu anstrengender Dienste aber sowohl im Wachstume wie in der Entwicklung zurückgeblieben war.

Bis zum Jahre 1858 nahm der Staat auf die dalmatinische Pferdezucht keinen Einfluss. Von lizenzierten Privathengsten war keine Rede, wohl aber deckte eine große Anzahl solcher ohne behördliche Bewilligung, wie auch der gemeinschaftliche Weidedang von Hengsten und Stuten allgemein gültig war.

Das Ackerbauministerium sah im Jahre 1869 von der Errichtung einer Landeskommission mit Hinblick auf die eigenartigen Verhältnisse des Landes ab, daher alle auf die Pferdezucht Bezug nehmenden Angelegenheiten von der Statthalterei in Zara im Einvernehmen mit der k. k. Landwirtschafts-Gesellschaft für Dalmatien besorgt wurden.

In der Pferdezuchtenquete (1876) war das Land durch Herrn Ritter von Zahony vertreten; dessen Antrag in den Bezirken Sign und Mekovic einen größeren Schlag orientalischer Staatshengste aufzustellen, fand mit Rücksicht auf die mangelhaften Existenzbedingungen für deren eventuelle Nachzucht keinen Majorität. Das entscheidende Moment der Enquetebeschlüsse lag für Dalmatien in der Einreihung des Landes in die V. Hauptzuchtgebiets-Gruppe leichterer Pferdeschlag-Lippizaner.

Ein Konskription der Stuten zu Zuchtzwecken fand nicht statt; sie erschien auch mit Rücksicht auf den Umstand, als ja das Vorhandsein einer vollkommen einheitlichen Rasse konstatiert war, nicht so notwendig wie in jenen Ländern, in welchen verschiedene Rassen und Schläge gezüchtet wurden.

Obwohl im Laufe der Jahre die Anzahl der Beschälstationen erhöht wurden war, so traten doch so viele Klagen über die Pferdezucht des Landes auf, dass sich das Ackerbauministerium veranlasst fand, im Jahre 1880 dem beim Staats-Hengstdepot zu Graz in Verwendung stehenden Major von Wagner zu beauftragen, die Pferdezuchtverhältnisse Dalmatiens an Ort und Stelle zu studieren im und Einvernehmen mit der Statthalterei in Zara motivierte Anträge zu stellen, auf welche Art eine Besserung derselben zu erzielen wäre.

Der Bericht des Fachmannes lautete nichts weniger erfreulich. Als Ursache des Niederganges der Pferdezucht wurde das gemeinsame Weiden von Hengst- und Stutfüllen, sowie das zahlreiche unbefugte Belegen von Stuten durch nicht lizenzierte Privathengste genannt, welchen Übelständen nur durch ein strenge gehandhabtes Körgesetz Einhalt geboten werden könne.

Das Ackerbauministerium traf daher die zweckentsprechenden Vorkehrungen, um den erwähnten Missbräuchen entgegenzutreten.

Von sehr günstigem Einfluss auf die fernere Entwicklung der dalmatinischen Pferdezucht erwies sich die am 1. Jänner 1885 erfolgte Errichtung eines selbstständigen Hengstposten in Sign, welcher als Posten NR. 4 dem Staats-Hengstdepot zu Graz unmittelbar untergeordnet ist. Zwei Jahre später schloss das Ackerbauministerium mit Herrn Josef Filippi ein Übereinkommen bezüglich dessen Mitwirkung in den Landes-Pferdezuchtangelegenheiten Dalmatiens ab.

Arabische und auch minder edle orientalische Zuchtpferde prägten die Umstellungsphase auf das moderne Halbblutpferd als Kavallerie-Remonte.

Das Königreich Galizien

Die hervorragenden militärischen Leistungen, welche die polnische Geschichte verzeichnet, wie der Übergang Czarneckis über den Delt, der forcierte Marsch Sobieskis gegen das von den Türken belagerte Wien usw. lassen vorrausetzen, dass die Pferdezucht in dem ehemaligen Königreiche Polen eine rationelle war und derselben ausdauernde Pferde entsprungen sind.

Die Gestüte der polnischen Großen, wie Sanguszko, Branicki, Potocki usw. waren die hervorragenden Pepiniéren des Landes, welche sich mit Geschick und unverdrossener Ausdauer edles orientalisches Blut anzuschaffen wussten, und teil erbeutete, teil angekaufte orientalische Hengste zur Zucht verwendeten. Jedenfalls war es dem Reitervolke, welches im beinahe ununterbrochenen Kampfe mit den Türken stand, leicht ermöglicht, arabische Hengste zu erwerben, und sonderbarerweise hat sich bis heute im Lande die Sage erhalten, Darley Arabian wäre dasselbe Pferd gewesen, welches Sobieski bei dem Entsatze von Wien ritt.

Auf die Zeit der ritterlichen Kämpfe folgte eine Periode des Rückganges, der Einfluss französischer Sitte und Unsitte führte auch den allmählichen Verfall der Gestüte herbei, deren Wiederbelegung erst einem späteren Zeitraume vorbehalten blieb.

Galizien wurde in seiner gegenwärtigen Ausdehnung im Jahre 1795 in den österreichischen Staatsverband einverleibt. Bis zum Jahre 1812, in welchem zu Ochowce in Westgalizien ein großes Beschäl- und Remontierungsdepartement errichtet wurde, fand die Pferdezucht einzig und allein in jenen wenigen Privatgestüten eine Stütze, welche durch die Vorliebe ihrer Besitzer, den Traditionen ihrer Vorfahren gemäß und den Zeitverhältnissen Trotz bietend, erhalten blieben und das edelste orientalische Blut kultivierten.

1822 erfolgte die Verlegung des Departements nach Drohowyze; aber schon fünf Jahre später sah man sich genötigt, in Olchowce einen großen Beschälposten zu errichten und Remonten-Assentstationen aufzustellen. Leider fehlen über die Tätigkeit all dieser Anstalten nähere Nachrichten. Sukzessive nahmen die Gestüte einen neuerlichen Aufschwung;

insbesondere waren dies jene des Fürsten Sanguszko und des Grafen Lewicki, bis der Ruhm der Dzieduszycki´schen Pferde aus Jarcowce und Jezupol ganz Galizien mit seinem Glanz erfüllte.

Lebhafter Sportsinn regte sich überall im Lande. 1842 wurde der galizische Verein zur Hebung der Pferdezucht und Rennen in Lemberg gegründet und daselbst schon im drauffolgenden Jahre das erste Meeting abgehalten, welchem solche auch später in Tarnopol, Grymalów und Rzezów folgten. Die Parforce-Jagden zu Czarnakonce, Grzymlów, Jarczowce und Jezupol erfreuten sich lebhafter Beteiligung, als die Bewilligung von Kaiserpreisen für Rennen und von Staatsprämien für Zuchtpferde (1857) neues Leben hervorrief.

Lemberg wurde als Rennplatz für Galizien und die Bukowina ausersehen mit einem Kaiserpreis dotiert; demselben auch in der Wichtigkeit des orientalischen Blutes für Galizien 150 Dukaten für Orientalen zugewiesen. Außer diesen staatlichen Prämierungen veranstaltete auch der Verein mit eigenen Mitteln dotierte Pferdeausstellungen, welche meist in Tarnopol abgehalten wurden, wobei namhafte Geld- und Ehrenpreise zur Verteilung gelangten.

Die im Jahre 1869 errichtete Landeskommission stand unter dem Präsidium seiner Durchlaucht, des Fürsten Adam Sapieha. Deren Tätigkeit war vor allen dahin gerichtet, durch die Vermehrung der Beschälstationen den Betrieb der Pferdezucht zu erleichtern, die Staatshengste nach Zahl und Quantität entsprechend im Lande zu verteilen und durch Anregung eines neuen Körgesetzes dem Unfuge des gemeinsamen Weidens von Hengsten und Stuten Einhalt zu tun. Nach Auflösung dieser Körperschaft (1878) setzte das Ackerbauministerium bei der k. k. galizischen Statthalterei in Lemberg ein Pferdezucht-Komitee ein (1881), dessen Rechte und Pflichten in einem Übereinkommen zum Ausdrucke gelangten.

In der Pferdezucht-Enquete zu Wien (1876) war Galizien durch die Herren Athanasius Ritter von Benoe, Julius Graz Dzieduszycki, Edmund Rutter von Dzwonkowski, Octav Ritter von Orlowski und Johann Graf Tarnowski vertreten; das Ergebnis der Beratungen war betreffs Galiziens die Einreihung des gesamten Pferdestandes in die IV. Hauptzuchtgebiets-Gruppe leichter Reit- und Wagenschlag.

Das Herzogtum Bukowina

Die ersten Nachrichten über die Pferdezucht der 1774 in den österreichischen Staatsverband einverleibten Bukowina sind in den Relationen über die Remontierung der leichten Kavallerie enthalten, fallen somit in die Mitte des vorigen und die erste Hälfte dieses Jahrhunderts. Das Pferdematerial war von leichtem Schlage, hoch edel, mit strammer Textur und großer Ausdauer, der orientalische Typus sehr ausgeprägt. Die Entwicklungsphasen der Bukowinaer Landes-Pferdezucht stehen mit der Entfaltung des ehemaligen Militärgestütes in so enger Relation, dass wir auf das in dieser Richtung bei Radautz Gesagte verwiesen.

Nach dem Übergange der Pferdezuchtagenden an das Ackerbauministerium (1869) fungierte Herr Stephan Ritter von Mikuli als Präsident des Landeskommission, und nach deren Auflösung (1878) schloss die Zentralstelle mit dem Vereine für Landeskultur in Czernowitz ein Übereinkommen über die Mitwirkung in den Landes-Pferdezuchtangelegenheiten ab 1881 ab. Die Bukowina erscheint in den Ergebnissen der Pferdezucht-Enquete 1876 in die IV. Hauptzuchtgebiets-Gruppe leichter Reit- und Wagenschlag eingeteilt; von großer Bedeutung für die einheimische Pferdezucht die Errichtung des Huzulengestütes in der Luczyna (1877).

Das Königreich Böhmen

Johann Wilhelm von Stubenberg veröffentlichte im Jahre 1662 ein in lateinischer Sprache verfasstes Werk, in welchem er sich über die Pferdezucht in Böhmen in folgender Weise äußert:

„Böhmen hat früher sehr gute Pferde erzeugt, ist aber seit 40 Jahren fortwährend der Schauplatz blutiger Kriege, daher schrecklich verwüstet, hat es jetzt nur wenig Gestüte von Bedeutung. Ausnahmen hiervon sind das königliche Gestüt von Pardubitz, das keinem in Europa nachsteht, jenes des Baron von Herzan, der es von wenigen Jahren vortrefflich errichtet hat, dem der Kanzler des Königsreiches, Graf Hartwig von Nostitz, mit dem gleichem Eifer folgte, und die Gestüte der Grafen von Waldstein und der Fürsten von Eggenberg, welche in Krumau Pferde von großer Stärke ziehen. Vor kurzem hat auch Ludwig Graf Colloredo ein neues Gestüt gegründet. Über die weitere Gestaltung der böhmischen Pferdezucht verlautet nur so viel, dass die Haltung von Zuchthengsten vom hohen Adel und den Landesständen ausgeübt wurde."

Epochemachend war das Patent der Kaiserin Maria Theresia von 1763. Ende der Sechziger-Jahre fand dann die Pferdezucht bei den Kavallerie-Regimentern Eingang, und zwar waren dies in Böhmen die Carabinier-Regimenter Herzog Albert von Sachsen in Pardubitz und Erzherzog Franz in Brandeis an der Elbe. Aber schon im Jahre 1780 wurde diese Einführung aufgehoben und ein Jahr später durch Kaiser Joseph II. die Übergabe der Pferdezucht an die Militärverwaltung und die Ablieferung der auf den Dominien des Adels und der Landstände befindlichen Zuchthengste im kommissionellen Ablösungswege an das Militärärar angeordnet.

Mit der Durchführung dieses kaiserlichen Befehles waren die Kommandanten der beiden oben genannten Carabinier-Regiments betraut.

Außer den von dem Adel und den Landesständen übernommenen Beschälern kamen auch solche aus den niederösterreichischen Beschäldepartements zu Schlosshof und Eckartsau zu Böhmen, später wurden auch Hengste im Lande angekauft.

Laut Hofdekret vom Jahre 1781 wurde die Anzahl der im Lande verteilten kaiserlichen Beschälern noch mit 30 Stück des ansehnlichsten und besten Schlages zur Verbesserung der Landeszucht vermehrt und dieselben in den Gegenden mit dem besten und größten Stutenschlage zur unentgeltlichen Belegung aufgestellt. Die Verpflegung leistete das Militär. Gleichzeitig wurde verfügt, dass die im Lande befindlichen gemeinen Hengste durch Sachverständige untersucht, die tauglichen und untauglichen mit verschieden geformten Zeichen gebrannt und die fehlerhaften verkauft werden.

Jene Stuten, welche wohl zur Zucht, weniger aber zum Kavalleriedienste geeignet waren, waren von den Regimentern entweder um den Remontenpreis oder auch im Tauschwege an Landleute abzugeben. Über die Eigenschaften eines gemeinen Hengstes, sowie über die Beschaffenheit guter Zuchtstuten ergingen Belehrungen; die Tiger- und Hermelinfarbe war bei Zuchtpferden ausgeschlossen. Fremde Hengste durften zum Belegen zwar eingeführt, doch sollten die besten Stuten von kaiserlichen Hengsten gedeckt werden.

Als die Remontierung mit dem Beschäldienste vereinigt wurde (1784), erhielt der Rosshändler Samuel Julius die Remontenlieferung übertragen.

Die Beschälstations-Offiziere waren ermächtigt, jeder Zeit direkt beim Landmanne Remonten anzukaufen, und zur Aufzucht von Fohlen zu ermuntern. Die Pferdezucht scheint übrigens in Böhmen gute Fortschritte gemacht zu haben, denn schon im Jahre 1789 konnten 116 Beschäler im Lande angekauft werden; gleichzeitig aber wurden die Beschälstations-Offiziere beauftragt, dahin zu wirken, dass sich die Landleute um Zuteilung der Rever-

sstuten bewerben sollen. Diese Stuten waren von Holsteiner Rasse, durch Julius dortselbst angekauft und dürften in der Netolitzer Gegend eingeteilt worden sein.

Das Jahr 1789 ist überhaupt von großer Bedeutung für die böhmische Pferdezucht, denn es gelang in Brandeis an der Elbe unter dem Namen Böhmischer Beschäl- und Remontierungsort ein Beschäldepartement zur Errichtung. Militär-Zugbeschäler-Divisionen befanden sich später in Prag, Königgrätz, Josefstadt und Theresienstadt, woselbst die Beschäler außer der Belegzeit zur Verfrachtung von Militärgütern verwendet wurden. 1808 übersiedelte das Departement nach Chlumetz a. d. Cidlina, 1809 nach Pardubitz, 1818 nach Nimburg an der Elbe.

Von 1795 bis 1816 bestand in Hawransko bei Podebrad ein Militärgestüt, welches die Zucht der Lippizaner Rasse betrieb; das Militärgestüt Mezöhegyes zog aus demselben vielfachen Nutzen. Das am Anfange dieses Jahrhunderts gegründete Militärgestüt zu Nemoschitz mit Zucht der Kladruber Rasse wurde der großen Kosten wegen im Jahre 1830 aufgelassen.

Gleichzeitig wurde Pardubitz von der Regierung als Rennplatz bestimmt und demselben bezüglich der Prämiierungen auch die Provinzen Mähren und Schlesien zugewiesen. Der Rennplatz Pardubitz wurde mit einem Kaiserpreis dotiert und auch Preise für Zugkraftproben ausgesetzt. Die den böhmischen Beschäldepartements eingeteilten Hengste waren fast sämtliche den Militärgestüten, vorzugsweise Mezöhegyes, entnommen und alle vom edlen Blute.

Über die Remontierung äußerte sich der General d. R. Herr Ernst Schwarzl, dass eine große Anzahl der Remonten, insbesondere für die schwere Kavallerie und für den Bespannungsdienst assentiert wurden. Nachdem jedoch durch den raschen und ergiebigen Remonten-Einkauf auf den Assentstationen, und durch die günstigen Resultate versuchten ambulanten Remontierungskommissionen der Bedarf in kurzer Zeit, und zwar schon in wenigen der vorgebrachten Orte aufgebraucht werden konnte, so sah sich das k. k., General-Militärkommando in Böhmen veranlasst, für dieses Jahr nicht nur allein den ferneren Remontenankauf in den Assentstationen Prag, Pardubitz und Nimburg einzustellen, sondern auch von dem Ankaufe in der Mehrzahl der den ambulanten Kommissionen zugewiesenen und bereits veröffentlichten Assentplätzen abzusehen. Die Zahl der Assentstationen wurde später auf Prag reduziert.

Die Pferdemärkte zu Chrudim und Netolitz genossen zu jener Zeit einen Weltruf.; der Auftrieb auf den ersteren betrug gewöhnlich 6000, stieg sogar mitunter auf 8000 Stück Pferde, und Käufer fanden sich nicht nur aus Österreich, sondern auch Ungarn und Deutschland.

Im Jahre 1869 übernahm das Ackerbauministerium die Leitung der Pferdezucht in Böhmen.

Wie in allen diesseitigen Ländern mit Ausnahme von Dalmatien, so gelange auch in Böhmen gegen Ende 1869 eine Landeskommission für Pferdezuchtangelegenheiten unter dem Präsidium Seiner Durchlaucht des Fürsten Adolf Schwarzenberg zu Aktivierung.

In keinem Land der diesseitigen Reichshälfte wurde die Teilung der Staats-Pferdezuchtanstalten in so schwerem Maße empfunden wie in Böhmen. Das Land brauchte schwere und doch edle Hengste, allein Mezöhegyes, diese in jener Zeit kaum zu erschöpfende Quelle an solchen, war verschlossen, und so sah man sich genötigt, schwere Beschäler edlen Schlages in Frankreich, England und Norddeutschland zu beschaffen und die für Böhmen nicht passenden, leichten orientalischen Hengste aus Radautz sukzessive zu entfernen, nachdem man vorher auch schon norische Hengste für einzelne Gegenden akquiriert hatte und vereinzelt auch Beschäler im Lande angekauft worden waren.

Eine große Errungenschaft wurde Böhmen im Jahre 1878 zuteil: die Gründung des Staats-Hengstfohlenhofes zu Neuhof-Pisek, in welchen sogleich mit der Einstellung von in Böhmen angekauften Abspän-Hengstfohlen begonnen wurde.

Nach Auflösung der Landeskommission gingen deren Funktionen an das Pferdezucht-Komitee des Landeskulturrates in Prag über, mit welchem das Ackerbauministerium ein Abkommen abschloss. Die Rassenverhältnisse der Staatshengste haben sich in den letzten 24 Jahren vollkommen geändert. Das englische Blut tritt vollständig in den Vordergrund, insbesondere hat das Norfolkerblut zugenommen; Anglo-Normänner, Hannoveraner und Oldenburger Hengste schwersten Schlages sind sehr gesucht und geschätzt, einzelne Individuen der erstgenannten hatten vorzügliche Erfolge in der Landeszucht. Die Zahl der englischen Vollbluthengste wurde namhaft vergrößert. Die Orientalen treten ganz zurück; Kladruber und Lipizzaner teilen das gleiche Schicksal.

Die kaltblütigen Schläge (Ardenner, Pinzgauer, Suffolker, Walloner) gewinnen immer mehr an Boden. Das Staats-Hengstdepot wechselte infolge der Kriegsereignisse von Nimburg nach Prag und dann nach Pisek. Eines der ältesten Privatgestüte Böhmens dürfte jenes des Grafen Albrecht von Waldstein in Kamenitz bei Jicin gewesen sein; später wird auch Fürst Trauttmansdorffscher Pferde, welche in Kamenitz, dann zu Bischof-Teinitz und Taus gezüchtet wurden, in rühmlichster Weise gedacht. Ferne die Gestüte der Grafen Waldstein und der Fürsten von Eggenberg in Krumau, des Grafen Spork von Hermanmestetz und des Grafen Colloredo in Opocno.

Zasmuk bei Kolin, Gestüt des Grafen Jaroslav Sternberg, gegründet 1840. Die bei der Errichtung derselben eingeteilten Mutterstuten stammten nach dem englischen Hengste Grimalkin und wurden vom Hofgestüte Kladrub angekauft; in der Folge wurden auch Stuten, welche sich im Pardubitzer Jagdfelde besonders auszeichneten in die Stutenreihe eingereiht. Als Beschäler war der englische braune Vollbluthengst Antar, geb. 1833 von Privateer u. d. Miss Furey v. Whalebone, aufgestellt. Zuchtziel des Gestütes war die Produktion von Jagdpferden und Karossiers; mit orientalischen Stuten wurden Jucker gezüchtet. In engem Kontakte mit Zasmuk stand das herrschaftliche Gestüt Castalowitz bei Adlerkostetetz. Beide Gestüte wurden in den Achtziger-Jahren aufgelassen.

Krinec, Gestüt der Freiherrn Alexander von Bethmann; gegründet 1841 mit der Bestimmung Rennpferde zu züchten, daher eine auserlesene Schar englischer Vollblutstuten eingestellt wurden. Der erste im Gestüte verwendete Beschäler war Kingston Robin, Fuchs, geb. 1837 in England von Robin Hood und der Mutter von Belerophon.

Schon kurze Zeit nach der Gründung des Gestüts legte Baron Bethmann auf der Hutweide Blato beim Orte Mecir eine Trainierbahn an und engagierte einen eigenen Trainer. Später wurde in Pardubitz eine Privat-Trainieranstalt errichtet unter Aufsicht des Baron Bethmannschen Gestütsleiters, Herrn Heinrich Wagner. Baron Bethmann ließ seine Pferde nur auf der flachen Bahn in Deutschland und Österreich laufen. Das Gestüt wurde im Jahre 1883 aufgelassen und das gesamte Material verkauft. Falkland ging an den Besitz der österreichischen Regierung über, wurde beim Staats-Hengstdepot in Nemoschitz eingeteilt und zeichnete sich durch vorzügliche Nachkommen aus.

Lissa a. d. Elbe, Gestüt des Prinzen Louis Rohan; gegründet 1853 mit der ausschließlichen Bestimmung Rennpferde zu züchten. Zur Erfüllung dieser Absicht wurden im genannten Jahr 12 Vollblutstuten angekauft und 1863 der Vollbluthengst Starke, Fuchs, geb. 1855 in Amerika von Wagner aus der Reel von Glencoe, als Beschäler aufgestellt. Der Rennstall befand sich in dem einer halben Stunde von Lissa gelegenen Meierhofe Karlshof. Anfangs hielt der Besitzer, welcher den Trainer B. Wheeler, von 1867 an aber Mr. Osborne engagiert hatte, den Rennstall allein. Doch schon 1868 bildete sich die aus dem Herren Prinz Louis Rohan, Prinz Louis Arenberg, Graf Kalman Széchenyi und Baron Nathaniel Rothschild bestehende Rennkonföderation Chevalier de Rame; welcher später Graf Bela Széchenyi beitrat. Zahlreiche sonstige Erwerbungen im Mutterlande des Vollblutes und bei den Jährlingsauktionen in Kisbér brachten sukzessive den Rennstall auf eine ansehnliche Zahl, während das Gestüt gewöhnlich nur mehr aus sechs Mutterstuten bestand, welche erstklassigen Hengsten zum Belegen zugeführt wurden.

Vorzüglich stand der Lissaer Stall an der Spitze der siegreichen Pferde in Österreich, und führte in dem kurzen Zeitraume von vier Jahren dreimal das österreichische Derby nach Hause (1868 Vysehrad, 1870 Cadet, 1871 In View).

Gestüt und Rennstall wurden 1875 aufgelöst; die Erinnerung an diese glanzvolle Stätte wurde aber im Jahre 1886 erneuert wachgerufen, als Helene Triomphantes Sohn Fenek in den Farben des Grafen Tassilo Festetics das blaue Band der Donau heimtrug.

Die Markgrafschaft Mähren

Die Antwort der mährischen Kreisämter an die Regierung auf das zu historischer Bedeutung gelangte Patent vom 13. August 1763 ist bezeichnend für die im 18. Jahrhundert in Mähren herrschenden Pferdezuchtverhältnisse. Sie konstatierte nicht nur den gänzlichen Mangel an geeignetem Zuchtmaterial, sondern sie sprach sich mit der Berufung auf den in einigen Gegenden herrschenden Futtermangel auch dahin aus, dass ein Gelingen der projektierten Maßnahmen kaum zu erhoffen sein. Offenbar nur den höheren Zwange folgend, erklärten sich indessen die Kreisämter und die Dominien bereit, eine Anzahl Beschäler zu übernehmen und zu unterhalten.

Das Pferdedenkmal vor dem alten Schloss Slatinian zeigt einen Hengst der schweren Arbeitsrasse, die am Aufschwung der Pferdezucht beteiligt war.

Ungeachtet dieses wenig hoffnungsvollen Berichtes forderte der mit der obersten Leitung der Pferdezucht betraute Kammerherr Freiherr von Traichapelle ein Jahr darauf (1764) die Pferdezüchter Mährens auf, schwarze und braune Hengste vom Reit- und Kutschschlage der Regierung zum Kaufe anzubieten und vorzustellen. Gleichzeitig wurden den Dominien und anderen Parteien kaiserliche Beschäler aus den Hofgestüten überlassen und für deren Verpflegung eine Vergütung per Hengst und Jahr geleistet. Außerdem ordnete man zur Belebung der Pferdezucht die Abhaltung von Rossmärkten (1767).

Sieben Jahre später wurde an die Kreisämter, Dominien und sonstige Fachleute ein Hofdekret erlassen, welches eine in 30 Fragepunkte gegliederte Aufforderung zur Ausarbeitung einer Instruktion enthielt. Nach dem Wortlaute dieses Dekretes sollte vorerst der Futterbau den Bedürfnissen der Pferdezucht angepasst, gleichzeitig aber den Züchtern eine Belehrung in die Hand gegeben werden, wie Zuchtpferde beschaffen und gehalten, dann wie Fohlen aufgezogen werden sollen.

Bald darauf (1780) ging die Leitung des Pferdezucht an die Landesstelle über; diese berichtete dem Generalkommando, dass in den oberen Gegenden des Landes der Pferdeschlag für Remontierungszwecke zu klein, in den Gebirgsgegenden meist Hengste gehalten und außerdem in vielen Landesstrichen mit weichem Futter gefüttert werde, daher gegenwärtig wenig Hoffnung vorhanden sei, dass die Zucht durch die kaiserlichen

Beschäler verbessert oder Militärpferde aufzubringen möglich wäre. Auch über andere Übelstände wird geklagt, so zB über die kleinen heißen Stallungen, in welchen die Fohlen ihre erste Lebenszeit bei Mangel an Bewegung und frischer Luft verbringen müssen, das Spannen der Füße auf den Hutweiden, schlechter Hufbeschlag und schwere Arbeitsanforderungen in früher Jugend. Die Tradition der Rossmärkte lebte sich allmählich ein. Trebitsch und Groß-Meseritsch werden bereits zu jener Zeit als bedeutende Marktorte genannt, wenn auch die meisten Pferde aus Chrudim zugetrieben wurden und aus Mähren wenig Gutes erschien.

Nach der üblichen Klassierung der Hengste, wie sie in den meisten Provinzen vorgenommen wurde, dann nach der Aufnahme der von kaiserlichen Beschälern gedeckten und trächtig gewordenen Stuten wurden 1781 nach Mähren große und ansehnliche Beschäler eingeteilt und in den Gegenden mit dem besten und größten Stutenschlage aufgestellt, die Dominien gleichzeitig von der Verpflegung dieser Hengste entlastet und den Stutenbesitzern sowohl die freie Wahl derselben für ihre Stuten, als auch das freie Verfügungsrecht mit den nach kaiserlichen Hengsten gefallenen Fohlen gewährleistet. Kavallerieoffiziere leiteten während der Deckperiode die Pferdezucht, während seitens der Kriegsverwaltung die Remontenpreise festgesetzt wurden.

Im Jahre 1783 fasste das System der Reversstuten in Mähren festen Fuß, indem eine Anzahl von Rosshändler Julius in Holstein angekaufter Stuten an die Landleute zur Verteilung gelangte. Zu jenen Gegenden, in welchen für die Pferdezucht günstige natürliche Bedingungen und viel Interesse seitens der Bevölkerung vorhanden war, zählten Trebitsch, Groß-Meseritsch, Neustadtl und Saar; hier wurden die meisten Pferde gezüchtet.

Die hierlands in einigen Kreisen immer mehr zunehmende Verbesserung der Pferdezucht ist bekanntermaßen eine bloße Wirkung der vortrefflichen Anstalten, welcher auf Allerhöchsten Befehl seit der etlichen Jahren durch die unentgeltliche Beschälung der Mutterpferde von k. k. Hengsten; durch die Verteilung angemessener Stuten an die Landesinsassen und durch die Aneiferung derselben mittelst Ausspendung angesehener Prämien für die besten nach k. k. Beschälern gefallenen Hengsten getroffen worden sind. Um nun auch diese im Lande bereits zugegangene außerordentliche Wohltat mehr und mehr auszubreiten, haben Seine Majestät für das Markgrafentum Mähren mit dem Anteil Schlesien zwei aus lauter Beschälern bestehende Militär-Fuhrwesens-Divisionen, und nebst diesen eine namhafte Anzahl Beschäler vom Reitschlag gewidmet. Es wird auch mit dem Einkaufe nicht allein der zur Komplettierung der zwei Fuhrwesens-Divisionen noch abgegangenen Hengste vom Zuschlage fortgefahren, sondern auch zu noch mehrerer Veredelung des Geblütes der Pferde auf die Erwerbung schöner ausländischer Beschäler vom Reitschlag und derlei Mutterpferden der geflissentlichste Bedacht genommen. In dieser Verordnung wird General Baron Mongelas als das Beschäl- und Remontierungsgeschäft in Mähren dirigierende Persönlichkeit genannt, daher die Landesregierung von der Leitung der Pferdezucht in Mähren schon wieder enthoben zu sein scheint. Außerdem wurden die Landesstände und Dominien zur eifrigen Mitwirkung bei der Pferdezucht aufgefordert. Wesentlich gefördert durch die im Jahre 1793 erfolgte Errichtung des Beschäl und Remontierungsdepartements zu Hatschein, breitete sich die Pferdezucht allmählich aus, wodurch sich indessen ein großer Mangel an geeigneten Beschälern fühlbar machte. Die Regierung sah sich daher veranlasst, den Besitzern von zur Zucht geeigneten Hengsten eine Lizenz für dieselben gegen Einhebung einer mäßigen Decktaxe mit dem Vorbehalte zu erteilen, dass diese Hengste alljährlich einer Kommission vorgeführt und einer Beurteilung auf ihren Zuchtwert unterzogen werden. Also der Anfang der Lizenzierung von Privathengsten in Mähren. 1813 bestanden in Mähren außer dem Departmentsitz in Hatschein noch die Hauptstationen Brünn, Olmütz und Welehrad; letztere wurde 1852 nach Hatschein, 1833 das Departement nach Brünn verlegt. Als Renngesetze galten die englischen von 1867. Nach Gründung des Brünner Renn-Vereines wurde das erste Rennen auf der Chirlitzer Au 1867 abgehalten; es umfasste auch ein Bauernwettrennen, Zugkraftproben und ein Trabwettrennen. Unter lebhafter Beteiligung der Sportkreise florierten die Rennen bis 1872. Auch die Parforce-Jagden zu Eisgrub unter der Ägide Seiner Durchlaucht, des regierenden Fürsten von und zu Liechtenstein, trugen viel zur Hebung des Sports in Mähren bei.

Die Übernahme der Staats-Pferdezuchtanstalten im Jahre 1869 durch das Ackerbauministerium inaugurierte selbstverständlich auch hier eine neue Ära; denn während die Kriegsverwaltung, ihrem Ressort entsprechend, vornehmlich die Produktion eines Armeepferdes im Auge hatte, trat nu das volkswirtschaftliche Moment in den Vordergrund, daher im Laufe der nun folgenden Jahre einschneidende Veränderungen vor sich gingen. Wesentlich erleichtert wurden die Bestrebungen der unter dem Präsidium des Grafen Georg Stockau stehenden Landeskommission (1869-1878) durch den mährischen Pferdezuchtverein in Brünn. Vor allem kam es darauf an, sukzessive das zu leichte Hengstmaterial zu entfernen, an dessen Stelle schwere edle Beschäler aufzustellen und durch Vermehrung der Beschälstationen die Zucht zu erleichtern. Dass die Beschaffung der letztgenannten Hengstklasse keine geringe Aufgabe war, wird jedem Einsichtigen erklärlich sein; aber da sich einige Mitglieder des Pferdezuchtvereines entschlossen, die Aufzucht des erforderlichen Beschälermaterials selbst in die Hand zu nehmen, so machten sich die Folgen der Zweiteilung der Pferdezuchtanstalten in Mähren nicht in der intensiven Weise fühlbar wie Böhmen.

Das Staats-Hengstdepot wurde 1869 von Brünn nach Klosterbruck verlegt. Mähren wurde von der Enquete 1876 in die III. Hauptzuchtgebiets-Gruppe mittelschwerer Wagen- und Reitschlage eingereiht.

Nach Auflösung der Landeskommission schloss das Ackerbauministerium mit Seiner Excellenz Graz Sigmund Berchtold und Herrn Ernst Freiherrn von Laudon ein Übereinkommen über deren Mitwirkung in den mährischen Pferdezuchtangelegenheiten ab.

Angeregt durch die Ergebnisse der Stutenkonskription und von dem Bestreben geleitet, den großen südöstlichen Teil Mährens, welcher bisher vollkommen brach lag, der Pferdezucht zuzuführen, wurde daselbst ein Zuchtgebiet für kaltblütige Schläge, das sogenannte Ardenner Zuchtgebiet geschaffen (1880) somit die Zucht eines schweren Arbeitsschlages angebahnt, dasselbe aus der III. Hauptzuchtgebiets-Gruppe ausgeschieden und in die II. schwere Arbeitsschlag eingereiht. Auch in kleinen Landstrichen des nordwestlichen Teils von Mährens wurde mit der Zucht kaltblütiger Schläge begonnen.

Der intensive landwirtschaftliche Betrieb und die Ausbreitung industrieller Unternehmungen bedingten natürlich auch eine Änderung in den Rassenverhältnissen der Staatshengste. Das orientalische Blut ist in konsequentem Rückgange begriffen und an dessen Stelle treten schwere englische Hengste. Mit vollem Rechte findet das im Lande so geschätzte Norfolkerblut ausgebreitete Verwendung. Der erste englische Vollbluthengst deckte in Mähren im Jahre 1869. Unter den kaltblütigen Schlägen dominieren Ardenner und Walloner. Außer den derzeit noch bestehenden Privatgestüten bestand seinerzeit im Lande das fürstlich Dietrichsteinsche Gestüt zu Nikolsburg, welches in der zweiten Hälfte des 17. Jahrhunderts gegründet wurde und die spanisch-neapolitanische Rasse züchtetet, in den Jahren 1806 und 1807 aber aufgelassen wurde.

Literaturnachweis

Autorenkollektiv; Red. F. Bedürftig
Atlas der Geschichte
Delphin Verlag, Köln 1991

Autorenkollektiv
Österreichische Militärgeschichte, Sonderband 1997
Öst. Kavallerie von den Anfängen bis zur Gegenwart
Verlagsbuchhandlung Stöhr, Wien

Autorenkollektiv
Katalog „Des Kaisers Reiterei"
Herausgeber Marchfelder Schlösserverein, Schloss Hof 1998

Brabenetz, Hans
Das k. k. Staatsgestüt Radautz und seine Pferde
Herausgeber Internationale Shagya Gesellschaft, Gerlikon 1987

Csekonics, Josef von
Praktische Grundsätze, die Pferdezucht betreffend
Vermutlich Eigenverlag, Pesth 1817

Druml, Thomas
Das Noriker Pferd
Vehling Verlag, Graz 2006

Duffy, Christopher
Maria Theresia und ihre Armee
Motorbuch Verlag, Stuttgart 2010

Gassebner, Hermann
Die Pferdezucht in den im Reichsrathe vertretenen
Königreichen und Ländern der österreichisch-ungarischen Monarchie
Verlag der K. K. Hof- und Staatsdruckerei, Wien 1887

Gawlik, Heinrich; Haller, Martin
Die Zucht des Halbblutpferdes
Herausgeber Dokumentationszentrum für altösterreichische Pferderassen, Niederweiden 2015

Ginzrot, Johann Christian
Die Wagen und Fuhrwerke
Prisma Verlag, Gütersloh 1981

Graf, Leopold; Müller, Franz
Bericht über eine Bereisung der vorzüglichen ungarischen Gestüte etc. 1848
Ghelen´sche Erben, Wien 1849

Haller, Martin
Pferde unter dem Doppeladler
Verlage Olms und Stocker, Graz-Hildesheim 2002

Hamann, Brigitte
Ein Herz und viele Kronen
Verlag Ueberreuter, Wien 1998

Hecker, Walter
Bábolna und seine Araber
Herausgeber Internationale Shagya Gesellschaft, Gerlikon 1993

Herm, Gerhard
Glanz und Niedergang des Hauses Habsburg
ECON Verlag, Düsseldorf, Wien 1989

Kugler, Georg
Führer durch die Wagenburg
Herausgeber Kunsthistorisches Museum, Wien 1974

Kugler, Georg
Die Wagenburg in Schönbrunn
Akademische Druck- und Verlagsanstalt, Graz 1977

Kugler, Georg; Bihl, Wolfdieter
Die Lipizzaner der Spanischen Hofreitschule
Pichler Verlag, Wien 2002

Lehrner, Heinrich
Lipizzaner heute – 400 Jahre Gestütszucht
Limpert Verlag, Bad Homburg 1980

Ourodová-Hronková, Ludmilla
Johann Georg de Hamilton
Národní památkovy ústav, Budweis 2015

Pohl, Walter; Vocelka, Karl
Die Habsburger
Verlag Styria, Graz-Wien-Köln 1992

Praschl-Bichler, Gabriele
Das blieb vom Wien Maria Theresias
Leopold Stocker Verlag, Graz 2001

Reifenscheid, Richard
Die Habsburger
Verlag tosa (Original Styria), Wien 1982

Salecki, Liliane
Das Reithaus
Georg Olms Verlag, Hildesheim 1992

Schreiber, Georg
Des Kaisers Reiterei
Kremayr & Scheriau, Wien 1967

Schubert, Peter
Beruf: Kaiserin
Mayer + Co. Verlag, Klosterneuburg (Datum unbekannt)

Sellés-Ferrando, Xavier
Spanisches Österreich
Verlag Böhlau, Wien-Köln-Weimar 2004

Settele, Matthias, für den ORF
Denkmal – Wiener Stadtgeschichten
Verlag Deuticke, Wien 1996

Simbrunner, Peter
Wiener Straßennamen (3. Aufl.)
Verlag Ueberreuter, Wien 1987

Széchenyi, Graf Stephan
Über Pferde, Pferdezucht und Pferderennen
Nachdruck Verlag Olms, Hildesheim 1979

Wrangel, Graf Carl Gustav
Ungarns Pferdezucht in Wort und Bild
Verlag Schickhardt & Ebner, Stuttgart um 1900

Zalis, Norbert
Jakzije hrebcín-Wie ein Gestüt lebt
Panorama Verlag, Prag 1993

Aufsätze und Materialien:
Kaiser Joseph II. von Österreich, Allerhöchste Resolution zur Anhebung der Pferdezucht (1784); Dr. Johannes Erich Flade, Vom Ursprung des Shagya-Arabers und den Remonte-Ankäufen Major Cavallars in der Bukowina (ca. 1995); Dr. Heinrich Lehrner, Iberische Pferde – tragende Komponente in der Lipizzanerzucht (ca. 1993); Frau Dr. Hedwig Kainberger, Ruhm, Pracht und Gestank - Salzburg, eine Hauptstadt der Pferde, Stiftung Mozarteum (Hrsg.), Mozartwoche 2015, Almanach; Dr. Georg Kugler, Die Domäne Holitsch – Beitrag zum Forschungsprojekt Hofgestüt Koptschan (2010); Dr. Angela Waidmann, Wie Phönix aus der Asche – das iberische Pferd im Mittelalter und der Renaissance (2000).

Sollten Auslassungen, mangelhafte Zitate oder Copyright-Verletzungen vorgekommen sein, so bitten wir um Nachricht, damit eine entsprechende Berichtigung und/oder Abgeltung vorgenommen werden kann.

Bildnachweis

Archiv Hans Brabenetz 125; Archiv Dokumentationszentrum: S. 60, 68; Archiv Martin Haller: S. 5, 6, 7, 9, 10, 11, 12, 13, 14, 15, 17, 18, 21, 22, 23, 24, 26, 27, 28, 29, 30 + 31(6), 32, 33, 34, 35, 36, 37, 38, 39, 40, 42, 44, 45, 46, 47, 49, 51, 52, 53, 54, 55, 58, 62, 64, 65, 70, 71, 74, 75(2), 77, 78, 79(2), 80, 81, 82, 84, 85, 86(2), 87, 88, 89(2), 91, 92, 93, 94, 95, 96, 97, 98, 99, 100, 102, 103, 104, 106, 107, 109, 110(2), 111, 112(2), 113(2), 114, 115(2), 116, 117, 118, 119(2), 120, 121(2), 131, 134, 139, 142, 147, 150, 155; Michal Hucko: S. 66, 67; Kunsthistorisches Museum (KHM) Wien: S. 5, 8, 16, 30 + 31(6); 56, 57, 61, 69, 73, 77(0), 83; Josef Offenmüller Vorsatz; Michaela Ruschitzka: S. 63; Birgit Popp: S. 76; Dguendel, Wikimedia commons: S. 90; Josef Weiss: S. 111(0), 122, 123, 128. Einband vorne KHM(2), hinten Martin Haller.

Danksagung

Das Autorenteam bedankt sich bei folgenden Personen für ihre Mithilfe bei oder ihren Beitrag zur Entstehung dieses Buches:

Frau Daniela Berger für redaktionelle Mitarbeit; Herrn Hans Brabenetz posthum für Textbeiträge; Herrn Dr. Johannes Erich Flade posthum für Textbeiträge; Frau Ing. Lenka Gotthardova für Informationsmaterial; Herrn Ing. Michal Hucko für Bild- und Informationsmaterial; Frau Dr. Hedwig Kainberger für Informations- und Textmaterial; Herrn Florian Kugler/KHM für Illustrationsmaterial; Herrn Dr. Heinrich Lehrner posthum für Textbeiträge; Frau Dr. Maria Lehrner posthum für Bildmaterial; Herrn Josef Offenmüller für Bildmaterial; Herrn Helmut Schwarzbauer für Druck und Bindung; Frau Mag. Gabriele Sechser für redaktionelle Mitarbeit; Herrn Josef Weiss für Bild- und Informationsmaterial.

Es ist dem Herausgeber und den Autoren ein Anliegen, sich für die vielfältigen persönlichen Anregungen, Hinweise, Quellen und Materialien zu bedanken, welche ihnen im Laufe der Arbeit an diesem Buch zugetragen wurden. Es ist nicht möglich, alle diese Hilfeleistungen einzeln zu erfassen und aufzulisten. Deshalb sei hier pars pro toto allen Beitragenden und Mitwirkenden herzlich gedankt, deren Hilfeleistungen oder Namen wir nicht einzeln anführen konnten.

Zeittafel

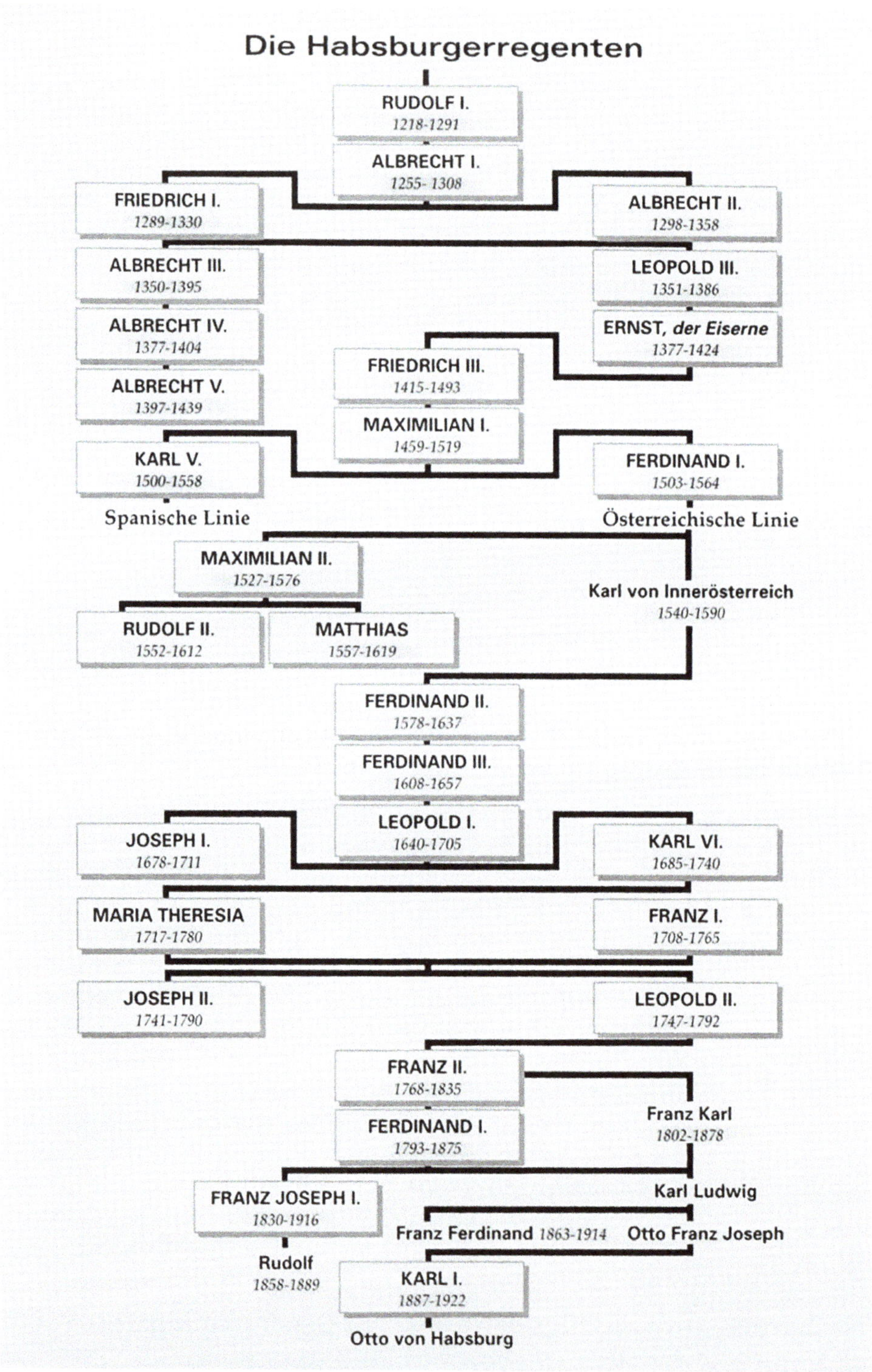
Die Habsburgerregenten
RUDOLF I.
1218-1291
ALBRECHT I.
1255- 1308
FRIEDRICH I.
1289-1330
ALBRECHT II.
1298-1358
ALBRECHT III.
1350-1395
LEOPOLD III.
1351-1386
ALBRECHT IV.
1377-1404
ERNST, der Eiserne
1377-1424
FRIEDRICH III.
1415-1493
ALBRECHT V.
1397-1439
MAXIMILIAN I.
1459-1519
KARL V.
1500-1558
FERDINAND I.
1503-1564
Spanische Linie
Österreichische Linie
MAXIMILIAN II.
1527-1576
Karl von Innerösterreich
1540-1590
RUDOLF II.
1552-1612
MATTHIAS
1557-1619
FERDINAND II.
1578-1637
FERDINAND III.
1608-1657
LEOPOLD I.
1640-1705
JOSEPH I.
1678-1711
KARL VI.
1685-1740
MARIA THERESIA
1717-1780
FRANZ I.
1708-1765
JOSEPH II.
1741-1790
LEOPOLD II.
1747-1792
FRANZ II.
1768-1835
Franz Karl
1802-1878
FERDINAND I.
1793-1875
FRANZ JOSEPH I.
1830-1916
Karl Ludwig
Franz Ferdinand 1863-1914
Otto Franz Joseph
Rudolf
1858-1889
KARL I.
1887-1922
Otto von Habsburg